智能制造领域高素质技术技能人才培养系列教材

西门子 S7－300 PLC 应用技术

主　编　姚　昕　葛　昆
参　编　贺　军　于永会

机械工业出版社

本书以实践工程项目为引领，按照“管用、适用、够用”的原则精选内容，介绍了S7－300 PLC硬件系统的结构和工作原理、STEP7软件的基本操作、S7－300的指令及应用、S7－300的程序结构和网络通信等内容。全书以理论知识链接为切入点，将S7－300指令应用到工程实例中，并结合工程实例讲解了PLC系统分析与设计的方法与技巧。本书内容由浅入深，循序渐进，让学习者在学习指令的同时掌握工程项目的设计方法与技巧。

本书可作为应用型本科、职教本科、高职高专院校机电一体化技术、电气自动化技术、工业机器人技术等专业的教材，也可作为工程技术人员的学习参考用书。

为方便教学，本书配有免费电子课件、视频、动画、思考与练习答案、模拟试卷及答案等，供教师参考。凡选用本书作为授课教材的教师，可登录机械工业出版社教育服务网（www.cmpedu.com），注册、免费下载，或来电（010-88379564）索取。

图书在版编目（CIP）数据

西门子S7－300 PLC应用技术/姚昕，葛昆主编．—北京：机械工业出版社，2020.6（2022.8重印）
智能制造领域高素质技术技能人才培养系列教材
ISBN 978-7-111-65545-9

Ⅰ.①西…　Ⅱ.①姚…②葛…　Ⅲ.①PLC技术-教材　Ⅳ.①TM571.61

中国版本图书馆CIP数据核字（2020）第075426号

机械工业出版社（北京市百万庄大街22号　邮政编码100037）
策划编辑：冯睿娟　责任编辑：冯睿娟　陈文龙
责任校对：陈立辉　封面设计：鞠　杨
责任印制：单爱军
北京虎彩文化传播有限公司印刷
2022年8月第1版第3次印刷
184mm×260mm・11.5印张・284千字
标准书号：ISBN 978-7-111-65545-9
定价：39.00元

电话服务	网络服务
客服电话：010-88361066	机　工　官　网：www.cmpbook.com
010-88379833	机　工　官　博：weibo.com/cmp1952
010-68326294	金　书　网：www.golden-book.com
封底无防伪标均为盗版	机工教育服务网：www.cmpedu.com

前　言

PREFACE

“PLC 应用技术”是一门涉及自动控制技术、计算机技术和通信技术等多领域的课程，是自动化类专业与机电类专业的一门专业核心课，对从事自动化设备的安装、维护和调试有着非常重要的作用。

本书遵循“校企融合、工学结合”的高职教育办学方针，以职业教育国家教学标准和《中国制造 2025》的相关内容为导向，结合课程思政改革精神，以培养高素质技术技能型人才、服务先进制造业的实践精神为宗旨，具有以下特点：

1. 凸显复合型技术技能人才培养培训模式。本书按照最新的机电一体化技术专业教学标准进行编写，融入职业资格标准，促进“1 + X”书证融通。

2. 坚持知行合一，工学结合。本书以西门子 S7 - 300 PLC 为学习内容，以 PLC 自动控制系统安装、调试与开发等岗位的实际工作能力培养为导向，实现了学习内容和教学载体的统一。

3. 突出层次性、认知性和创新性。本书内容按照由浅入深、由易到难、由点到面、由小任务到大项目的方式进行设置，符合学习者认知规律。

4. 凸显职业素养培养的重要地位。本书在开展知识和能力培养的同时，注重落实立德树人的根本任务，健全德技并修、工学结合的育人机制，统筹考虑职业道德、职业思想（意识）、职业规范（职业行为习惯）、职业核心能力等隐性知识的学习和训练，并在书中以适当的形式进行呈现，规范人才培养全过程。

全书分为 10 个典型工程项目，由贵州轻工职业技术学院姚昕、葛昆任主编，姚昕对全书进行统稿，贵州兴义电力发展有限公司贺军、贵州轻工职业技术学院于永会参与编写。其中，姚昕编写项目 1、项目 2 和项目 9，贺军编写项目 3 并提供了大量资料与技术指导，葛昆编写项目 5 ~ 7，于永会编写项目 4、项目 8 和项目 10。

由于编者水平有限，书中不妥之处敬请各位同行批评指正，以便修订时改进。

编　者

目 录

CONTENTS

项目1 Chapter 1

S7-300 PLC基础

学习目标

1. 知识目标：了解PLC的硬件结构及基本工作原理；了解PLC外部端子的接线，掌握PLC I/O端口的分配及接线方法；了解PLC内部元器件及其编址寻址方式；掌握STEP7软件的编程界面；掌握梯形图的基本输入操作。

2. 能力目标：能对PLC的I/O端口进行硬件电路的连接；能用STEP7软件进行梯形图编辑、调试等基本操作。

3. 素质目标：培养学生刻苦钻研的学习精神，一丝不苟的工程意识，团结协作的团队意识和自主学习、创新的能力。

1.1 知识链接

1.1.1 PLC概述

1. 可编程序控制器的产生

可编程序控制器（Programmable Logic Controller，PLC）是在继电器控制和计算机技术的基础上，逐渐发展起来的以微处理器为核心，集微电子技术、自动化技术、计算机技术、通信技术为一体，以工业自动化控制为目标的新型控制装置。

1968年，美国通用汽车公司（GM公司）为适应汽车型号的不断更新，委托美国数字设备公司（DEC）研制成第一台可编程序控制器（PDP-14），并应用于通用汽车公司汽车生产。早期的可编程序控制器是为了取代继电器控制电路，采用存储器程序指令完成顺序控制而设计的。它仅有逻辑运算、定时、计数等功能，用于开关量控制，实际只能进行逻辑运算，所以称之为可编程序逻辑控制器，简称可编程序控制器。进入20世纪80年代后，PLC采用了16位和少数32位微处理器，这使得PLC在概念、设计和性能上都有了新的突破。采用微处理器之后，PLC的功能不再局限于当初的逻辑运算，增加了数值运算、模拟量处理、通信等功能，成为真正意义上的可编程序控制器（Programmable Controller，PC），但为了与个人计算机（Personal Computer，PC）相区别，仍将可编程序控制器简称为PLC。

2. PLC的主要性能指标

PLC的品牌、型号众多，用户可根据控制系统的不同要求选择不同性能的PLC。PLC的主要性能指标如下：

（1）输入/输出（I/O）点数　PLC 的 I/O 点数是指外部输入和输出端子数总和，它是描述 PLC 控制规模大小的一个重要参数。

（2）存储容量　PLC 的存储器由系统程序存储器、用户程序存储器和数据存储器三部分组成。PLC 的存储容量通常是指用户程序存储器和数据存储器两部分容量之和，表示系统提供给用户的可用存储空间，是 PLC 的一项重要性能指标。

（3）扫描速度　PLC 采用循环扫描工作方式，完成一次扫描所需的时间称为一个扫描周期。影响扫描速度的主要因素有用户程序的大小和 PLC 产品的类型。PLC 中的 CPU 等部件直接影响 PLC 的运算速度和精度。

（4）指令系统　指令系统是 PLC 所有指令的总和。指令越多，PLC 功能越强。用户可根据实际控制要求选择合适指令功能的 PLC。

（5）通信功能　通信是指 PLC 之间或 PLC 与其他设备之间的通信。通信主要涉及通信模块、通信接口、通信协议和通信指令等。PLC 的通信功能也是衡量 PLC 产品水平的重要指标之一。

3. PLC 的分类

（1）按结构形式分类　按结构形式分类，PLC 可分为整体式和模块式。

整体式 PLC 是将 CPU、存储器、I/O 部件等组成部分集于一体，并连同电源一起安装在一个机壳内。整体式 PLC 具有结构紧凑、体积小、重量轻、价格低等特点。小型 PLC 一般采用整体式。

模块式 PLC 是将 PLC 的各个组成部分做成独立的模块插件，然后根据用户需要选择模块插件组装在一个具有标准尺寸并带有插槽的机架上。模块式 PLC 具有配置灵活、装配维修方便等特点。一般大中型 PLC 采用模块式。

（2）按 I/O 点数分类　按 I/O 点数分类，PLC 可分为小型、中型和大型。

PLC 要实现对外部设备的控制必须通过 PLC 输入/输出端子连接外部设备，PLC 输入端子和输出端子的数目之和称为 PLC 的输入/输出点数（I/O 点数）。小型 PLC 的 I/O 点数小于 256 点，中型 PLC 的 I/O 点数在 256 ~ 1024 点之间，大型 PLC 的 I/O 点数大于 1024 点。

（3）按功能分类　按功能分类，PLC 可分为低档、中档和高档。

低档 PLC 具有逻辑运算、定时、计数、移位、自诊断及监控等基本功能，具有少量模拟量输入/输出、算术运算、数据处理等功能，主要用于逻辑控制、顺序控制和少量模拟量控制。

中档 PLC 除了具有低档 PLC 的功能外，还具有较强的模拟量处理、算术运算、数据处理、子程序及通信联网等功能，有些还可增设中断控制、PID 控制等功能。

高档 PLC 在以上机型基础上，还增加了带符号算术运算、位逻辑运算及其他特殊功能函数运算等功能。

4. PLC 的特点

（1）可靠性高，抗干扰能力强　PLC 是专门为工业应用而设计的，在硬件和软件上采用了一系列抗干扰措施，如硬件上的屏蔽、滤波、电源调整与保护、隔离等，软件上的故障检测、信息保护与恢复、警戒时钟、程序检测与校验的加强等，平均无故障时间达到数万小时。

（2）编程简单、使用方便、控制灵活，程序具有很好的柔性　PLC 编程语言有梯形图、语句表和功能图等，也可以用计算机高级程序设计语言直接编程。PLC 用软件功能取代了继电器控制系统中的大量硬器件，在不用改变硬件电路的情况下，可以轻松修改用户程序、调整控制逻辑，以适应生产工艺的变化，具有很好的柔性。

（3）功能完善，通用性强 PLC 内部的编程元件具有很强的 A/D 转换、D/A 转换、数据运算、逻辑运算、数据处理等功能，可以实现非常复杂的控制要求。当编程元件不足时，还可通过扩展模块进行扩充。

（4）控制系统设计施工量少，维护方便 PLC 的硬件系统接线比其他控制系统要少，可以节省安装时间，电气柜体积小，节约费用。PLC 的用户程序可提前进行模拟调试，缩短了应用设计和调试周期。在故障维修上，由于 PLC 的故障率低且有完善的自诊断和显示功能，故便于迅速排除故障，缩短了维修时间。

（5）体积小、重量轻、能耗低 PLC 采用集成方式，结构紧凑、体积小、能耗低。

1.1.2 PLC 的组成和工作原理

1. PLC 的基本组成

PLC 的硬件结构与微型计算机相同，主要由中央处理器（CPU）、存储器、输入单元、输出单元、通信接口、扩展接口和电源等部分组成。

（1）整体式 PLC 整体式 PLC 的组成框图如图 1-1 所示，所有部件安装在一个机壳内。

（2）模块式 PLC 模块式 PLC 的组成框图如图 1-2 所示。PLC 各模块独立封装，通过总线连接，安装在机架或导轨上。

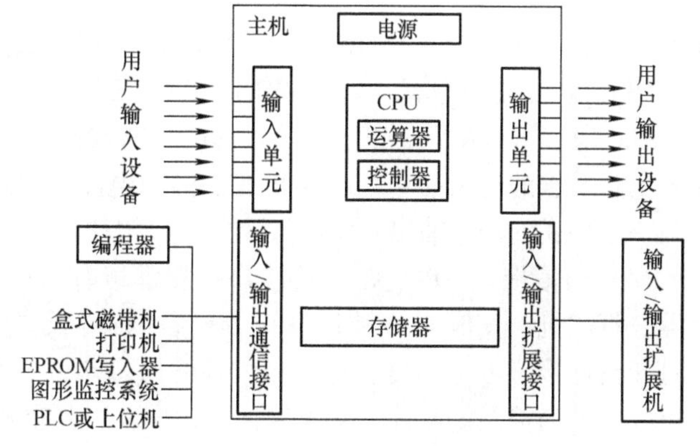

图 1-1 整体式 PLC 的组成框图

整体式 PLC 与模块式 PLC 从结构上来说有区别，但各部分的功能是相同的，下面对各组成部分的功能进行简要介绍。

（1）中央处理器（CPU） PLC 的中央处理器是整个系统的核心，起着类似人体大脑和神经中枢的作用。小型 PLC 大多采用 8 位通用 CPU 和单片机芯片，中型 PLC 大多采用 16 位通用 CPU 和单片机芯片，大型 PLC 大多采用双极型位片式 CPU。高档 PLC 往往采用多 CPU 系统来简化软件的设计，进一步提高其工作速度。CPU 的结构形式决定了 PLC 的基本性能。

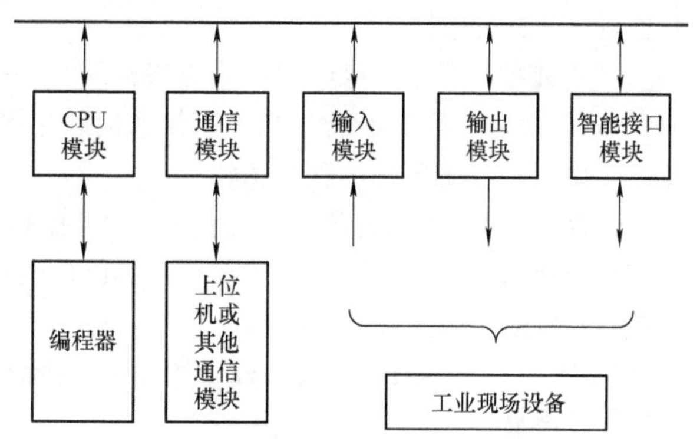

图 1-2 模块式 PLC 的组成框图

CPU 在 PLC 系统中通过地址总线、数据总线、控制总线与存储器、I/O 接口等连接，来协调控制整个系统。它根据系统程序赋予的功能完成以下任务：

1）接收并存储从个人计算机（PC）或专用编程器输入的用户程序和数据。

2）诊断电源、内部电路工作状态和编程过程中的语法错误。

3）PLC 进入运行状态后，用扫描方式接收现场输入设备中检测元件的状态和数据，并存入对应的输入映像寄存器或数据寄存器中。

4）PLC 进入运行状态后，从存储器中逐条读取用户程序，经过命令解释后，按指令规定的功能产生有关的控制信号，去启闭有关的控制门电路；分时、分渠道地进行数据的存取、传送、组合、比较和变换等操作，完成用户程序中规定的逻辑运算或算术运算。

5）依据运算结果更新有关标志位的状态和输出寄存器的内容，再由输出寄存器的位状态或数据寄存器的有关内容实现输出控制、制表、打印或数据通信等功能。

（2）存储器　PLC 的存储器由只读存储器（ROM）和随机存储器（RAM）两大部分构成。ROM 用来存放系统程序。RAM 用来存放从编程器或 PC 中输入的用户程序和数据，故又称其为用户存储器，其又分为用户程序存储器和数据存储器两种。用户存储器的内容，一方面由用户根据控制需要可读可写，可任意修改、增删；另一方面，在一定时期内又具有相对稳定性，所以适宜保存在 EPROM（可擦除可编程 ROM）、EEPROM（电可擦除可编程 ROM）或由高能电池支持的 RAM 中。PLC 技术指标中的内存容量就是指用户存储器容量，它是 PLC 的一项重要指标，内存容量一般以“步”为单位（16 位二进制数为 1 步，或简称为“字”）。

（3）输入/输出单元　输入/输出单元（I/O 单元），是 PLC 与外部设备之间的连接部件。PLC 通过输入单元将 PLC 外部设备（如行程开关、按钮、传感器等）提供的符合 PLC 输入电路要求的电压信号，送至 PLC 的内部电路。PLC 通过输出单元将 CPU 运算的结果转换为一定形式的功率输出，驱动被控负载（电磁铁、继电器、接触器线圈等）。

（4）通信接口　PLC 的通信接口一般都带有通信处理器。PLC 通过这些接口实现与监视器、打印机、其他 PLC 及计算机等设备的通信。与监视器连接，可显示控制过程图像；与打印机连接，可将过程信息、参数等输出打印；与其他 PLC 连接，可构建网络系统，实现更大规模的控制；与计算机连接，可构成多级分布式控制系统，实现控制与管理相结合。

（5）电源　PLC 根据型号的不同，有的采用交流供电，有的采用直流供电。交流电压一般为单相 220V，直流电压一般为 24V。PLC 对电源的稳定性要求不高，通常允许电源的额定电压在 -15% ~10% 范围内波动。许多 PLC 可为输入电路和外部电子检测装置（如光电开关等）提供 DC 24V 电源。而 PLC 控制的现场执行机构的电源，则由用户根据 PLC 型号、负载情况自行选择。

（6）智能接口模块　PLC 的智能接口模块是一个独立的计算机系统，包括 CPU（模块自带）、系统程序、存储器及与 PLC 系统通信的总线接口。它通过总线与 PLC 连接，实现数据交换，并在 PLC 的管理下独立工作。

PLC 的智能接口模块有高速计数模块、闭环控制模块、运动控制模块、中断控制模块等。

（7）其他外部设备　除了上述部件外，PLC 还有许多外部设备，如 EPROM 写入器、外存储器、人机接口装置等。

EPROM 写入器是用来将用户程序固化到 EPROM 中的一种外部设备，主要是使调试好的用户程序不易丢失。

外存储器是指用来存储 PLC 用户程序的一些外部磁带、磁盘和半导体存储器等，它通过编程器或其他智能模块接口，实现与 PLC 内部存储器之间的通信。

人机接口装置是用来实现操作人员与 PLC 系统对话的装置。最简单的人机接口装置由按钮、转换开关、声光报警器等构成。

2. PLC 的工作原理

（1）PLC 的扫描工作方式　在 PLC 工作时，CPU 每一瞬间只能做一件事，也就是说，一个 CPU 每一时刻只能执行一个操作而不能同时执行多个操作。CPU 按分时操作方式来顺序处理各项任务。并且，PLC 为了使输出及时地响应随时可能变化的输入信号，用户程序不是只执行一次，而是不断重复地执行，直至 PLC 停机或切换到停止模式。PLC 对许多需要处理的任务依次按规定顺序进行访问和处理的工作方式称为扫描工作方式。用户程序所用到的 PLC 的各种软继电器，是按各自程序号的大小在时间上串行工作的，但由于 CPU 运算速度极高，宏观上给我们一种似乎是同时完成的感觉。

PLC 的扫描工作除了执行用户程序外，在每次扫描工作时还要进行内部处理、通信服务等，整个扫描过程执行一遍所需的时间称为一个扫描周期，如图 1-3 所示。

（2）PLC 扫描用户程序的过程　PLC 扫描用户程序的过程主要包括输入处理、程序执行和输出处理三个阶段。在 PLC 运行期间，CPU 以一定的扫描速度循环执行上述三个阶段。

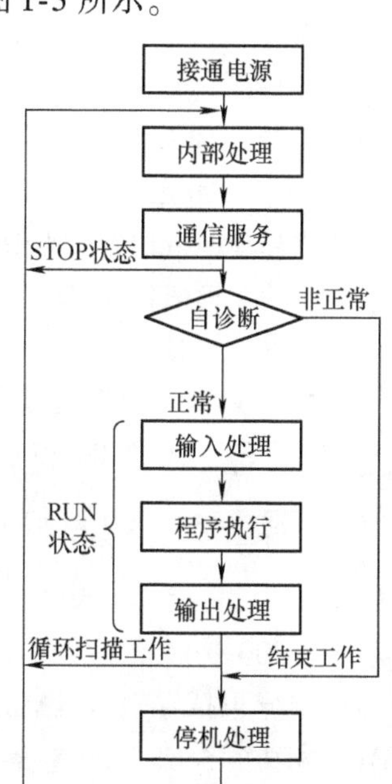

图 1-3　扫描过程示意图

1）输入处理。输入处理阶段又叫输入采样阶段。在这个阶段，PLC 首先要扫描所有输入端子，并将各输入端子的通断状态（0 或 1）顺序存入内存中各自对应的输入映像寄存器，也可以说 PLC 把所有外部输入电路的通断状态读入输入映像寄存器，此时输入映像寄存器被刷新（故此阶段又称为输入刷新阶段），随后关闭输入通道，转入程序执行阶段。在之后的两个阶段中，无论外部输入信号如何变化，输入映像寄存器的内容都不会发生变化，直到下个循环的输入处理阶段输入信号状态变化了，输入映像寄存器的内容才会被改变。由于 PLC 的扫描周期一般只有十几毫秒，所以两次采样的时间间隔很短，对工业中的一般开关量来说，可以认为输入信号一旦变化，就能立即进入输入映像寄存器中。

2）程序执行。在程序执行阶段，PLC 按从上到下、从左到右的顺序扫描执行梯形图程序。CPU 从第一条指令开始，逐条执行存储器中按步序号从小到大排列的、由若干条指令组成的用户程序（在无跳转指令的情况下）。在程序执行过程中，根据用户程序的需要从输入映像寄存器及其他的元件映像寄存器中将元件的“0/1”状态读出来，并按程序的要求进行逻辑运算，运算结果写入对应的元件映像寄存器中。因此，除输入映像寄存器以外的其他各元件映像寄存器的内容，都可能会随程序的执行而发生变化。用户程序执行完毕，即转入输出处理阶段。

3）输出处理。在输出处理阶段，CPU 一次性将几种元件映像寄存器中输出映像寄存器的“0/1”状态转存到输出锁存器中。信号经输出模块隔离和功率放大后送到输出端子。无论 PLC 是何种类型的输出形式，如果输出映像寄存器中某一个位为“1”状态，则经过上述处理后将使对应的输出端子和 COM 端子之间接通，从而驱动外部负载。

1.1.3 PLC 的编程语言

PLC 的编程语言包括梯形图（Ladder Diagram，LAD）、语句表（Statement List，STL）、功能块图（Function Black Diagram，FBD）、顺序功能图（Sequential Function Chart，SFC）和结构化文本（Structured Text，ST）。

1. 梯形图

梯形图（LAD）是 PLC 中使用率最高的一种图形编程方式，被称为 PLC 的第一编程语言。梯形图常被称为电路或程序，梯形图的设计称为编程。本书采用梯形图语言对 PLC 软件系统的编程进行介绍。

2. 语句表

语句表（STL）是类似于计算机汇编语言的一种文本编程方式。语句表适用于经验丰富的程序员，可以实现其他编程语言不能实现的一些功能。在设计通信、数学运算等高级运算时，推荐使用语句表。

3. 功能块图

功能块图（FBD）是类似于布尔代数的一种图形逻辑编辑方式。功能块图适合于有数字电路基础的编程人员使用。

4. 顺序功能图

顺序功能图（SFC）类似于解决问题的流程图，适用于顺序控制的编程。西门子 PLC 实现顺序控制的图形语言为 S7 - GRAPH，利用该编程语言，可以清楚快速地编写顺序控制程序。

5. 结构化文本

结构化文本（ST）是类似于 PASCAL 的一种高级文本编程语言，西门子 PLC 中为 S7 - SCL，用于 S7 - 300/400 和 C7 的编程，其可以简化数学计算、数据管理和组织工作。

1.1.4 S7 - 300 PLC 硬件系统认知

1. S7 - 300 PLC 的系统结构

S7 - 300 是一款紧凑型模块化设计的中小型 PLC，适用于中等性能的控制要求。它的主要组成部分包括导轨（RACK）、电源模块（PS）、CPU 模块、接口模块（IM）、信号模块（SM）和功能模块（FM）等，各模块通过 MPI 网与编程器（PG）、操作员面板（OP）和其他 PLC 相连。其实物外形如图 1-4 所示。

图 1-4　S7 - 300 实物外形

（1）导轨（RACK） 导轨是用于安装 S7－300 模块的不锈钢机架。S7－300 的电源模块应安装在导轨最左面的 1 号槽，2 号槽安装 CPU 模块，3 号槽安装接口模块，4～11 号槽可自由分配，安装如信号模块、功能模块或通信模块等。每个信号模块都自带总线连接器（CPU 模块除外），安装时先将总线连接器装在 CPU 模块上并固定在导轨上，然后依次插入各模块，各模块通过背板总线连接。其安装图如图 1-5 所示。

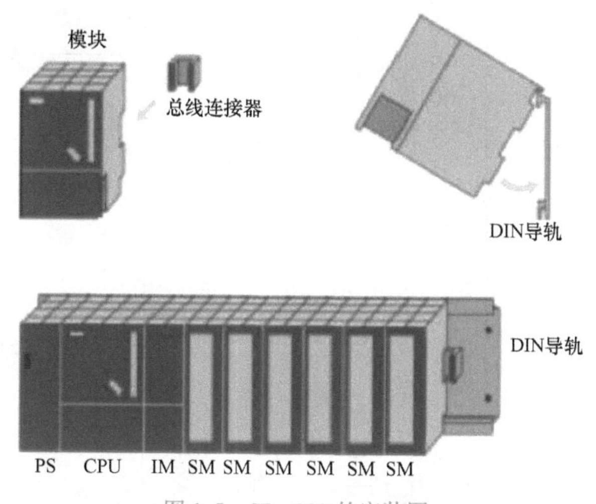

图 1-5 S7－300 的安装图

（2）电源模块（PS） 电源模块将 S7－300 连接到 120V/230V 交流电源或 24V/48V/72V/96V/110V 直流电源中。它通过电缆连接 CPU 及其他信号模块。PS305 户外型电源模块采用直流供电，输出为 24V 直流电。PS307 标准电源模块包括 PS307(2A)、PS307(5A) 和 PS307(10A) 三种。以 PS307(5A) 为例，该模块输出电流为 5A，输出电压为 DC 24V，具有短路和断路保护功能；与单相交流电源连接时，额定输入电压为 AC 120V/230V，50Hz/60Hz；可用作负载电源。其技术规格见表 1-1。

表 1-1 PS307(5A) 电源技术规格

PS307(5A) 技术规格要求		参数值
额定输入电压	120V 时	2.3A
	230V 时	1.2A
冲击电流（25℃）		20A
12T（冲击电流时）		1.2A，2s
输出电压	额定值	DC 24V
	允许范围	±3%，短路保护
	斜坡上升时间	最大值 2.5s
输出电流额定值		5A，可并联接线
效率		0.87
功率		138W

（3）CPU 模块 S7－300 提供了多种不同性能的 CPU 供用户选择，包括 CPU312IFM、CPU313、CPU314、CPU315 等。CPU 模块的主要功能是执行用户程序，同时通过通信接口与其他 CPU 等装置相连，此外，它还为 S7－300 背板总线提供 5V 直流电源。CPU314C-2

PN/DP 面板布局如图 1-6 所示。

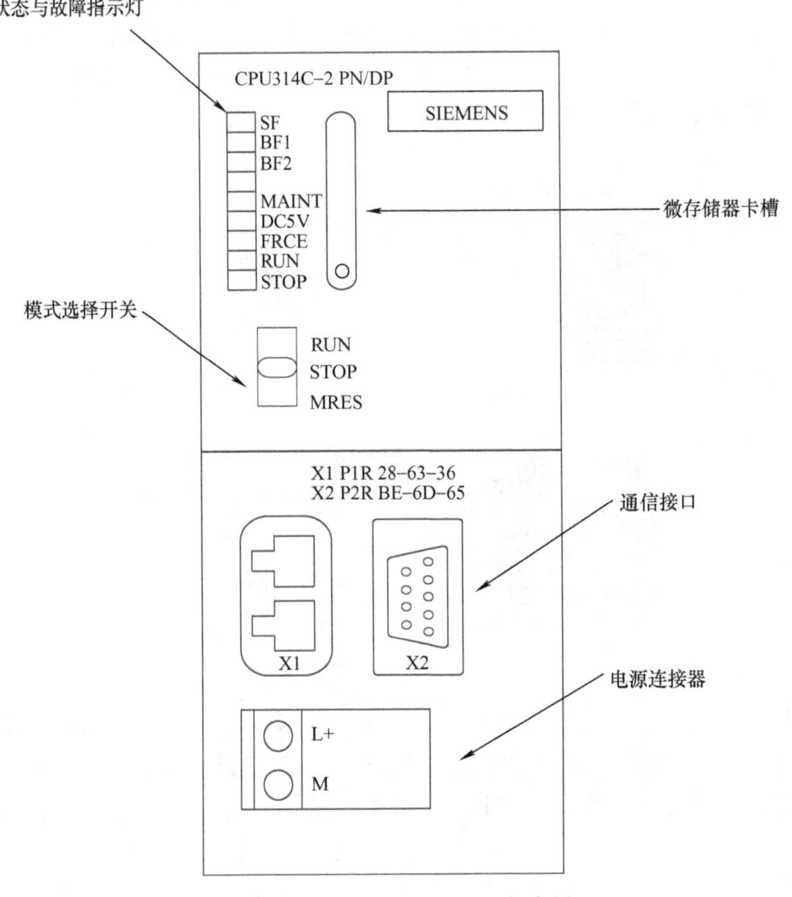

图 1-6 CPU314C-2 PN/DP 面板布局

1）模式选择开关：

① RUN：运行模式。CPU 执行用户程序，但不能修改用户程序。

② STOP：停止模式。CPU 不执行用户程序，但可以读出和修改用户程序。

③ MRES：存储器复位模式。该模式不能保持，将模式选择开关从“STOP”位置拨到“MRES”位置，可复位存储器，使 CPU 回到初始状态。复位存储器操作流程：通电后，将模式选择开关从“STOP”位置拨到“MRES”位置，“STOP”指示灯熄灭 1s、亮 1s、再熄灭 1s 后保持常亮（闪烁两次）；松开模式选择开关，开关自动回到“STOP”位置，然后将开关再拨到“MRES”位置，“STOP”指示灯以 2Hz 的频率至少闪烁 3s，表示正在执行复位，最后“STOP”指示灯保持常亮时表示复位完成。

2）状态与故障指示灯：

① SF：系统出错/故障指示灯（红色）。CPU 硬件故障或软件错误时亮起。

② BF1/BF2：总线错误指示灯（红色）。总线出现错误时亮起。

③ MAINT：维护请求指示灯（黄色）。维护请求会导致诊断中断。

④ DC5V：DC 5V 电源指示灯（绿色）。DC 5V 电源正常时亮起。

⑤ FRCE：强制作业有效指示灯（黄色）。至少有一个 I/O 口处于被强制状态时亮起。

⑥ RUN：运行状态指示灯（绿色）。CPU 处于运行状态时亮起，在“START UP”状态时以 2Hz 频率闪烁，在“HOLD”状态时以 0.5Hz 频率闪烁。

⑦ STOP：停止状态指示灯（黄色）。CPU 处于“STOP”“HOLD”或“START UP”状态时亮起，在存储器复位时以 0.5Hz 频率闪烁，在存储器置位时以 2Hz 频率闪烁。

3）通信接口：X1、X2 为 CPU 模块的通信接口。其中，X1 接口提供以太网通信服务，X2 接口提供 MPI 通信服务。

4）电源连接器：L+、M 为 CPU 的电源连接器，连接 AC 220V。其中，L+端连接相线，M 端连接零线。

5）微存储器卡槽：CPU314C-2 PN/DP 采用外部 MMC 微存储器卡进行数据存储，通过微存储器卡槽接入。

以 CPU314 为例，它在运行时需要微存储器卡，适用于中等处理量的应用，对二进制和浮点数运算具有较强的处理能力，其技术规格见表 1-2。

表 1-2　CPU 314 技术规格

型　号		CPU314
编程软件型号		STEP7 V5.1 及以上
电源电压	额定值	DC 24V
	允许范围	DC 20.4～28.8V
电流（电源保护外部熔断）		最小值 2A
电流消耗	冲击电流（典型值）	2.5A
	从电源连接器 L+供电的最大电流值	600mA
功率消耗（典型值）		2.5W
工作存储器		内置 96KB，不可扩展
可拔插 MMC（微存储器卡，最大值）		8MB
DB	数量（最大值）	511，DB0 保留
	容量（最大值）	16KB
FB	数量（最大值）	2048，FB0～FB2047
	容量（最大值）	16KB
FC	数量（最大值）	2048，FC0～FC2047
	容量（最大值）	16KB
OB	容量（最大值）	16KB
CPU 处理时间	位指令（最短时间）	0.1μs
	字指令（最短时间）	0.2μs
	整数运算（最短时间）	2μs
	浮点数运算（最短时间）	3μs

（4）接口模块（IM）　接口模块（IM）用于连接多层 SIMATIC S7-300 配置中的机架，它分为 IM360、IM361 和 IM365 模块。其中，IM360/IM361 用于配置一个中央控制器和三个扩展机架，IM365 用于配置一个中央控制器和一个扩展机架。如只有一个机架，可不要接口模块。IM361 接口模块技术规格见表 1-3。

表 1-3　IM361 接口模块技术规格

订　货　号	6ES7 361－3CA01－0AA0
电源电压额定值	DC 24V
电流消耗（从电源 L＋供电）	500mA
最大功率消耗（典型值）	5W
组态（与 CPU 接口模块组态数，最大值）	3

（5）信号模块（SM）　信号模块（SM）包括数字量输入模块（DI）、数字量输出模块（DO）、模拟量输入模块（AI）和模拟量输出模块（AO）。还有 DI/DO 模块和 AI/AO 模块。数字量模块包括 SM321 输入模块、SM322 输出模块、SM323/SM327 输入/输出模块、SM326F 数字量输入-安全集成、SM326F 数字量输出-安全集成和 EX 数字量输入/输出模块。模拟量模块包括 SM331 输入模块、SM332 输出模块、SM334 输入/输出模块、SM335 快速输入/输出模块、SM336F 模拟量输入-安全集成和 EX 模拟量输入/输出模块。

1）数字量输入模块。数字量输入模块用于连接外部机械触点或电子数字式传感器，用来将系统输入的外部数字量信号的电平转变为 PLC 内部的电平信号。

数字量输入模块按输入方式可分为直流输入方式和交流输入方式；按输入点数可分为 8 点、16 点和 32 点几种类型。输入信号经过模块中的光电隔离和滤波后送至输入寄存器中，等待 CPU 采样。

图 1-7 所示为数字量直流输入模块接线图，外部触点、限流电阻、光电耦合器中的发光二极管和直流电源（DC 24V）形成回路，发光二极管在外部触点接通时，使光电晶体管饱和导通，相当于开关接通，反之亦然。信号经过背板总线接口传送给 CPU 模块。

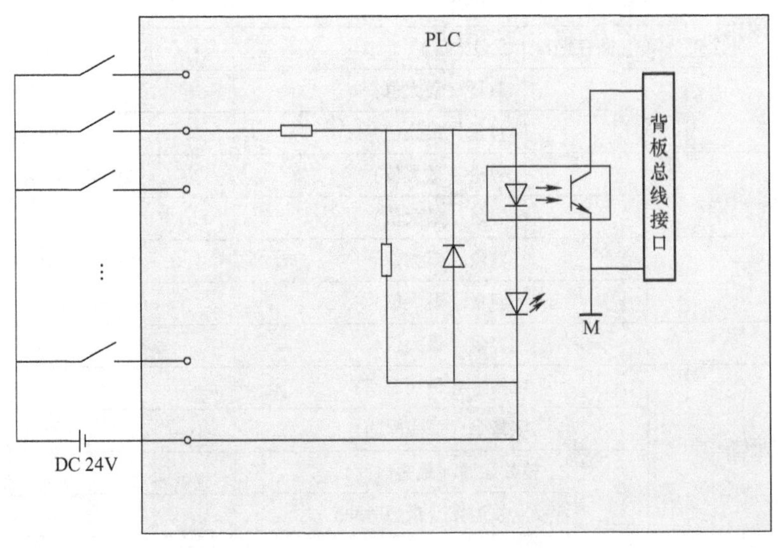

图 1-7　数字量直流输入模块接线图

图 1-8 所示为数字量交流输入模块接线图，输入额定电压为 AC 120V 或 AC 230V，外部触点信号通过限流电阻进入桥式整流电路，整流电路将输入信号转换为直流电流后，信号经

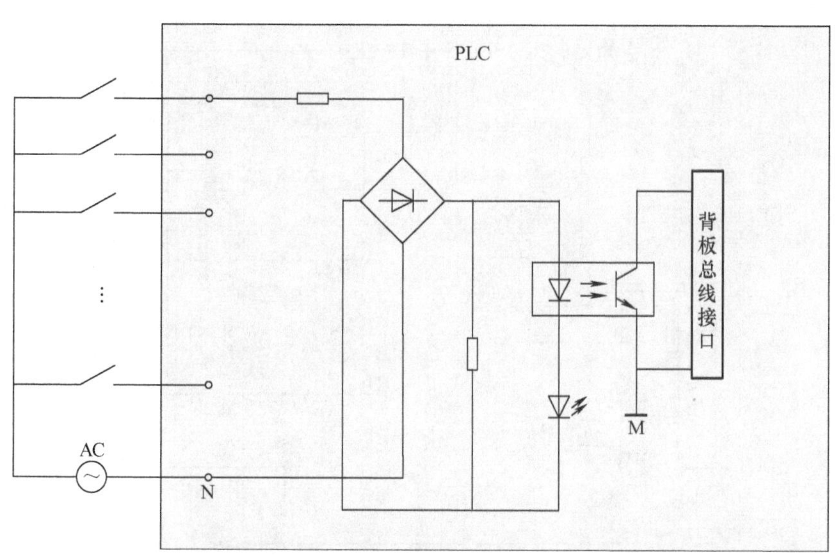

图 1-8 数字量交流输入模块接线图

光电耦合器和背板总线接口传送给 CPU 模块。

2）数字量输出模块。数字量输出模块用于驱动电磁阀、交流接触器、指示灯等外部负载。数字量输出模块要将内部电平信号转换为外部电平信号，同时又有隔离和功率放大的作用。负载电源由电源模块或现场提供。数字量输出模块按负载回路使用的电源不同分为直流输出模块、交流输出模块和交直流两用输出模块；按输出开关器件不同分为继电器输出模块、晶体管输出模块和场效应晶体管输出模块三种形式。

图 1-9 所示为继电器输出模块电路，内部输出点信号通过背板总线接口和光电耦合器构成回路，当内部输出点信号为“1”时，模块对应的微继电器线圈通电驱动外部负载，反之亦然。继电器输出模块既可以驱动交流负载，也可以驱动直流负载（注：固态继电器（SSR）输出电路只能用于交流负载）。

图 1-10 所示为晶体管或场效应晶体管输出模块电路，内部输出信号通过背板总线接口和光电耦合器构成回路，直接将信号送给输出元件，输出元件的饱和导通状态和截止状态相当于触点的接通和断开。晶体管或场效应晶体管输出模块只能驱动直流负载。

3）模拟量输入模块。模拟量输入模块用于将现场传感器测量的模拟量转换为 PLC 内部处理的数字信号，其主要组成部分是 A/D 转换器（ADC）。

模拟量输入模块将变送器送来的标准量程的直流电流或直流电压信号（一般为 DC 4～20mA 或 DC 0～10V）转换成数字信号，转换结果被保存到相应的存储器中，直到被下一次的转换值覆盖。图 1-11 所示为模拟量输入模块电路，各个模拟量输入通道共用一个 A/D 转换器，用多路开关切换通道，各输入通道的 A/D 转换过程和转换结果的存储和传送是顺序进行的。

4）模拟量输出模块。模拟量输出模块用于将数字量转换为成比例的电流信号或电压信号，以对执行机构进行调节或控制，其主要组成部分是 D/A 转换器（DAC）。

模拟量输出模块可将内部数字信号转换为 0～10V、1～5V、-10～10V 或 0～20mA、4～20mA、-20～20mA 等多种模拟信号输出。对于电压型模拟量输出模块，与负载的连接

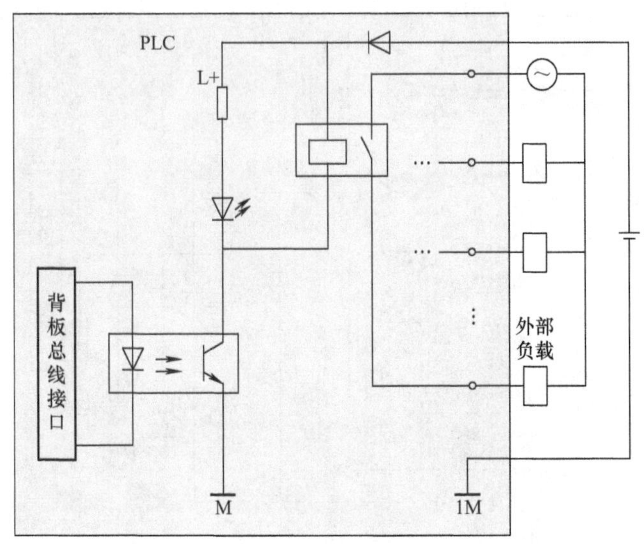

图 1-9　继电器输出模块电路

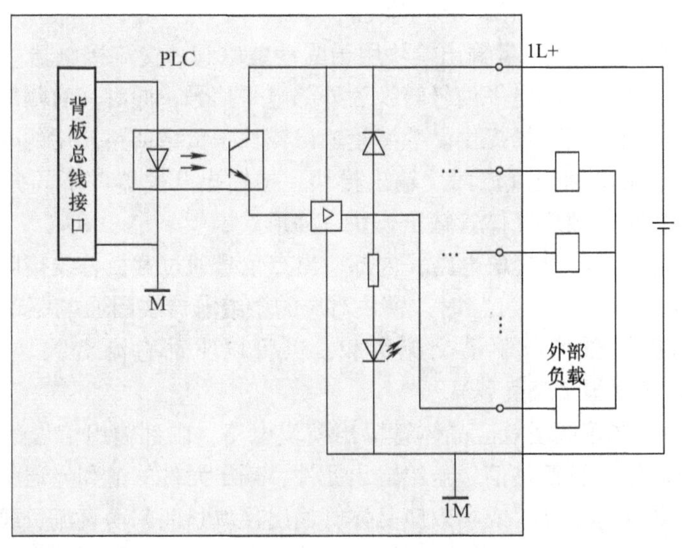

图 1-10　晶体管或场效应晶体管输出模块电路

可以采用二线制或四线制电路；对于电流型模拟量输出模块，与负载的连接只能采用二线制电路。

模拟量信号要使用屏蔽双绞线电缆进行传送。电缆线 QV 和 S +、MANA 和 S - 要分别绞线连接，以减小干扰，并将电缆两端屏蔽层接地。模拟量输出模块电路如图 1-12 所示。

2. S7 - 300 PLC 的存储区

（1）存储区划分　S7 - 300 PLC 的用户存储区按功能主要可分为三个基本存储区：系统存储区、工作存储区和装载存储区。此外，还有外设 I/O 存储区和寄存器（累加器、地址寄存器、状态字寄存器和数据块地址寄存器）等。具体划分见表 1-4。

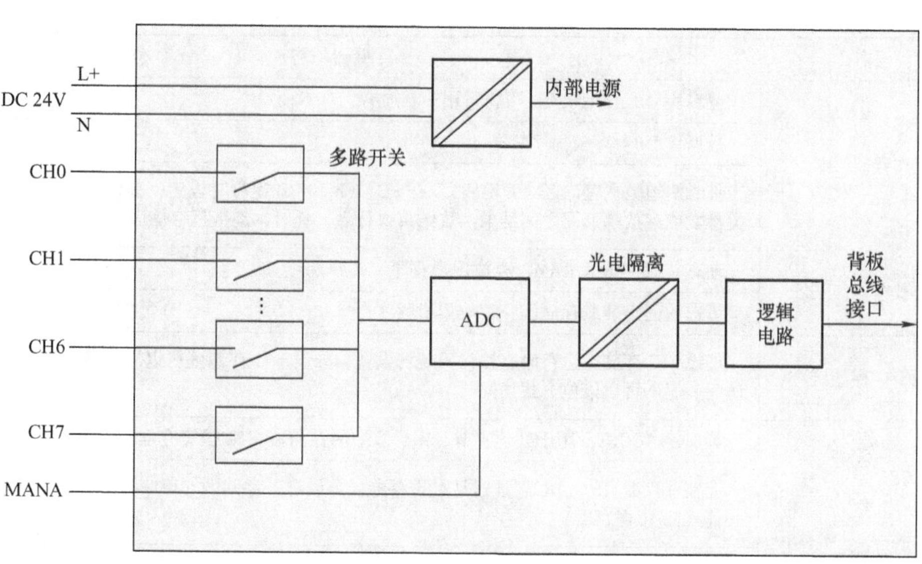

图 1-11 模拟量输入模块电路

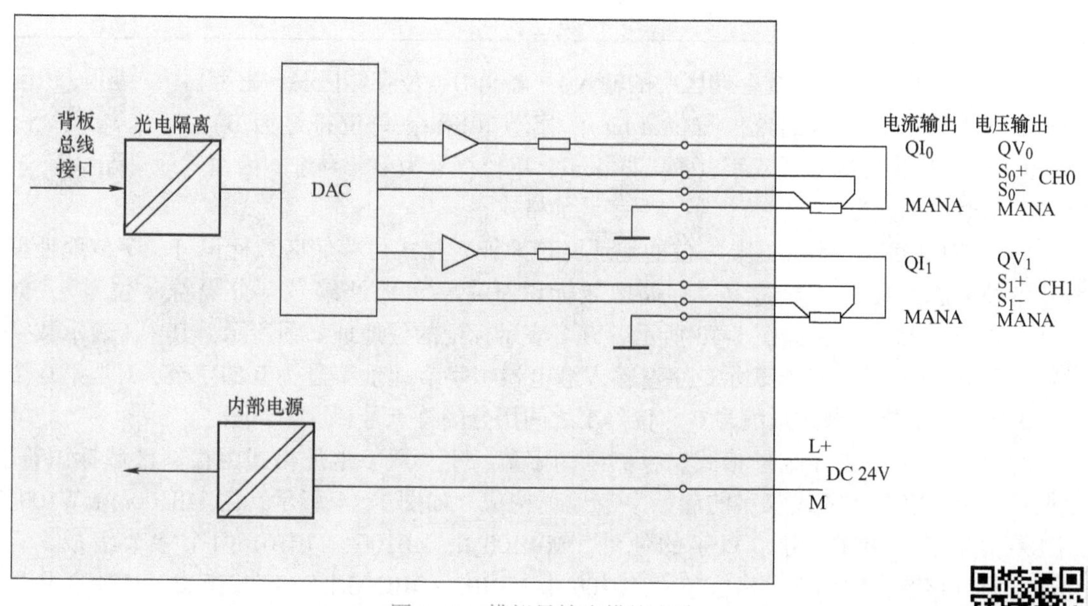

图 1-12 模拟量输出模块电路

表 1-4 S7-300 PLC 的 CPU 内部存储区域划分

存储区名称	存储器功能
系统存储区	输入 I：扫描周期开始时，系统读取输入值并放入该区域，以便程序使用
	输出 Q：扫描周期中，程序更新该区域数值，系统读取输出值，并传送到输出端口
	位存储区 M：存放程序运算的中间结果
	定时器 T：为定时器提供存储区，计时时钟访问该区域中的计时单元，并以减法更新计时值；定时器指令可访问该区域和计时单元
	计数器 C：为计数器提供存储区，计数器指令可访问该区域

（续）

存储区名称	存储器功能
工作存储区	逻辑块 OB、FB、FC：可执行用户程序
	数据块 DB：存放程序数据
	临时本地数据存储区（L 堆栈）：在 FC、FB 和 OB 运行时设定，提供存储区域以传送某类参数或存放梯形图中间结果。块结束执行后，临时本地数据存储区再进行分配
装载存储区	动态装载存储区 RAM：存放用户程序
	可选的固定装载存储区：存放用户程序
外设 I/O 存储区	外设 I/O 存储区运行时直接访问现场设备，外设 I/O 存储区可以以字节、字、双字格式访问，但不可以以位方式访问
寄存器	累加器 ACCUx：用于处理字节、字、双字的存储器（32 位寄存器）
	地址寄存器 AR1/AR2：通过地址寄存器，可以对各存储区的存储器内容进行寄存器间接寻址（32 位寄存器）
	状态字寄存器：用于存储 CPU 执行命令后的状态（16 位寄存器）
	数据块地址寄存器：DB 和 DI 寄存器分别用来保存打开的共享数据块和背景数据块的编号（32 位寄存器）

（2）存储区单位　系统存储区中的输入 I、输出 Q、位存储区 M，寄存器中的累加器 ACCUx 等区域的单位按位（bit）、字节（byte，单位符号为 B）、字（word，单位符号为 W）或双字（double word，单位符号为 D）寻址，因而其地址的表示格式也分为位、字节、字、双字地址格式。

1）位地址格式。存储区某一位的地址（位地址）格式由存储区域标识符、字节地址编号及位号构成，其指定方式为“存储区域标识符 + 字节地址编号 + 分隔符 + 位号”，如 I0.0、Q0.0、M5.2 等，如图 1-13 所示。I0.1 表示标记的位地址如图所示，其中 I 表示数字量输入继电器的标识符，0 表示数字量输入继电器中字节地址编号为 0 的字节，1 是第 0 个字节的第 1 位，在字节地址编号 0 与位号 1 之间用分隔符点号“·”隔开。

2）字节、字、双字地址格式。存储区的字节、字、双字地址格式由存储区域标识符、数据长度及该字节、字或双字的起始字节地址构成。如图 1-14 所示，用 MB100、MW100、MD100 分别表示字节、字、双字的地址。MW100 由 MB100、MB101 两个字节组成，且 MB101 是低字节，MB100 是高字节；MD100 由 MB100 ~ MB103 四个字节组成，MB103 是最低字节，MB100 是最高字节。

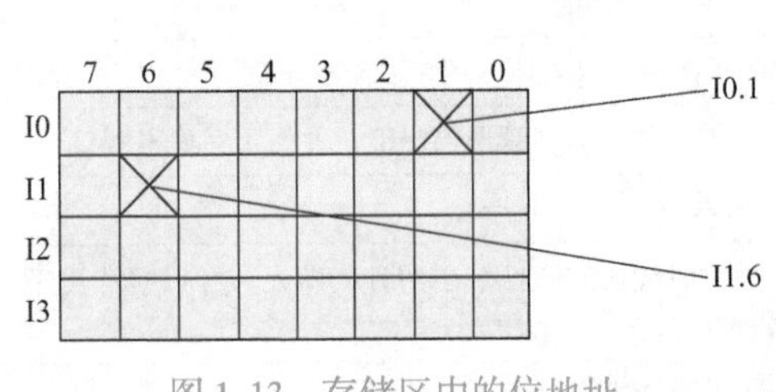

图 1-13　存储区中的位地址

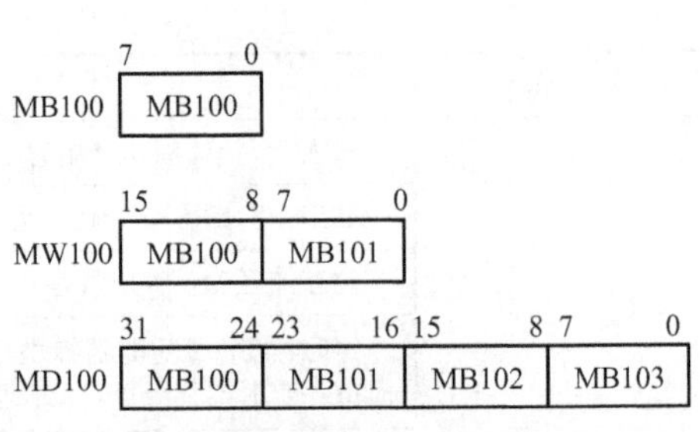

图 1-14　存储区中的字节、字、双字地址

3）其他地址格式。系统存储区中，还包括定时器（T）、计数器（C）等。它们的地址格式为“存储区域标识符 + 元件编号”，如 T4 表示某定时器的地址。

3. PLC 的数据类型

PLC 在符号表、数据块和逻辑块的局部变量表中定义变量时，需要指定变量的数据类型。在使用指令和调用逻辑块时，也要用到数据类型。

STEP7 的数据类型分为基本数据类型、复杂数据类型和参数数据类型。

（1）基本数据类型　S7－300 的基本数据类型见表 1-5。

表 1-5　S7－300 的基本数据类型

类　型	位	表示形式	数据范围
布尔（BOOL）	1	布尔型	1，0
字节（BYTE）	8	十六进制	B#16#00 ~ B#16#FF
字（WORD）	16	二进制	2#0000 0000 0000 0000 ~ 2#1111 1111 1111 1111
		十六进制	W#16#0000 ~ W#16#FFFF
		BCD 码	C#0 ~ C#999
		无符号十进制	B#(0，0) ~ B#(255，255)
双字（DWORD）	32	十六进制	DW#16#0000 0000 ~ DW#16#FFFF FFFF
		无符号数	B#(0，0，0，0) ~ B#(255，255，255，255)
字符（CHAR）	8	ASCII 字符	ASCII 字符
整数（INT）	16	有符号十进制	－32768 ~ 32767
长整数（DINT）	32	有符号十进制	L#－214 783 648 ~ L#214 738 648
实数（REAL）	32	IEEE 浮点数	±1.175495e－38 ~ ±3.402823e＋38
时间（TIME）	32	带符号 IEC 时间，分辨率 1ms	T#－24D_20H_31M_23S_648MS ~ T#24D_20H_31M_23S_637MS
日期（DATE）	32	IEC 日期，分辨率 1 天	D#1990_1_1 ~ D#2168_12_31
实时时间（Time-of-Daytod）	32	实时时间，分辨率 1ms	TOD#0：0：0.0 ~ TOD23：59：59.999
S5 系统时间（S5TIME）	32	S5 时间，分辨率 10ms	S5T#0H_0M_OS_10MS ~ S5T#2H_46M_30S_0MS

其中，常用的数据类型有布尔（BOOL）、字节（BYTE）、字（WORD）、双字（DWORD）和 S5 系统时间。

（2）复杂数据类型　复杂数据类型是指超过 32 位或由其他数据类型组成的数据。复杂数据类型需要预定义，其变量只能在全局数据块中声明，可以作为参数或逻辑块的局部变量使用。STEP7 指令不能一次处理复杂数据类型，但可以一次处理一个元素。STEP7 可处理的数据类型包括数组（ARRAY）、结构（STRUCT）、字符串（STRING）、日期和时间（DATE_AND_TIME）。

（3）参数数据类型　参数数据类型是用于逻辑块（FB、FC）之间传递参数的数据类型，主要有定时器（TIMER）、计数器（COUNTER）、块（BLOCK）、指针（POINTER）及 ANY（指针数据类型的一种）。

1.1.5 STEP7 软件认知

STEP7 编程软件是 SIMATIC 工业软件的组成部分，可用于对 S7、M7、C7 和 WinAC 的编程、监控和参数设置。

1. 项目创建

（1）项目创建　创建新项目可以采用“新项目”向导，使用菜单命令“文件”→“新项目”打开向导，在对话框中输入所要求的详细资料，即可创建项目。除了站、CPU、程序文件夹、源文件夹、块文件夹及 OB1 之外，还可以选择已存在的 OB1 进行错误和报警处理。

新项目还可以手动创建，在 SIMATIC 管理器中使用菜单命令“文件”→“新建”来创建一个新项目，它已包括“MPI 子网”对象。

（2）项目分层结构　项目以分层结构保存对象数据的文件夹，包含了控制系统中所有的数据，图 1-15 所示为 SIMATIC 管理器界面，左边为树形结构窗口，第一层为项目，项目包括站和网络对象。第二层为站，站包括硬件、CPU 和 CP（通信处理器），站是硬件组态的起点。站的下一层是 CPU，CPU 包括 S7 程序和连接，S7 程序是编写程序的起点。S7 程序包括源文件、块和符号，生成程序时系统自动生成一个空的符号，同时“块”文件夹中一般只有主程序 OB1。

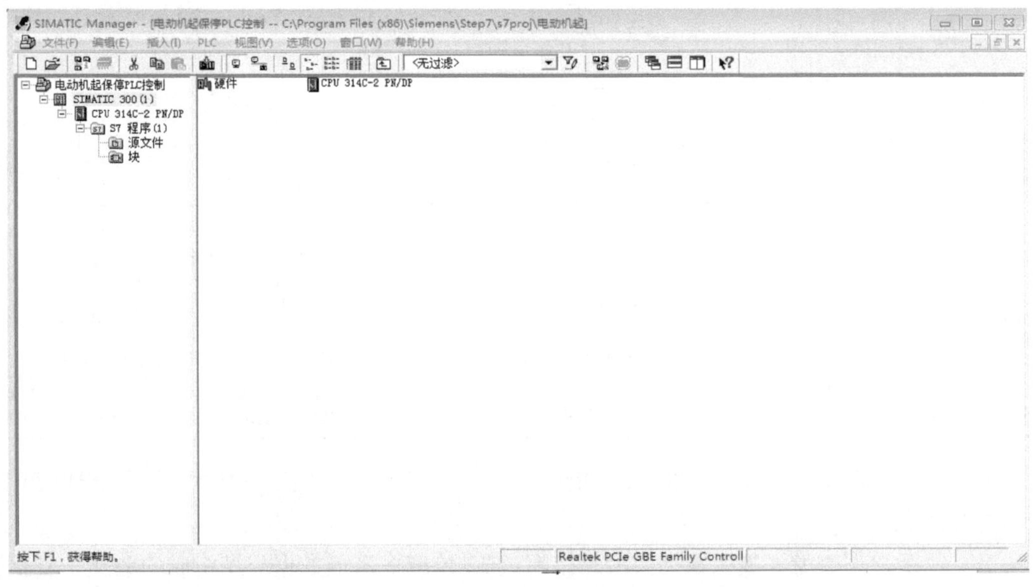

图 1-15　SIMATIC 管理器界面

当选中项目结构中的某一层时，管理器右边窗口显示的是该层的对象。选中对应的对象，可以双击打开和编辑对象。

（3）项目属性设置　STEP7 软件中文版可选用中文和英文两种语言，通过以下方法修改语言：在 SIMATIC 管理器的菜单中选择“选项”→“自定义”命令，在“自定义”对话框中通过“语言”选项卡切换两种语言。

在“自定义”对话框中的“常规”选项卡中可以修改保存项目和库的文件夹。如果保存项目的文件夹名称中含有中文，则不能使用“新建项目向导”。

2. 硬件组态

硬件组态就是在STEP7软件中生成一个和实际硬件系统完全相同的系统。组态的模块和实际模块的插槽位置、型号、订货号和固件版本号必须完全相同。硬件组态中要确定PLC输入/输出变量的地址，为设计用户程序打下基础。硬件组态需先创建一个带有SIMATIC工作站的项目，再插入工作站并放置硬件对象（电源模块、CPU模块、信号模块），然后修改I/O默认地址，最后进行编译和保存。

（1）插入SIMATIC 300工作站　“新建项目向导”建立的项目结构完整，不需要插入SIMATIC 300工作站，手动创建的项目结构不完整，需要插入SIMATIC 300工作站，使用菜单命令“插入”→“站点”，选择“SIMATIC 300站点”，如图1-16所示。

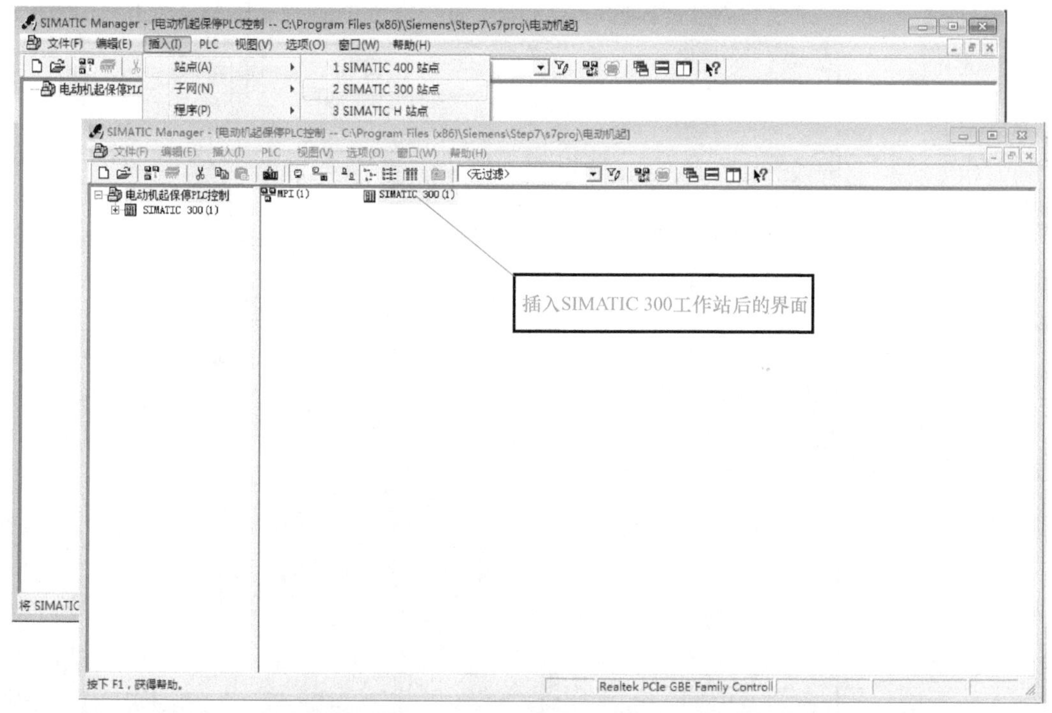

图1-16　插入SIMATIC 300工作站

（2）放置硬件对象　在SIMATIC管理器界面左边选中SIMATIC 300工作站，右边窗口会出现站对象，双击站对象“硬件”，打开硬件组态工具“HW Config”，如图1-17所示。

1）插入导轨。若打开的“HW Config”右侧窗口中未出现硬件目录，可单击硬件目录图标 显示硬件目录。在右侧硬件目录中单击SIMATIC 300左侧的加符号展开目录，双击“RACK-300”下的“Rail”图标，插入一个S7-300导轨，如图1-18所示。

插入导轨后的硬件组态窗口如图1-19所示。左边编号“1，2，3，…”代表导轨的槽号。S7-300的模块放置原则是1号槽放置电源模块，2号槽放置CPU模块，3号槽放置接口模块，4~11号槽放置其他模块。如果只有一个导轨，则3号槽不需要放置接口模块，保持空缺。

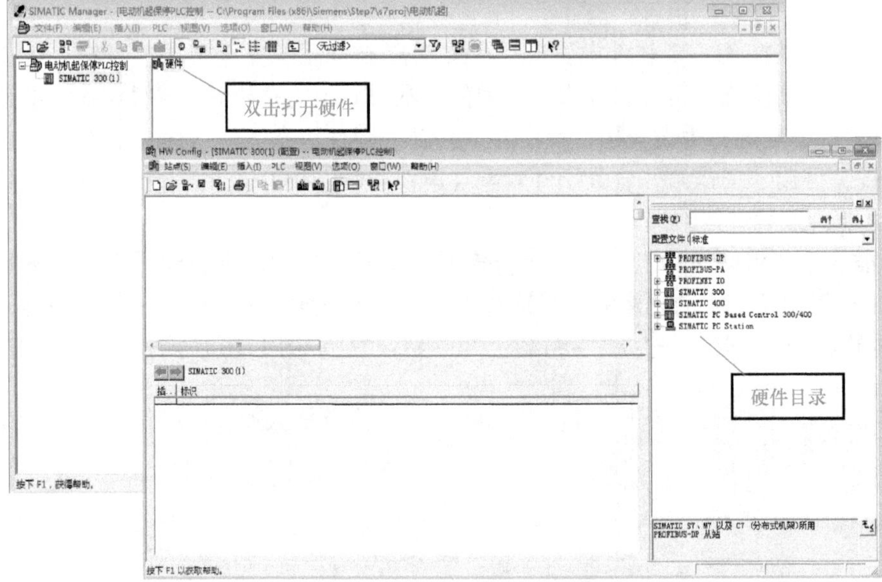

图 1-17　硬件组态工具

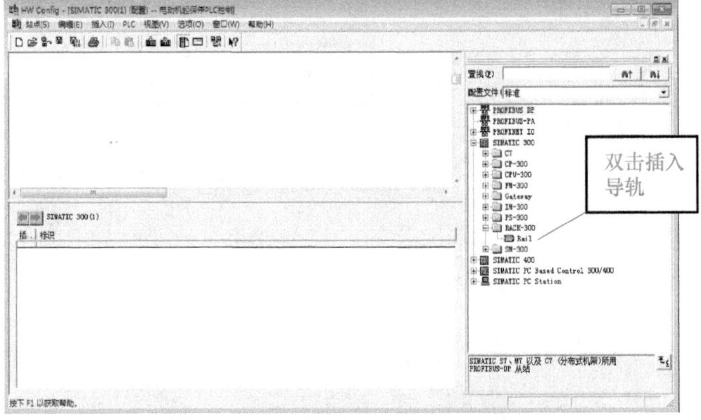

图 1-18　在硬件组态中插入导轨

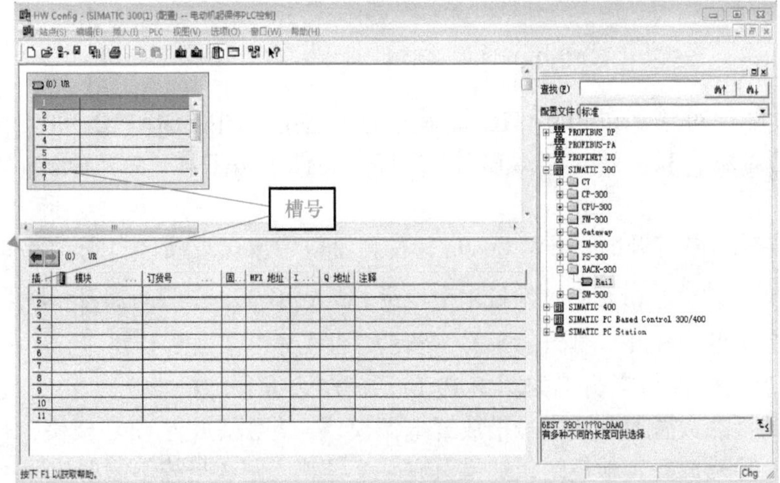

图 1-19　插入导轨后的硬件组态窗口

2）插入电源模块。用鼠标左键单击硬件组态窗口导轨中需要放置模块的插槽（电源模块为1号槽），在窗口右侧的硬件目录中选择“PS－300”子目录，双击相应电源模块类型图标即可插入电源模块，本例选择“PS307 5A”。

3）插入CPU模块。用鼠标左键单击硬件组态窗口导轨中需要放置模块的插槽（CPU模块为2号槽），在窗口右侧的硬件目录中选择“CPU－300”子目录，双击相应CPU模块类型编号即可插入CPU模块，本例选择“CPU314C－2 PN/DP”。

4）插入信号模块。用鼠标左键单击硬件组态窗口导轨中需要放置模块的插槽（本例选4号槽），在硬件目录中选择“SM－300”子目录下的“DI－300”（或DO－300、AI－300、AO－300），双击插入4号槽。

（3）修改I/O默认地址　系统默认数字量输入和数字量输出的起始字节地址为124，编程习惯起始字节地址为0，因此需要手动修改字节地址。双击模块列表中的“SM323 DI16/DO16×24V/0.5A”行，进入“属性”对话框，选中“地址”选项卡，在“输入”选项组（输入地址）和“输出”选项组（输出地址）中均去掉勾选的“系统默认”复选框，并在各“开始”文本框中填写“0”，如图1-20所示。

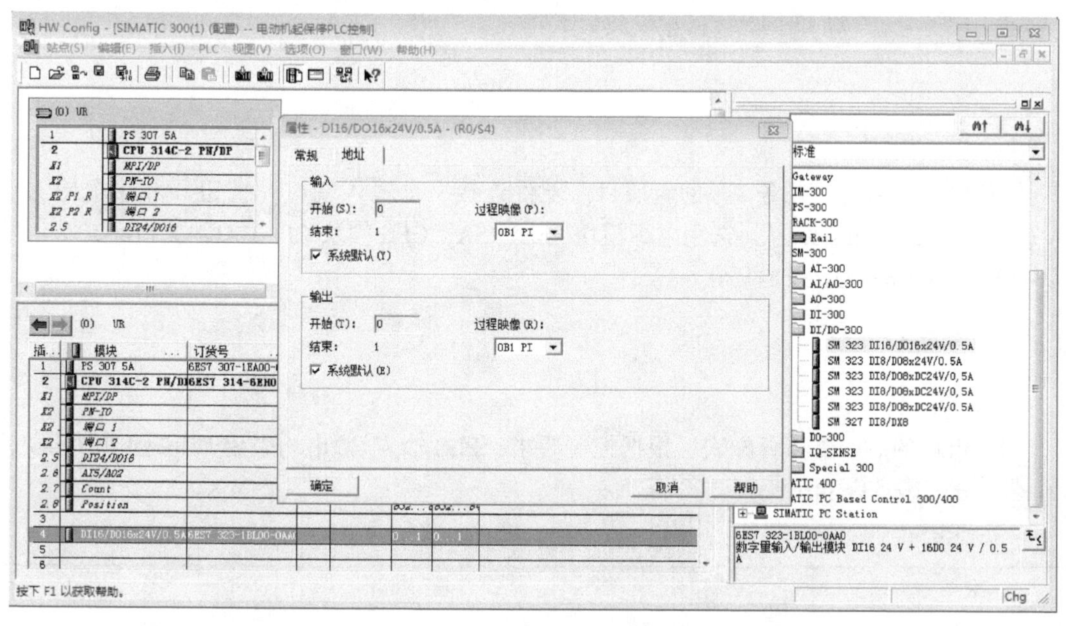

图1-20　修改I/O默认地址

（4）编译和保存　完成组态后，退回“HW Config”硬件配置窗口，使用菜单命令“站点”→“一致性检查”，检查是否存在组态错误，若没有错误，单击工具栏上的编译并保存按钮，编译完成后，系统会在当前工作站插入“S7程序”文件夹，在该文件夹下的“块”中可看到“系统数据”图标，编译后生成的组态信息都在里面，如图1-21所示。单击SIMATIC管理器工具栏上的下载按钮，可将该信息下载到CPU中，也可在“HW Config”中直接下载。

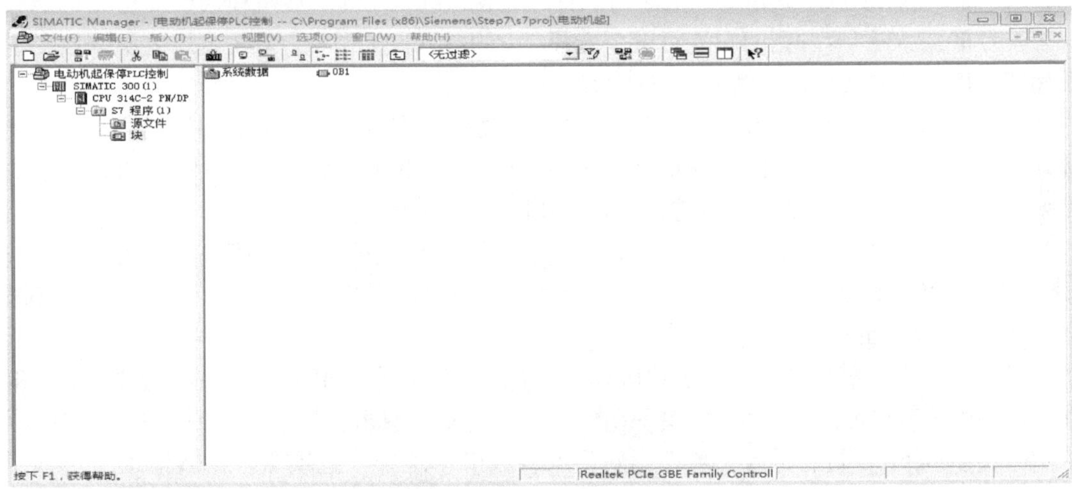

图 1-21　组态后的 SIMATIC 300 工作站

1.2　任务：新项目硬件搭建及硬件组态

1.2.1　任务要求

试搭建一个名为“任务 1”的新项目。硬件连接一个输入端口（按钮）和一个输出端口（指示灯），并完成组态（选用电源模块 PS307 5A，CPU 模块 CPU314C－2 PN/DP，信号模块 SM323 DI16/DO16 ×24V/0.5A）。

1.2.2　任务分析

1. 硬件电路分析设计

（1）PLC 的 I/O 端口分配表　根据控制要求，PLC 输入/输出均采用 DC 24V 电源供电，I/O 端口分配表见表 1-6。

表 1-6　I/O 端口分配表

输　　入	I 端	输　　出	Q 端
按钮	I0.0	指示灯	Q0.0

（2）PLC 输入/输出电路　根据 PLC 的 I/O 端口分配表，设计 PLC 输入/输出电路，如图 1-22 所示。

2. 生成项目及硬件组态

（1）生成一个名为“任务 1”的新项目　双击计算机桌面上的 STEP7 图标，打开 SIMATIC Manager（SIMATIC 管理器），根据“STEP7 向导”新建项目。新建项目时，单击“下一步”按钮，可选择 CPU 模块（CPU 模块与实际硬件相同，该项目选用 CPU314C－2 PN/DP）；完成后再单击“下一步”按钮，选择需要生成的组织块 OB（一般采用默认设置，只生成主程序 OB1），在该对话框中还可选择编程语言，默认的编程语言为语句表（STL），

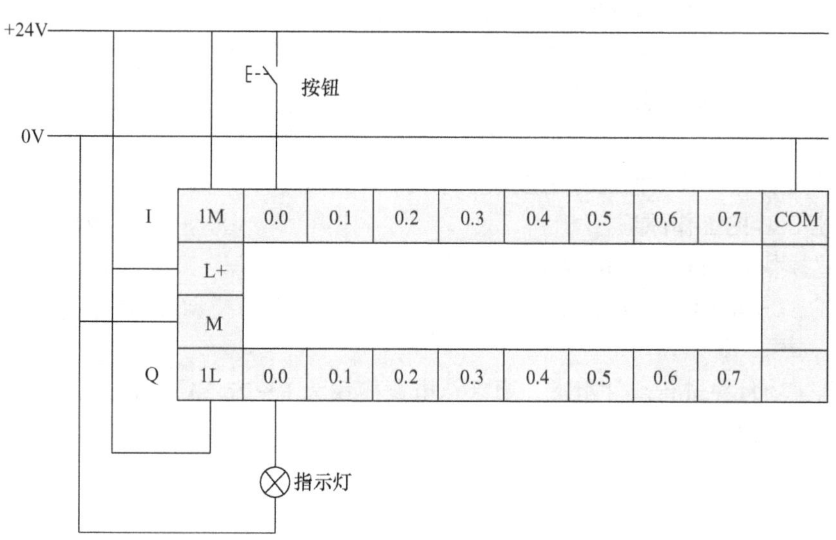

图 1-22 PLC 输入/输出电路

可用单选框将它修改成梯形图（LAD）；单击“下一步”按钮，在“项目名称”文本框中修改文件名为“任务 1”。单击“完成”按钮，开始创建项目。

（2）硬件组态 按照 1.1.5 节中硬件组态的步骤在 STEP7 中生成一个与实际硬件系统完全相同的系统。根据本任务要求选用电源模块 PS307 5A、CPU 模块 CPU314C－2 PN/DP 和信号模块 SM323 DI16/DO16×24V/0.5A。

1.2.3 任务解答

1. 硬件电路接线

根据任务分析中的图 1-22 所示电路进行接线。

2. 生成项目及硬件组态

按步骤完成新项目生成及硬件组态。本项目只搭建硬件及软件基础，程序的编制与调试将在项目 2 中详细解答。

思考与练习

一、填空题

1. 从组成结构上看，PLC 可以分为________和________两类。

2. S7－300 PLC 的电源模块在导轨的________号槽，CPU 模块在________号槽，接口模块在________号槽。

3. PLC 主要由________、________、________和________几部分构成。

4. PLC 的编程语言主要有________、________、________等。

5. PLC 的________数字量输出模块既可以驱动直流负载，也可以驱动交流负载。

6. S7－300 PLC 可以扩展________个机架，________个模块。每个机架最多只能安装________个信号模块、功能模块或通信模块。

7. S7－300 PLC 的 CPU 的三个基本存储区域为________、________和________。

8. S7－300 PLC 在进行硬件组态时，其组态模块和实际模块的_________、_________、________和________必须完全相同。

二、思考题

1. PLC 是在什么技术的基础上发展起来的？

2. 简述 PLC 的工作原理。

3. 简述模块式 PLC 的结构组成。

4. 简述 S7－300 PLC 中的 CPU314C－2 PN/DP 面板上各指示灯的作用。

三、操作题

手动创建项目并进行硬件组态，要求：电源模块为 PS307 2A，CPU 模块为 314C－2DP，信号模块为 SM323 DI8/DO8 × DC24V/0.5A。

项目2 Chapter 2

三相异步电动机PLC控制

学习目标

1. 知识目标：掌握PLC的基本指令；掌握PLC系统设计的基本原则和设计步骤；掌握三相异步电动机PLC控制的硬件电路的连线方法；掌握三相异步电动机PLC控制的软件程序的编制调试方法。

2. 能力目标：能进行三相异步电动机PLC控制的硬件电路的连接；能用STEP7软件对该系统进行软件程序的编制调试。

3. 素质目标：培养学生刻苦钻研的学习精神，一丝不苟的工程意识，团结协作的团队意识和自主学习、创新的能力。

2.1 知识链接

PLC的梯形图指令有触点、线圈和指令盒三大类。位逻辑指令是触点和线圈的操作指令，触点分为常开和常闭两种形式，同时触点之间可以实现与、或、非、异或等逻辑关系，方便构造出多种梯形图，完成程序的设计。位逻辑指令在STEP7中位于指令树的位逻辑菜单中，如图2-1所示。

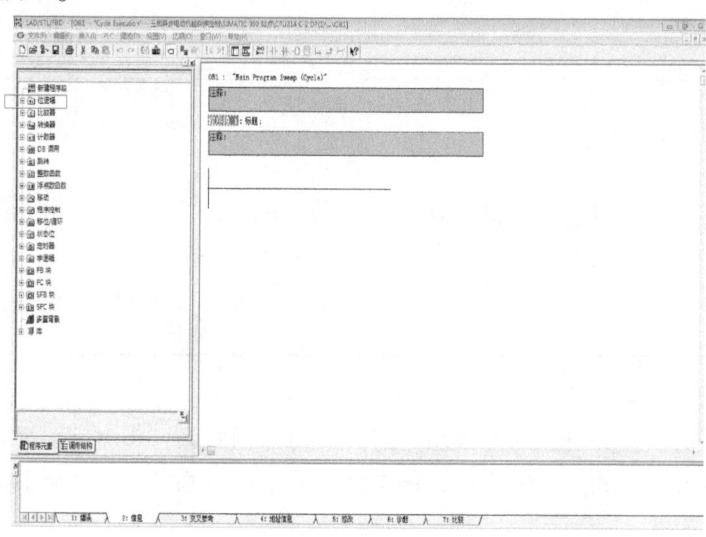

图2-1　位逻辑在指令树中的位置

2.1.1 触点和线圈

1. 触点

梯形图中的触点符号表见表 2-1。

表 2-1 触点符号表

符 号	名 称	数据类型	操作元件
??.? —| |—	常开触点	BOOL	I、Q、M、L、D、T、C
??.? —|/|—	常闭触点	BOOL	I、Q、M、L、D、T、C

功能说明：

1）触点代表 CPU 对存储器的读操作，常开触点和存储器的位状态一致，常闭触点和存储器的位状态相反。用户程序中同一触点可使用无数次。

如：输入映像寄存器 I0.0 的状态为 1，则对应的常开触点 I0.0 接通，常闭触点 I0.0 断开；反之，I0.0 的状态为 0，则对应的常开触点 I0.0 断开，常闭触点 I0.0 接通。

2）常开触点对应存储器的位状态为“0”时，触点处于断开状态，能流不流过触点；常开触点对应存储器的位状态为“1”时，触点处于闭合状态，能流流过触点。

3）常闭触点对应存储器的位状态为“0”时，触点处于闭合状态，能流流过触点；常闭触点对应存储器的位状态为“1”时，触点处于断开状态，能流不流过触点。

2. 触点的串联和并联

在梯形图中，触点串并联符号表见表 2-2。

表 2-2 触点串并联符号表

符 号	名 称	数据类型	操作元件
??.? —| |— ??.? —| |— ??.? —| |— ??.? —|/|—	触点串联	BOOL	I、Q、M、L、D、T、C
??.? —| |— 并 ??.? —| |— ??.? —| |— 并 ??.? —|/|—	触点并联	BOOL	I、Q、M、L、D、T、C

功能说明：

1）触点串联时，相关触点的位状态是逻辑“与”的关系，串联回路导通，能流通过。

2）触点并联时，相关触点的位状态是逻辑“或”的关系，只要一条并联支路导通，能流就能通过。

3）触点的串并联必须按照正确次序编程，即遵循“左重右轻，上重下轻”的原则。

3. 线圈

在梯形图中，线圈符号表见表2-3。

表2-3　线圈符号表

符　号	名　称	数据类型	操作元件
??.? —(　)—	线圈驱动	BOOL	Q、M、L、D

功能说明：

1）输出线圈驱动的工作方式与继电器控制中线圈的工作方式类似。如果有能流流过线圈，则线圈对应存储器的位状态为“1”；反之，位状态为“0”。

2）线圈只能置于梯形图的最右端。同一梯级可以驱动多个（最多16个）线圈，但这多个线圈只能并联，不能串联。

【例2-1】 触点与线圈的使用

触点与线圈的应用举例如图2-2所示。常开触点I0.0与常闭触点I0.1串联。当I0.0与I0.1都处于闭合状态时，Q0.0得电；只要I0.0与I0.1其中一个断开，Q0.0都不能得电。

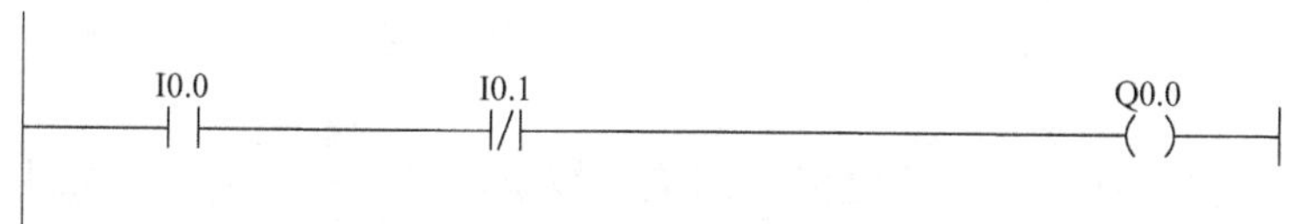

图2-2　触点与线圈的应用举例

2.1.2　取反与中间输出

取反与中间输出符号表见表2-4。

表2-4　取反与中间输出符号表

符　号	名　称	数据类型	操作元件
——|NOT|——	取反	—	—
??.? ——(#)——	中间输出	BOOL	I、Q、M、D

功能说明：

1）取反用于改变能流的状态。在梯形图中，该指令左侧为1时，右侧为0，能流不能到达右侧，输出无效。反之亦然。

2）中间输出用于能流状态的输出保存。在梯形图中，该指令将前面分支单元的能流状态（位状态）输出保存到指定地址。

3）中间输出以串联形式与其他触点连接，不能将中间输出符号直接连接到母线，而应直接连接在分支连接的后面或分支的尾部。

【例2-2】 取反与中间输出指令的使用

在图2-3所示梯形图中，M0.0保存了前面单元I0.0和I0.1串联的逻辑运算结果。I0.0、I0.1和I0.2串联再取反以后的逻辑运算结果送给Q0.0，控制Q0.0得电或失电。

图 2-3　取反与中间输出指令应用举例

2.1.3　常用控制电路

1. 点动电路

在 PLC 控制电路中，点动电路是指按下起动按钮，线圈得电，松开起动按钮，线圈失电的电路。点动电路是电路设计中最基本的一环，但在实际控制中因起动按钮按下后要自动复位，Q0.0 只能瞬时得电，实际控制中作用不大，如图 2-4 所示。

2. 自保持（自锁）电路

在 PLC 控制程序的设计中，经常要对脉冲信号或点动按钮输入信号进行保持，这时常采用自锁电路，如图 2-5 所示。

图 2-4　点动电路应用举例

图 2-5　自锁电路应用举例

自锁电路的主要特点是具有“记忆”功能，按下起动按钮，I0.0 的常开触点接通，如果这时未按停止按钮，I0.1 的常闭触点接通，Q0.0 的线圈得电，它的常开触点同时接通。放开起动按钮，I0.0 的常开触点断开，能流经 Q0.0 的常开触点和 I0.1 的常闭触点流过 Q0.0 的线圈，Q0.0 仍为“ON”，这就是所谓的“自锁”或“自保持”功能。按下停止按钮，I0.1 的常闭触点断开，使 Q0.0 的线圈断电，之后即使放开停止按钮使 I0.1 的常闭触点恢复接通状态，Q0.0 的线圈仍然失电。

3. 优先（互锁）电路

互锁电路是指两个输入信号中先到信号取得优先权，后者无效。如图 2-6 所示，输入信号为 I0.0 和 I0.1，若 I0.0 先接通，M0.0 自保持，使 Q0.0 有输出；若 I0.1 先接通，则情况

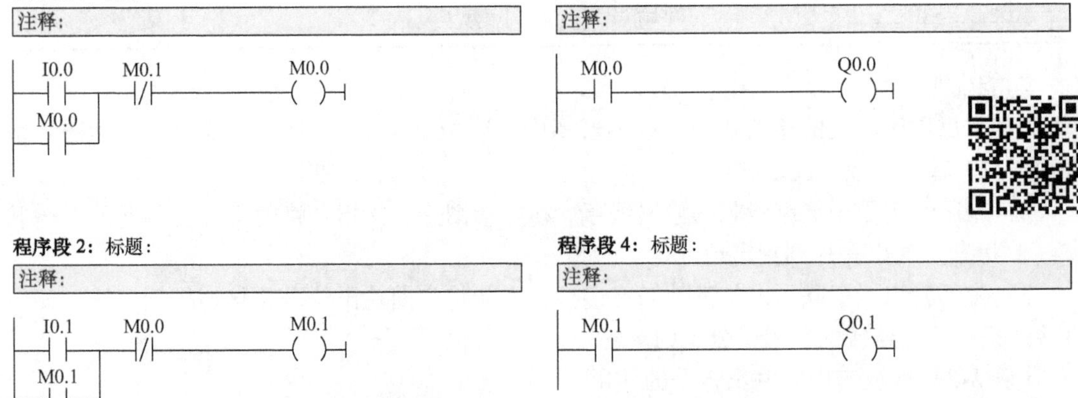

图 2-6　互锁电路应用举例

与前述相反。因此在控制环节中，该电路可实现信号互锁。

2.1.4 PLC 程序设计方法——转换法

PLC 程序设计中的梯形图语言是一种与继电器控制系统电路相似的设计方法。如果用 PLC 改造原有的继电器控制系统，可以根据系统要求的控制功能，将继电器控制系统电路图“翻译”成梯形图，即用 PLC 的外部硬件接线图和梯形图软件来实现继电器控制系统的功能。

这种设计方法一般不需要改动控制面板，保持了系统原有的外部特性，操作人员不用改变长期养成的操作习惯。

在分析 PLC 控制系统的功能时，可以将它想象成一个继电器控制系统中的控制箱，其外部线路描述了这个控制箱的外部接线，梯形图是这个控制箱的内部“线路图”，梯形图中的输入位（I）和输出位（Q）是这个控制箱与外部世界联系的“输入/输出继电器”，这样就可以用分析继电器控制系统电路图的方法来分析 PLC 控制系统。在分析时，可以将梯形图中输入位的触点想象成对应的外部输入器件的触点，将输出位的线圈想象成对应的外部负载的线圈。外部负载的线圈除了受梯形图的控制外，还可以受外部触点的控制。

继电器控制系统电路图中的交流接触器和电磁阀等执行机构如果用 PLC 的输出位来控制，则它们的线圈接在 PLC 的输出端。按钮、控制开关、限位开关、光电开关等用来给 PLC 提供控制命令和反馈信号，它们的触点接在 PLC 的输入端，一般采用常开触点。继电器控制系统电路图中的中间继电器和时间继电器的功能用 PLC 内部的存储器位（M）和定时器（T）来完成，它们与 PLC 的输入位、输出位无关。

2.2 任务1：三相异步电动机起保停 PLC 控制的设计与仿真

2.2.1 任务要求

设计并实现一个三相异步电动机的起动、保持、停止控制系统。电动机采用全压起动方式，通过触点的串并联实现控制要求。

控制要求：程序在运行时按下起动按钮 SB0，电动机起动并连续运行；按下停止按钮 SB1，电动机停止运行；具有短路保护和过载保护等必要的保护措施。

2.2.2 任务分析

1. 硬件电路分析设计

（1）主电路　根据控制要求，电动机起保停控制主电路如图 2-7 所示。电路特点如下：

1）主电路中交流接触器 KM 控制电动机 M 的起动与停止。

2）电动机 M 由热继电器 FR 实现过载保护。

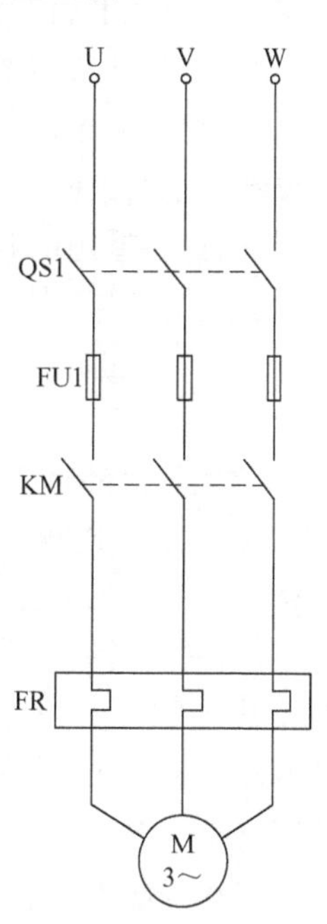

图 2-7　电动机起保停控制主电路

3）QS1 为电源总开关，既可完成主电路的短路保护，又能起到分断三相交流电源的作用，使用和维修方便。

4）熔断器 FU 实现电动机主电路的短路保护。

（2）PLC 控制的 I/O 端口分配表　根据控制要求，三相异步电动机起保停 PLC 控制的 I/O 端口分配表见表 2-5。

表 2-5　三相异步电动机起保停 PLC 控制的 I/O 端口分配表

输　入	I 端	输　出	Q 端
起动按钮 SB0	I0.0	继电器 KM 线圈	Q0.0
停止按钮 SB1	I0.1		
热继电器触点	I0.2		

（3）PLC 控制的输入/输出电路　根据 PLC 控制的 I/O 端口分配表，设计 PLC 控制的输入/输出电路，如图 2-8 所示。电路特点如下：

1）PLC 采用继电器输出，PLC 输出回路的电源采用 AC 220V。

2）在 PLC 输入回路中，信号电源由 PLC 本身的 DC 24V 直流电源提供。

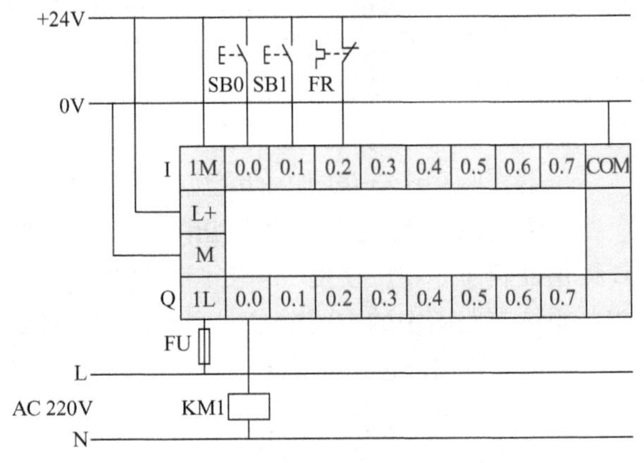

图 2-8　电动机起保停 PLC 控制的输入/输出电路

2. 软件程序设计

（1）基本电路因素分析　三相异步电动机起保停电路是梯形图中最典型的基本电路，它包含了如下几个因素：

1）输出线圈。每一个梯形图逻辑行都必须驱动输出线圈，本例输出线圈为 Q0.0。

2）线圈得电的条件。梯形图中触点的组合（触点串联或并联等）线圈得电的条件，也就是使线圈置 1 的条件，本例为按钮 I0.0。

3）线圈保持输出的条件。触点组合中使线圈得以保持的条件，本例为 I0.0 与 Q0.0 组成的自锁触点闭合。

4）线圈失电的条件。触点组合中使线圈由 ON 变为 OFF 的条件，本例为 I0.1 常闭触点断开。

（2）常闭触点的输入处理　在图 2-8 电动机起保停 PLC 控制的输入/输出电路中，硬件接线输入端子 I0.2 连接的是热继电器 FR 的常闭触点。硬件接线的输入端子在连接常开触点或常闭触点时，对梯形图编程设计的影响如下：

1）梯形图设计时，硬件电路某个输入端子连接常开触点时，梯形图对应该输入端子的触点状态与外部给定信号的状态一致。例如，图 2-9 中，常开触点 I0.0（硬件电路连接常开触点）常态下，Q0.0 失电；常开触点 I0.0 按下时，Q0.0 得电。

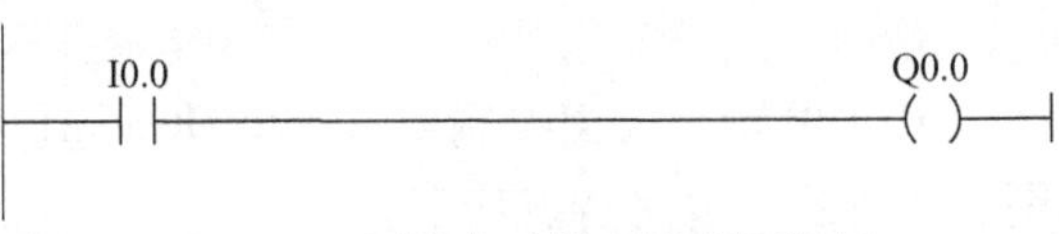

图 2-9　硬件常开触点梯形图举例

2）梯形图设计时，硬件电路某个输入端子连接常闭触点时，梯形图对应该输入触点的触点状态与外部给定信号的状态相反。例如，图 2-10 中，常开触点 I0.1（硬件电路连接常闭触点）常态下，Q0.1 得电；常开触点 I0.1 按下时，Q0.1 失电。

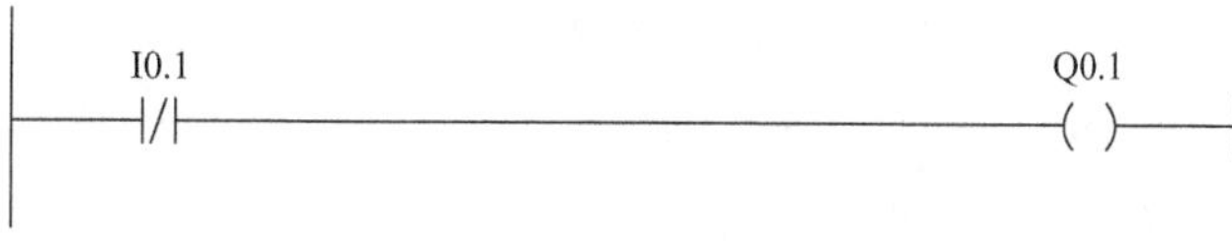

图 2-10　硬件常闭触点梯形图举例

在本任务中，根据控制要求，采用自锁电路完成设计，梯形图如图 2-11 所示。**注意，热继电器输入触点 I0.2 在硬件接线时连接常闭触点，在梯形图中采用常开触点。**

程序段 1：标题：

电动机起保停

I0.0 "起动"　I0.1 "停止"　I0.2 "热继电器辅助触点"　Q0.0 "KM"

Q0.0 "KM"

图 2-11　三相异步电动机起保停电路梯形图

2.2.3　任务解答

1. 硬件电路接线

根据任务分析中的图 2-7、图 2-8 硬件电路主电路及 PLC 控制的输入/输出电路进行接线。

2. 软件程序编制

（1）创建项目并组态硬件　利用菜单栏的新建项目向导新创建一个“三相异步电动机起保停控制”项目，CPU 选择与硬件型号、订货号及版本号统一的机型。本任务中选用型号为 CPU314C－2DP 模块，注意修改默认的输入、输出地址编号。**注意：该 CPU 模块自带输出接口为 DC 24V，驱动继电器时应考虑插入可驱动 AC 220V 的信号模块。**

（2）定义符号表　每个输入/输出都有一个由硬件配置定义的绝对地址。该地址是直接指定的，如 I0.0。该地址可以用用户所选择的任何符号名替换。

在梯形图程序中用绝对地址进行编程不利于记忆，因此在编程前编辑符号表是有必要的。

选中 SIMATIC 管理器左边窗口的“S7 程序”文件夹，双击右边窗口的“符号”图标，弹出“符号编辑器”窗口，如图 2-12 所示。在“符号编辑器”窗口中输入符号、地址、数据类型和注释，“数据类型”不需要输入即可自动生成，“注释”可有可无。有时符号编辑器会自动生成几行符号，可以在下一行开始添加用户自定义符号。

单击保存按钮，保存已经完成的输入或修改，然后关闭“符号编辑器”窗口。

（3）在 OB1 中创建梯形图程序　选中 SIMATIC 管理器左边窗口的“块”，双击右边窗口的“OB1”图标，打开编程窗口，如图 2-13 所示。

在该窗口程序编辑区输入图 2-11 所示程序，注意在输入程序时不要出现语法错误，程序输入完成后单击保存按钮。

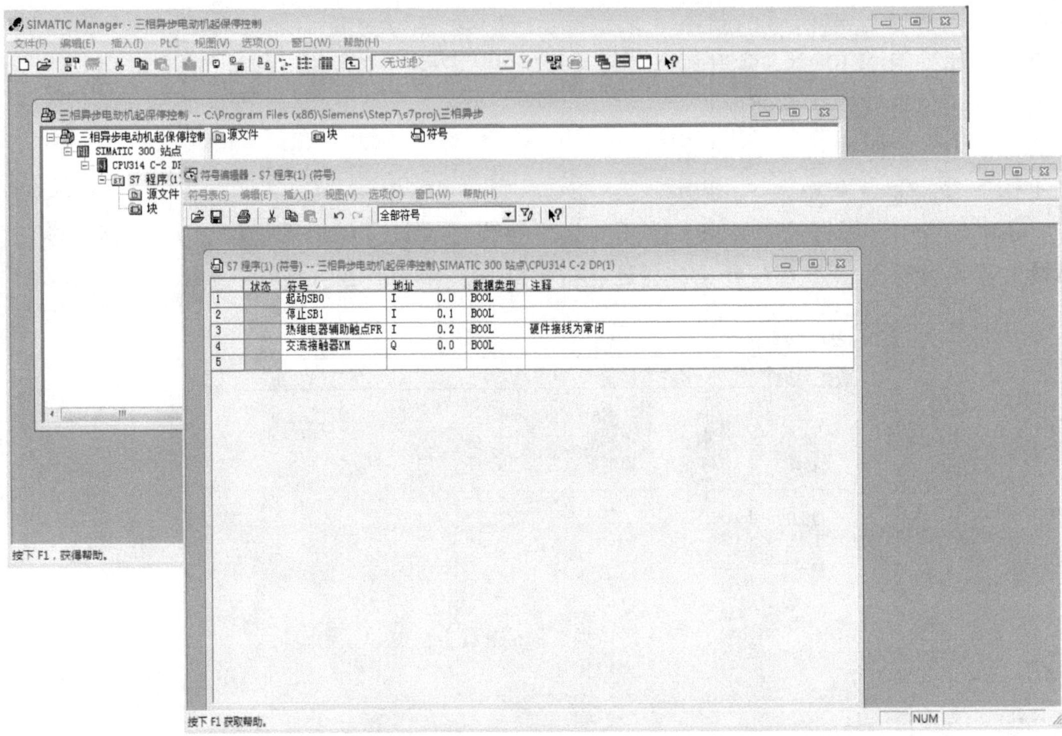

图 2-12 “三相异步电动机起保停控制”符号编辑器窗口

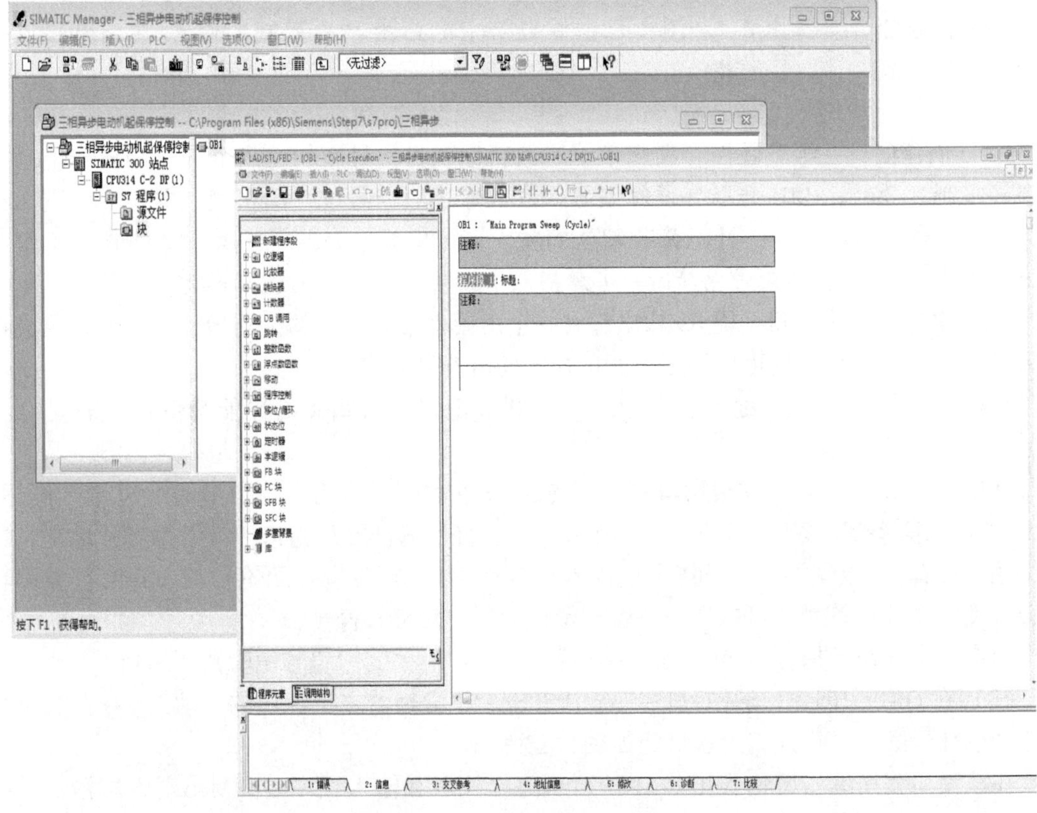

图 2-13 LAD/STL/FBD 编程窗口

3. 下载与调试程序

（1）建立在线连接　在 STEP7 的 SIMATIC 管理器中保存的程序先保存在编程设备（PG/PC）中，建立的是离线窗口，所看到的是计算机上保存的项目信息并未下载到 PLC 的 CPU 中。将 STEP7 与 CPU 成功建立连接后，才会生成在线窗口，显示通信得到的 CPU 上的项目结构，将编程设备中的程序下载到 CPU 后，程序才能使用。

要实现编程设备与 PLC 之间的数据传送，首先要正确安装 PLC 硬件模块，然后选用编程电缆（如 USB - MPI 电缆或 PROFIBUS 总线电缆）将 PLC 与编程设备连接起来。本任务采用 MPI/PC 适配器和电缆连接编程设备与 PLC，然后通过在线（ONLINE）的项目窗口访问 PLC。

1）设置 PG/PC 接口。硬件接线：通过通信电缆的接口连接编程设备（如 PC）的 COM 口和 PLC 的 MPI 口。

软件设置：在编程设备中单击“开始”→“控制面板”命令，用鼠标左键双击控制面板中的“设置 PG/PC 接口”图标，或在管理器窗口中单击“选项”→“设置 PG/PC 接口”命令，进入 RS - 232 和 MPI 接口参数设置对话框。选择“PC Adapter(MPI)”选项，然后单击“属性”按钮。

在“MPI”选项卡中设置 MPI 接口参数，注意不要修改 CPU 上 MPI 口波特率（固定值为 187.5kbit/s）的出厂值和默认值（在“网络设置”选项组中）。如果是 PC Adapter(Auto) 模式，则选择“地址：0”和“超时：30s”。

在“本地连接”选项卡中设置 RS - 232 接口参数，正确连接计算机的 COM 口（RS - 232），选择 RS - 232 的通信波特率为 19200bit/s 或 38400bit/s，这个数值必须和 MPI/PC 适配器上开关设置的数值相同（开关拨动后必须重新上电后才能生效）。

完成设置后即可实现编程设备（PC）与 PLC 的通信。

2）在线窗口和离线窗口。单击 STEP7 的 SIMATIC 管理器工具条中的在线按钮，打开在线窗口。该窗口最上面的标题栏出现蓝色背景。选中左边窗口的“块”，则右边窗口将列出大量的系统功能块（SFB）、系统功能（SFC）、当前 CPU 的系统数据和用户编写的“块”。在线窗口显示的是 PLC 中 CPU 内的内容，离线窗口显示的是编程设备中的内容。

可以利用 SIMATIC 管理器工具条中的在线按钮和离线按钮，或管理器中的“窗口”菜单来切换在线窗口和离线窗口。

（2）下载和上传

1）下载：第一步，接通 PLC 电源，将 CPU 模式选择为“STOP”模式。

下载用户程序之前要将 CPU 中的用户存储器复位，清空 CPU 的用户存储区。复位过程如下：将模式选择开关从“STOP”位置拨到“MRES”位置，待“STOP”指示灯慢速闪烁两次后松开模式选择开关，开关自动回到“STOP”位置。再将模式选择开关拨到“MRES”位置，“STOP”指示灯快速闪动，待其常亮时表示 CPU 已被复位。

第二步，下载程序，选中管理器左边窗口的“块”对象，单击工具条中的按钮，将下载所有的块和系统数据。选中站点对象后单击按钮，可以下载整个站点，包括硬件组态信息、网络组态信息、逻辑块和数据块，也可以只选择部分块进行下载。

2）上传：在STEP7中生成一个空的项目，执行菜单命令“PLC”→“将站点上传到PC”，选中上传的站点，单击“确定”按钮，将上传站点上的系统数据和块。上传的内容保存在打开的项目中，该项目原来的内容被覆盖。

（3）程序调试　完成硬件接线和组态、软件程序编辑后，将PLC主机上的模式选择开关拨到“RUN”位置，运行指示灯亮，表示程序开始运行，有关设备将显示运行结果。按下起动按钮，交流接触器KM得电，电动机起动；松开起动按钮后，KM保持闭合，电动机连续运行；按下停止按钮，KM失电，电动机停止。

4. 用PLCSIM仿真调试程序

S7－PLCSIM是西门子公司开发的PLC模拟软件，可以用它代替PLC的硬件来调试用户程序。安装PLCSIM以后，SIMATIC管理器工具栏上的按钮的由灰色变为深色。如果没有安装许可证密钥，第一次单击该按钮打开PLCSIM时，将会出现激活对话框，选中“S7－PLCSIM”，激活后按钮颜色变为深色，单击它将激活14天的使用许可证密钥。

（1）打开仿真软件PLCSIM　单击按钮，打开S7－PLCSIM后，系统自动建立了STEP7与仿真PLC的MPI连接。

刚打开的PLCSIM窗口中，只有自动生成的CPU视图对象（见图2-14）。选择它上面的“STOP”“RUN”或“RUN-P”复选框，可以令仿真PLC处于相应的运行模式。单击“MRES”按钮，可以清除仿真PLC中已下载的程序。

（2）下载用户程序和组态信息　单击S7－PLCSIM工具栏上的和按钮，生成IB0和QB0视图对象（如需将视图对象中的QB0改为QB4（见图2-15），回车后更改才生效）。

下载之前，应打开PLCSIM。选中SIMATIC管理器中的“三相异步电动机起保停控制”项目，单击工具栏上的按钮，将OB1和系统数据下载到仿真PLC中。在调试过程中，如果CPU在“STOP”模式下，则可单独下载硬件组态或程序块。

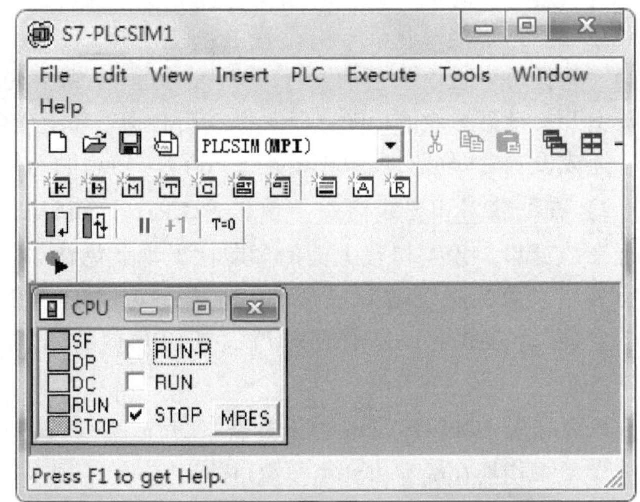

图2-14　PLCSIM界面

（3）用PLCSIM的视图对象调试程序　调试程序的步骤如下：

1）将CPU切换到“RUN”或“RUN-P”模式。

2）选中视图对象IB0中的第0位，对应小方框中出现“√”，则I0.0变为“1”，模拟了按下起动按钮操作。再单击一次，对应小方框中“√”消失，则I0.0恢复为“0”，模拟了松开起动按钮操作。观察QB0中对应的Q0.0的状态：“√”出现表示Q0.0得电，“√”消失表示Q0.0失电。仿真结果如图2-16所示。

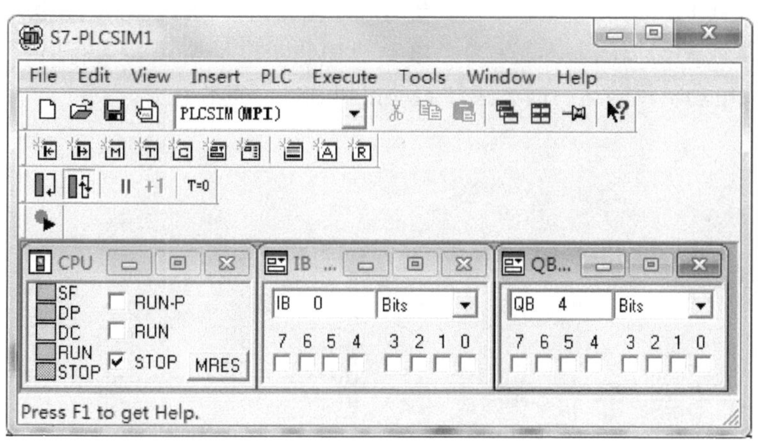

图 2-15　QB0 修改后的界面

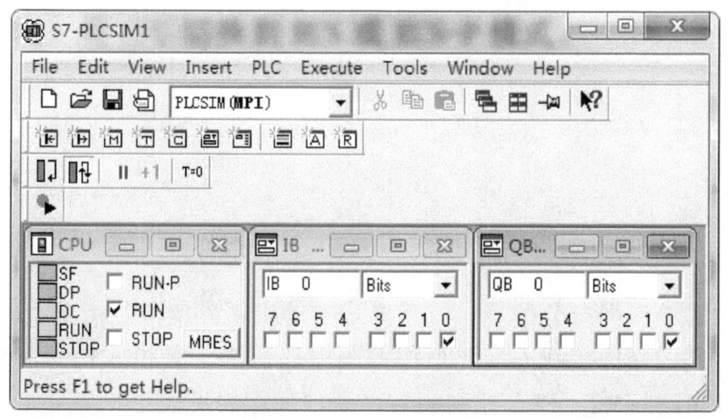

图 2-16　“三相异步电动机起保停控制”电路仿真结果

2.3　任务 2：三相异步电动机正停反 PLC 控制的设计与仿真

2.3.1　任务要求

设计并实现一个三相异步电动机的正停反控制系统。电动机采用全压起动方式，利用转换法设计，将三相异步电动机的继电器控制系统转换为 PLC 控制系统，通过接触器 KM1 和 KM2 改变三相电源的相序，从而实现电动机的正停反控制。

控制要求：当系统停止后，按下正转按钮，电动机正转；当系统停止后，按下反转按钮，电动机反转；电动机正反转实现互锁；电动机过热后停止运转。

2.3.2　任务分析

1. 硬件电路分析设计

（1）电动机正停反继电器控制转换为 PLC 控制分析　图 2-17、图 2-18 所示为三相异步电动机正停反的继电器控制系统电路图。其中，KM1 是正转接触器，KM2 是反转接触器；SB0 为正转按钮，SB1 为反转按钮，SB2 为停止按钮。按下 SB0，KM1 得电并自锁，电动机正转，按下 SB2 或 FR 动作，KM1 失电，电动机停止；按下 SB1，KM2 得电并自锁，电动机反转，按下 SB2 或 FR 动作，KM2 失电，电动机停止；电动机正转运行时，反转起动按钮 SB1 不起作用；电动机反转运行时，正转起动按钮 SB0 不起作用。

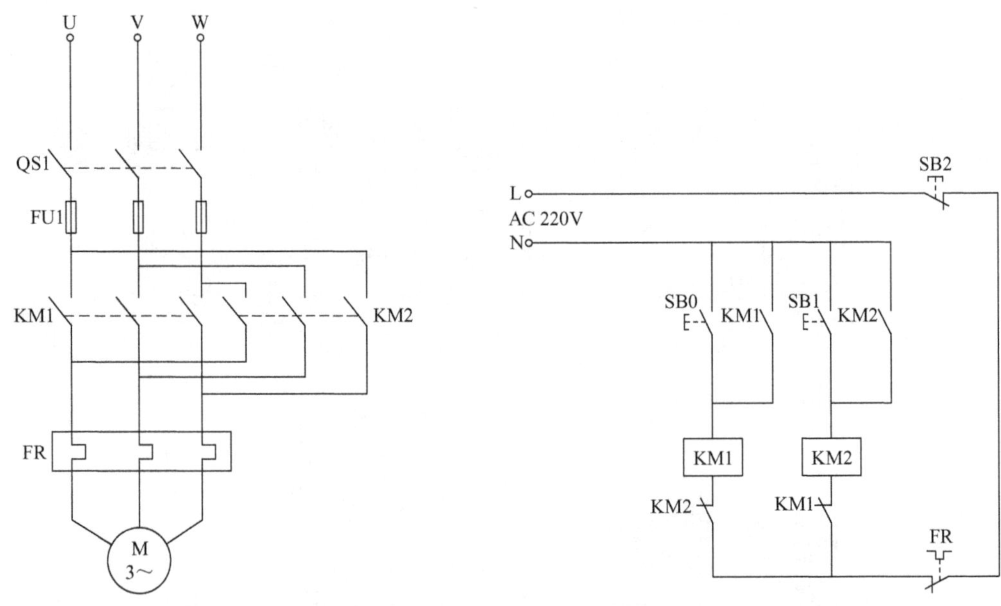

图 2-17　电动机正停反继电器控制系统主电路　　图 2-18　电动机正停反继电器控制系统控制电路

(2) PLC 控制的 I/O 端口分配表　三相异步电动机正停反控制由继电器控制转变为 PLC 控制时，保持主电路的硬件接线不变。根据控制电路可知，其输入信号有 SB0、SB1、SB2、FR；输出信号有 KM1、KM2。PLC 控制的 I/O 端口分配表见表 2-6。

表 2-6　电动机正停反 PLC 控制的 I/O 端口分配表

输　入	I 端	输　出	Q 端
SB0	I0. 0	KM1	Q0. 0
SB1	I0. 1	KM2	Q0. 1
SB2	I0. 2		
FR	I0. 3		

(3) PLC 控制的输入/输出电路　根据 I/O 端口分配表，其 PLC 控制的输入/输出电路如图 2-19 所示。

2. 软件程序设计

(1) 根据电动机正停反继电器控制电路对应关系画出梯形图　电动机正停反继电器控制电路对应的梯形图如图 2-20 所示。**注意**：热继电器 FR 硬件接线为常闭触点，对应梯形图中的 I0. 3 应改成常开触点。

(2) 梯形图的优化　根据电动机正停反的动作情况以及梯形图编程的基本规则（线圈右边无触点，触点连接遵循上重下轻原则），对图 2-20 所示梯形图进行优化，其优化梯形图如图 2-21 所示。

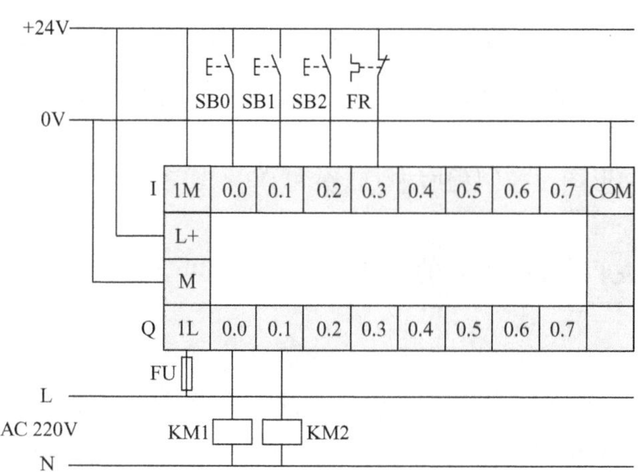

图 2-19 电动机正停反 PLC 控制的输入/输出电路

程序段 1：标题：

注释：

I0.3 I0.2 I0.0 Q0.1 Q0.0

Q0.0

I0.1 Q0.0 Q0.1

Q0.1

图 2-20 电动机正停反继电器控制系统电路对应的梯形图

程序段 1：标题：

电动机正转

I0.0 “正转起动” I0.2 “停止” I0.3 “热继电器辅助触点” Q0.1 “KM2” Q0.0 “KM1”

Q0.0 “KM1”

程序段 2：标题：

电动机反转

I0.1 “反转起动” I0.2 “停止” I0.3 “热继电器辅助触点” Q0.0 “KM1” Q0.1 “KM2”

Q0.1 “KM2”

a) 按照PLC编程原则进行简单优化

程序段 1：标题：

使用辅助继电器

I0.3 “热继电器辅助触点” I0.2 “停止” M0.0

程序段 2：标题：

电动机正转

I0.0 “正转起动” M0.0 Q0.1 “KM2” Q0.0 “KM1”

Q0.0 “KM1”

程序段 3：标题：

电动机反转

I0.1 “反转起动” M0.0 Q0.0 “KM1” Q0.1 “KM2”

Q0.1 “KM2”

b) 用辅助继电器进行优化

图 2-21 电动机正停反的优化梯形图

2.3.3 任务解答

1. 硬件电路接线

根据任务分析中的图 2-17、图 2-19 硬件电路主电路及 PLC 控制的输入/输出电路进行接线。

2. 软件程序编制

按照上个任务中的软件程序编制步骤进行程序编制。建立“三相异步电动机正停反控制”项目，完成硬件组态，编写符号表。打开管理器左侧“块”选项，双击右边窗口的“OB1”图标，打开编程窗口，进行梯形图程序编制。

可采用图 2-21 中任意一种优化后的梯形图，控制程序中 Q0.0 和 Q0.1 实现互锁。

3. 用变量表调试程序

变量表是 STEP7 软件中用来监控相应变量在线状态的工具。一个项目可生成多个变量表，且变量表是不会下载到 PLC 中的。

（1）变量表的功能

1）监视（Monitor）变量：在 PG/PC 上显示用户程序或 CPU 中的每个变量的当前值。

2）修改（Modify）变量：将固定值赋给用户程序或 CPU 中的变量。使用程序状态测试功能时，也能立即修改变量的数值。

3）使用外设输出并激活修改值：用户在停机状态时将固定值赋给 CPU 中的每个 I/O 端口。

4）强制变量：给用户程序或 CPU 中的每个变量赋一个固定值，该值不能被用户程序覆盖。

5）定义变量被监视或赋予新值的触发点和触发条件。

（2）变量表的生成

1）在 STEP7 的 SIMATIC 管理器中打开“块”选项，在右视窗口内单击鼠标右键，在弹出的快捷菜单中选择“插入新对象”→“变量表”命令，生成一个调试变量表，双击打开进入该变量表界面。

2）在变量表中输入该项目的相关符号或地址，输入完成后按下回车键，其余数据明细会显示出来。也可以从符号表中直接将地址粘贴到变量表中。变量表窗口如图 2-22 所示。

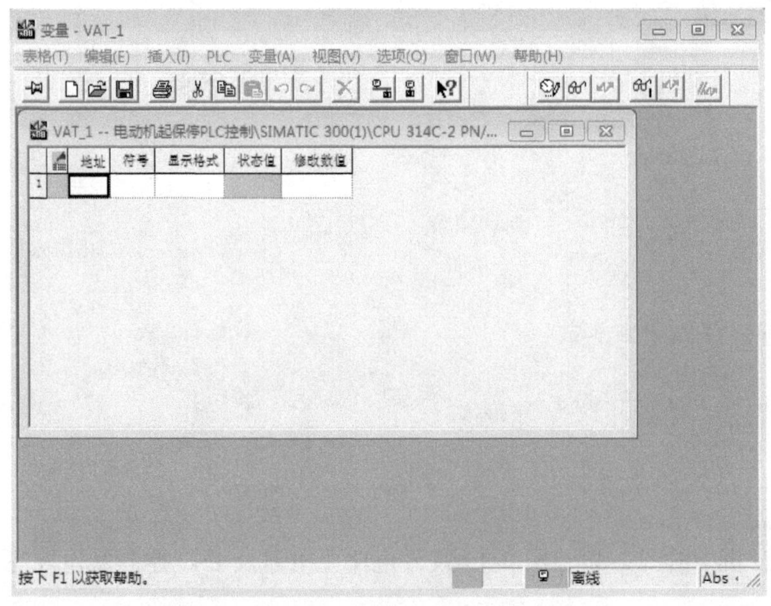

图 2-22　变量表窗口

（3）变量表的使用

1）建立与 CPU 的在线连接：为了监视或修改变量表中输入的变量，必须与对应的 CPU 建立联系。使用菜单命令“PLC”→“连接到”→“…”来定义与所需 CPU 的连接：第一种情况，如果用 PLCSIM 仿真，选择连接到“组态的 CPU”；第二种情况，如果用编程电缆连接到现场 CPU，选择“直接 CPU”；第三种情况，如果用户程序已经与一个 CPU 连接，选择“可访问的 CPU”来打开一个对话框，选择另外一个需建立连接的 CPU。

使用菜单命令“PLC”→“断开连接”可断开变量表和 CPU 的连接。

2）定义变量表的触发方式：使用菜单命令“变量”→“触发器”可以定义变量表的触发方式。打开“触发器”对话框，选择在程序处理过程中的某个特定点来监视或修改变量，如图 2-23 所示。

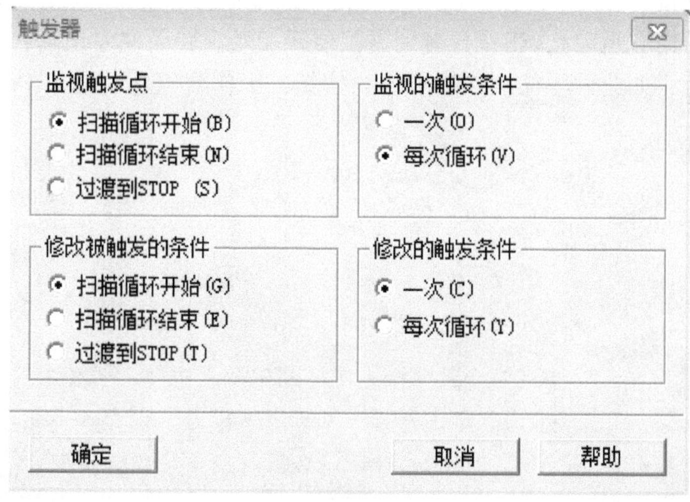

图 2-23 变量表触发器

3）监视变量：用菜单命令“变量”→“监视”，对所选变量的数值进行一次立即刷新。

4）修改变量：使用菜单命令“变量”→“修改”，在“STOP”模式下修改变量，各变量状态互不影响，且有保持功能；在“RUN”模式下修改变量，各变量要受到用户程序的控制。

5）强制变量：强制变量操作是指给用户程序中的变量赋予一个固定值，该值不因用户程序的执行而改变。

（4）变量表调试数据　在变量表工具栏中选择“监视变量”，将变量表切换到监视状态，同时打开 PLCSIM 对话框。将 I0.3 设置为 1（热继电器常闭触点），将 CPU 模式切换为“RUN”或“RUN-P”模式，在 PLCSIM 中模拟输入电动机正停反条件，观察 Q0.0、Q0.1 状态变化，进行数据调试。

思考与练习

一、填空题

1. 在三相异步电动机起保停电路中，主电路中交流接触器 KM 的作用是________。

2. 系统存储区输入 I0.0 的状态为 1，则其对应的常开触点 I0.0 ________，常闭触点 I0.0 ________。

3. 按钮、控制开关、限位开关、光电开关等用来给 PLC 提供控制命令和反馈信号，它们的触点接在 PLC 的________。

二、思考题

1. 有三相异步电动机三台，分别用 KM1、KM2、KM3 控制其通断，希望能够同时起动、同时停车。设 Q0.0、Q0.1、Q0.2 分别驱动电动机的接触器，I0.0 为起动按钮，I0.1 为停车按钮，画出 PLC 接线图并编写程序。

2. 某工作台由一台三相异步电动机拖动，在工作台两端设有限位开关，工作台在两个限位开关之间做自动往返运行，如图 2-24 所示。设工作台的初始位置在最左端，碰到左限位开关。按下起动按钮 SB0，工作台从初始位置开始向右运动（如不在最左端，则向左返回碰到左限位开关后向右运动），工作台碰到右限位开关后，转而向左运动，直至碰到左限位开关后，向右运行，如此循环往复。按下停止按钮，工作台停止。画出 PLC 接线图并编写程序。

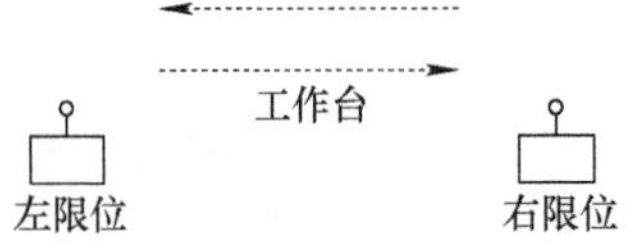

图 2-24　工作台往返示意图

项目3 Chapter 3

抢答器PLC控制

学习目标

1. 知识目标：掌握PLC置位指令和复位指令的用法；掌握PLC触发器指令的用法；掌握PLC跳变沿检测指令的用法；掌握抢答器PLC控制的硬件电路的连线方法；掌握抢答器PLC控制的软件程序的编制调试方法。

2. 能力目标：能进行抢答器PLC控制的硬件电路的连接；能用STEP7软件对该系统进行软件程序的编制调试。

3. 素质目标：培养学生刻苦钻研的学习精神，一丝不苟的工程意识，团结协作的团队意识和自主学习、创新的能力。

3.1 知识链接

3.1.1 置位指令和复位指令

置位指令及复位指令符号表见表3-1。

表3-1 置位指令及复位指令符号表

电路符号	名　称	数据类型	操作元件
—(S)—	置位	BOOL	I、Q、M、L、D
—(R)—	复位	BOOL	I、Q、M、L、D、T、C

功能说明：

1）S：置位指令。使线圈置位为“1”并保持。

2）R：复位指令。使线圈复位为“0”并保持。

3）置位指令及复位指令要放在逻辑行的最右端，不能放在逻辑行中间。

【例3-1】置位指令的使用

置位指令应用举例如图3-1所示。

分析图3-1可知，输入端I0.0信号状态为“1”且I0.1信号状态为“0”时，Q0.0得电为“1”并保持。I0.0断开后，Q0.0保持为“1”。

【例3-2】复位指令的使用

复位指令应用举例如图3-2所示。

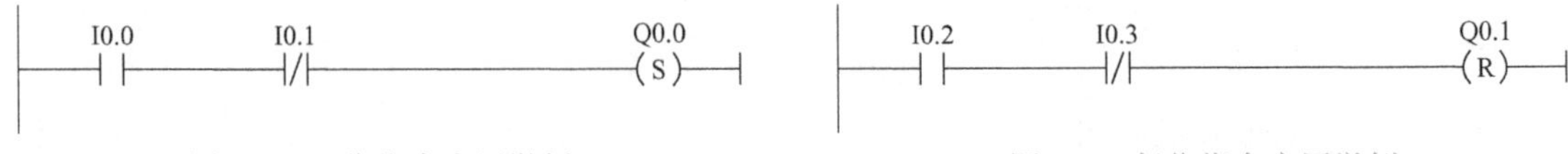

图 3-1　置位指令应用举例　　　　图 3-2　复位指令应用举例

分析图 3-2 可知，输入端 I0.2 信号状态为“1”且 I0.3 信号状态为“0”时，Q0.1 得电复位为“0”并保持。I0.2 断开后，Q0.1 保持为“0”。

3.1.2　RS 触发器指令和 SR 触发器指令

RS 触发器指令和 SR 触发器指令符号表见表 3-2。

表 3-2　RS 触发器指令和 SR 触发器指令符号表

电路符号	名　称	数据类型	操作元件
??.? RS（R、S 输入，Q 输出）	RS 触发器	BOOL	I、Q、M、L、D
??.? SR（S、R 输入，Q 输出）	SR 触发器	BOOL	I、Q、M、L、D

功能说明：

1）指令说明：S 端为置位指令输入端；R 端为复位指令输入端；<?? . ?>为指令要置“1”或者复“0”的位；Q 端为输出端，输出<?? . ?>的状态信号。

2）RS 触发器：置位优先指令，以 S 端的输入信号为优先信号。S 端输入为“1”时，指令块位置“1”，同时输出端 Q 置“1”。S 端输入为“0”时，以 R 端信号为主，R 端输入为“1”时，指令块位复“0”，同时输出端 Q 复“0”；R 端输入为“0”时，指令的位保持原状态不变，Q 端保持原状态不变。

3）SR 触发器：复位优先指令，以 R 端的输入信号为优先信号。R 端输入为“1”时，指令块位复“0”，同时输出端 Q 复“0”。R 端输入为“0”时，以 S 端信号为主，S 端输入为“1”时，指令块位置“1”，同时输出端 Q 置“1”；S 端输入为“0”时，指令的位保持原状态不变，Q 端保持原状态不变。

4）指令位状态保持说明：RS 触发器和 SR 触发器中 R 和 S 同为“0”时，指令的位保持原状态不变，与上一次该指令执行的结果有关。

RS 触发器和 SR 触发器的输入、输出关系表见表 3-3。

表 3-3　RS 触发器和 SR 触发器的输入、输出关系表

RS 触发器				SR 触发器			
R	S	指令块位	Q	S	R	指令块位	Q
0	0	不变	不变	0	0	不变	不变
1	0	0	0	0	1	0	0
0	1	1	1	1	0	1	1
1	1	1	1	1	1	0	0

【例 3-3】RS 触发器指令的使用

RS 触发器指令应用举例如图 3-3 所示。

分析图 3-3 可知，当 S 端输入信号 I0.1 为“1”时，无论 R 端输入信号 I0.0 为“1”还是“0”，指令的位置“1”，输出 Q0.0 置“1”。S 端输入信号 I0.1 为“0”时，若 R 端输入信号 I0.0 为“1”，则指令的位复“0”，输出 Q0.0 复“0”；若 I0.0 为“0”，则保持上一次指令运行的结果。

【例 3-4】SR 触发器指令的使用

SR 触发器指令应用举例如图 3-4 所示。

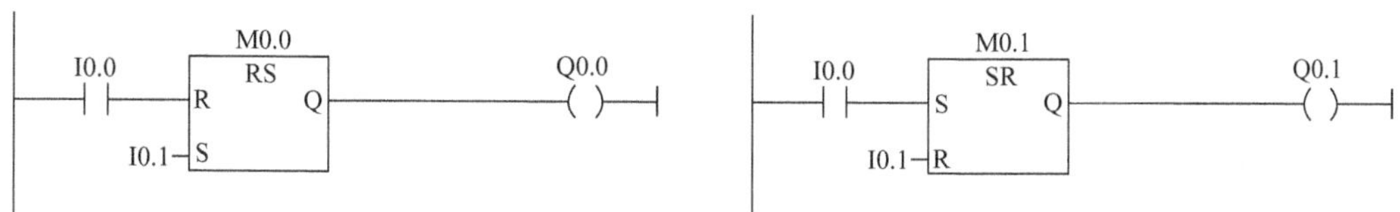

图 3-3　RS 触发器指令应用举例　　图 3-4　SR 触发器指令应用举例

分析图 3-4 可知，当 R 端输入信号 I0.1 为“1”时，无论 S 端输入信号 I0.0 为“1”还是“0”，指令的位复“0”，输出 Q0.1 复“0”。R 端输入信号 I0.1 为“0”时，若 S 端输入信号 I0.0 为“1”，则指令的位置“1”，输出 Q0.1 置“1”；若 I0.0 为“0”，则保持上一次指令运行的结果。

3.1.3　跳变沿检测指令

1. RLO 边沿检测指令

RLO 边沿检测指令符号表见表 3-4。

表 3-4　RLO 边沿检测指令符号表

电路符号	名　称	数据类型	操作元件
??.? —(P)—	RLO 上升沿检测	BOOL	I、Q、M、L、D
??.? —(N)—	RLO 下降沿检测	BOOL	I、Q、M、L、D

功能说明：

1）指令说明：<?? . ?>位为边沿存储位，用来存储该位上一个扫描周期的位状态，该位不能为块的临时局部变量，因为在停止调用块以后，它的临时局部变量的值可能会丢失。

2）RLO 上升沿检测指令（正跳沿检测指令）：当该指令前的逻辑运算结果有一个上升沿（OFF→ON）时，产生一个宽度为一个扫描周期的脉冲，驱动后面的输出线圈，同时边沿存储器位状态更新。

3）RLO 下降沿检测指令（负跳沿检测指令）：当该指令前的逻辑运算结果有一个下降沿（ON→OFF）时，产生一个宽度为一个扫描周期的脉冲，驱动后面的输出线圈，同时边沿存储器位状态更新。

【例 3-5】RLO 边沿检测指令的使用

RLO 边沿检测指令应用举例如图 3-5 所示。

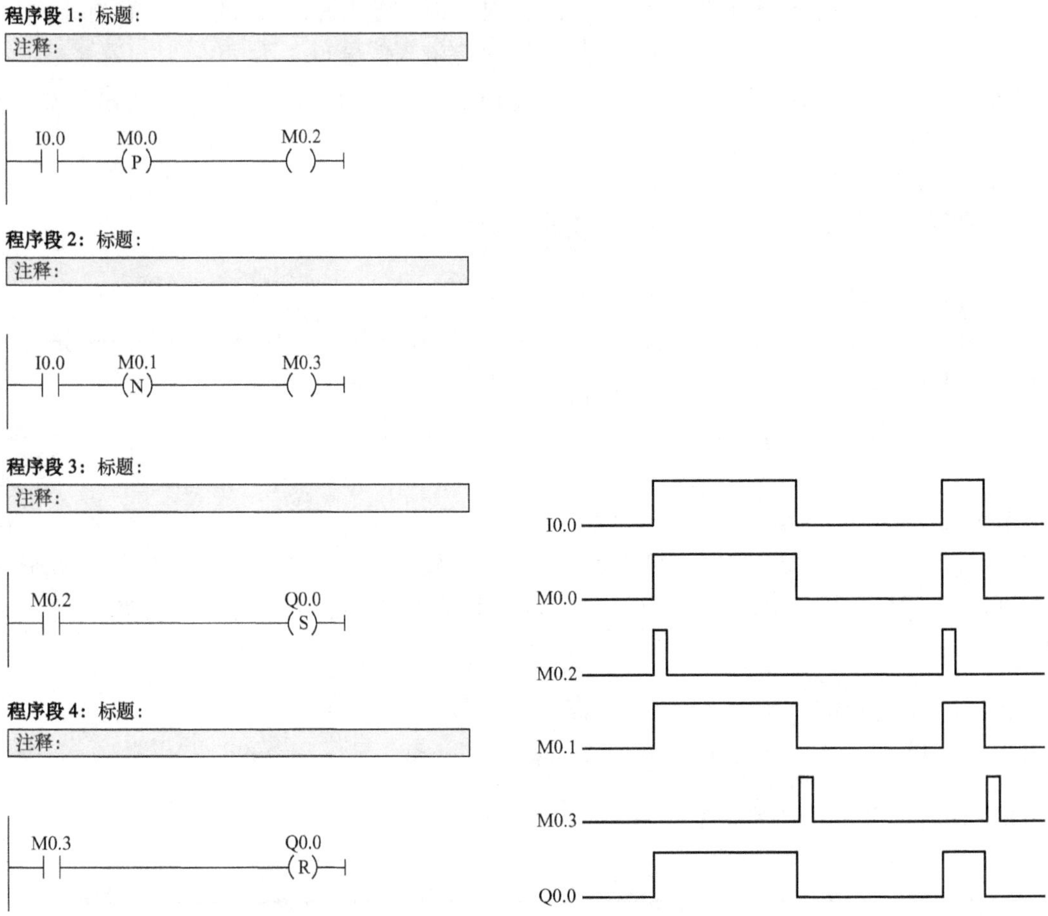
程序段 1：标题：
注释：
I0.0
M0.0
(P)
M0.2
( )
程序段 2：标题：
注释：
I0.0
M0.1
(N)
M0.3
( )
程序段 3：标题：
注释：
M0.2
Q0.0
(S)
程序段 4：标题：
注释：
M0.3
Q0.0
(R)
I0.0
M0.0
M0.2
M0.1
M0.3
Q0.0

a) 程序　　　b) 时序图

图 3-5　RLO 边沿检测指令应用举例

分析图 3-5 可知，当输入信号 I0.0 产生上升沿时，其后的 RLO 上升沿检测指令产生一个宽度为一个扫描周期的时钟脉冲，M0.2 的线圈仅在这一个扫描周期内得电，从而使 Q0.0 置位；当输入信号 I0.0 产生下降沿时，其后的 RLO 下降沿检测指令产生一个宽度为一个扫描周期的时钟脉冲，M0.3 仅在这一个扫描周期内得电，从而使 Q0.0 复位。

2. 触点信号边沿检测指令

触点信号边沿检测指令符号表见表 3-5。

表 3-5　触点信号边沿检测指令符号表

电路符号	名　称	数据类型	操作元件
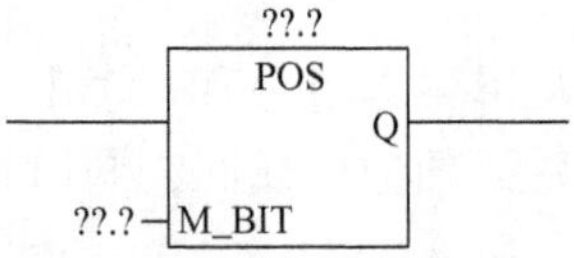 ??.? POS Q ??.? M_BIT	触点信号上升沿检测	BOOL	I、Q、M、L、D

（续）

电路符号	名　　称	数据类型	操作元件
??.? NEG Q ??.?-M_BIT	触点信号下降沿检测	BOOL	I、Q、M、L、D

功能说明：

1）指令说明：指令上方位置的 <?? . ?> 为位地址 1，M-BIT 位置的 <?? . ?> 为位地址 2，左边输入端为使能输入端，Q 端为输出端。

2）触点信号上升沿检测指令（POS）：在使能输入端有效时，位地址 1 产生 1 个上升沿（OFF→ON），Q 端在一个扫描周期内得电。位地址 2 为边沿存储位，用来存储上一次扫描循环时位地址 1 的状态，不能用块的临时局部变量作边沿存储位。

3）触点信号下降沿检测指令（NEG）：在使能输入端有效时，位地址 1 产生 1 个下降沿（ON→OFF），Q 端在一个扫描周期内得电。位地址 2 为边沿存储位，用来存储上一次扫描循环时位地址 1 的状态，不能用块的临时局部变量作边沿存储位。

【例 3-6】 触点信号边沿检测指令的使用

触点信号边沿检测指令应用举例如图 3-6 所示。

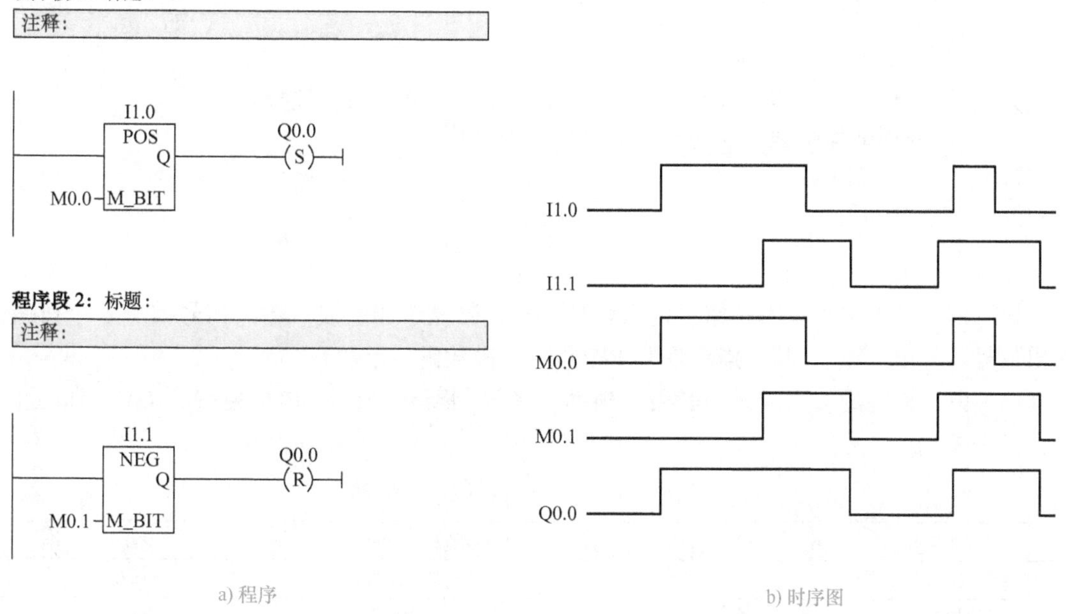

a) 程序　　b) 时序图

图 3-6　触点信号边沿检测指令应用举例

分析图 3-6 可知，I1.0 由 0 状态变为 1 状态时，产生一个上升沿，POS 指令中 Q 端得电，使 Q0.0 置位；I1.1 由 1 状态变为 0 状态时，产生一个下降沿，NEG 指令中 Q 端得电，使 Q0.0 复位。

3.2 任务：抢答器PLC控制的设计与仿真

3.2.1 任务要求

在许多智力竞赛中，抢答器装置用来判断哪位选手得到抢答权。在抢答器控制系统中，往往要求其能自动设定答题时间，能用数码管显示参赛者抢答情况等。

抢答器结构图如图3-7所示。

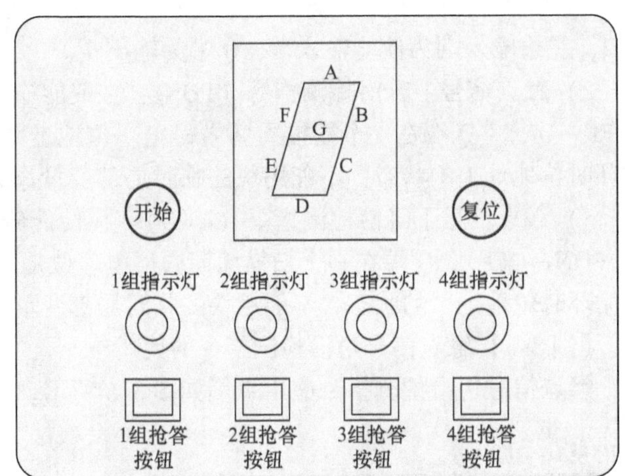

图3-7 抢答器结构图

抢答器控制要求如下：

1）系统上电后，竞赛主持人按下“开始”按钮，允许各队人员开始抢答，即各队的抢答按钮有效。

2）参赛者分四组，每组设一个抢答按钮。抢答过程中，参赛组分别按下各自的抢答按钮，抢先按下的参赛组对应的指示灯亮，LED数码显示系统显示当前的组号，并且其他组抢答无效。

3）主持人对抢答状态确认后，按下“复位”按钮，系统复位，允许各组人员重新开始抢答，即主持人按下“开始”按钮，开启新一轮抢答。

4）该模块中的显示器为七段数码显示器。

3.2.2 任务分析

1. 硬件电路分析设计

抢答器硬件电路主要由按钮、指示灯和七段数码显示器组成。输入信号共有6个按钮，输出信号共有11个点，其中指示灯有4个点，七段数码显示器有7个点。

（1）PLC控制的I/O端口分配表　根据相关控制要求，得出PLC控制的I/O端口分配表，见表3-6。

表3-6 抢答器PLC控制的I/O端口分配表

输　入	I端	输　出	Q端
开始按钮SB0	I0.0	1组指示灯	Q0.0
复位按钮SB1	I0.1	2组指示灯	Q0.1
1组抢答按钮	I0.2	3组指示灯	Q0.2
2组抢答按钮	I0.3	4组指示灯	Q0.3
3组抢答按钮	I0.4	七段数码管A	Q0.4
4组抢答按钮	I0.5	七段数码管B	Q0.5
		七段数码管C	Q0.6
		七段数码管D	Q0.7

（续）

输　入	I端	输　出	Q端
		七段数码管E	Q1.0
		七段数码管F	Q1.1
		七段数码管G	Q1.2

（2）PLC控制的输入/输出电路　根据I/O端口分配表，设计抢答器PLC控制的输入/输出电路，如图3-8所示。

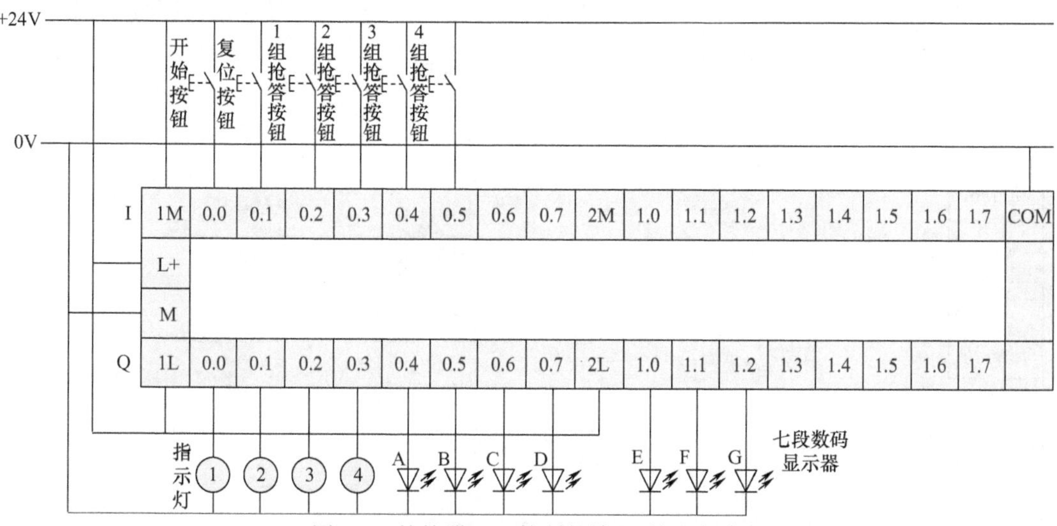

图3-8　抢答器PLC控制的输入/输出电路

2. 软件程序设计

抢答器的软件程序设计控制要求如下：

（1）起动控制　根据控制要求，只有当主持人按下开始按钮I0.0后，各组才能抢答，因此设计辅助继电器M10.0的常开触点串联在各组的抢答回路中，实现该功能。

（2）各组抢答控制　以1组抢答为例，若1组抢先按下抢答按钮I0.2，则Q0.0线圈得电，即1组指示灯亮并保持。将Q0.0的常开触点并联到其他组控制程序的R端实现互锁，保证其他组在1组抢答成功后抢答无效。

（3）复位控制　当主持人按下复位按钮I0.1后，以1组为例，Q0.0复位，指示灯熄灭，等待重新抢答。

（4）七段数码显示器显示控制　根据七段数码显示器的规律，显示1组、2组、3组和4组的组号，见表3-7。

表3-7　七段数码显示器组号显示

组　号	对应数码管引脚
1	B、C
2	A、B、D、E、G
3	A、B、C、D、G
4	B、C、F、G

根据以上控制要求，参考程序如图3-9所示。

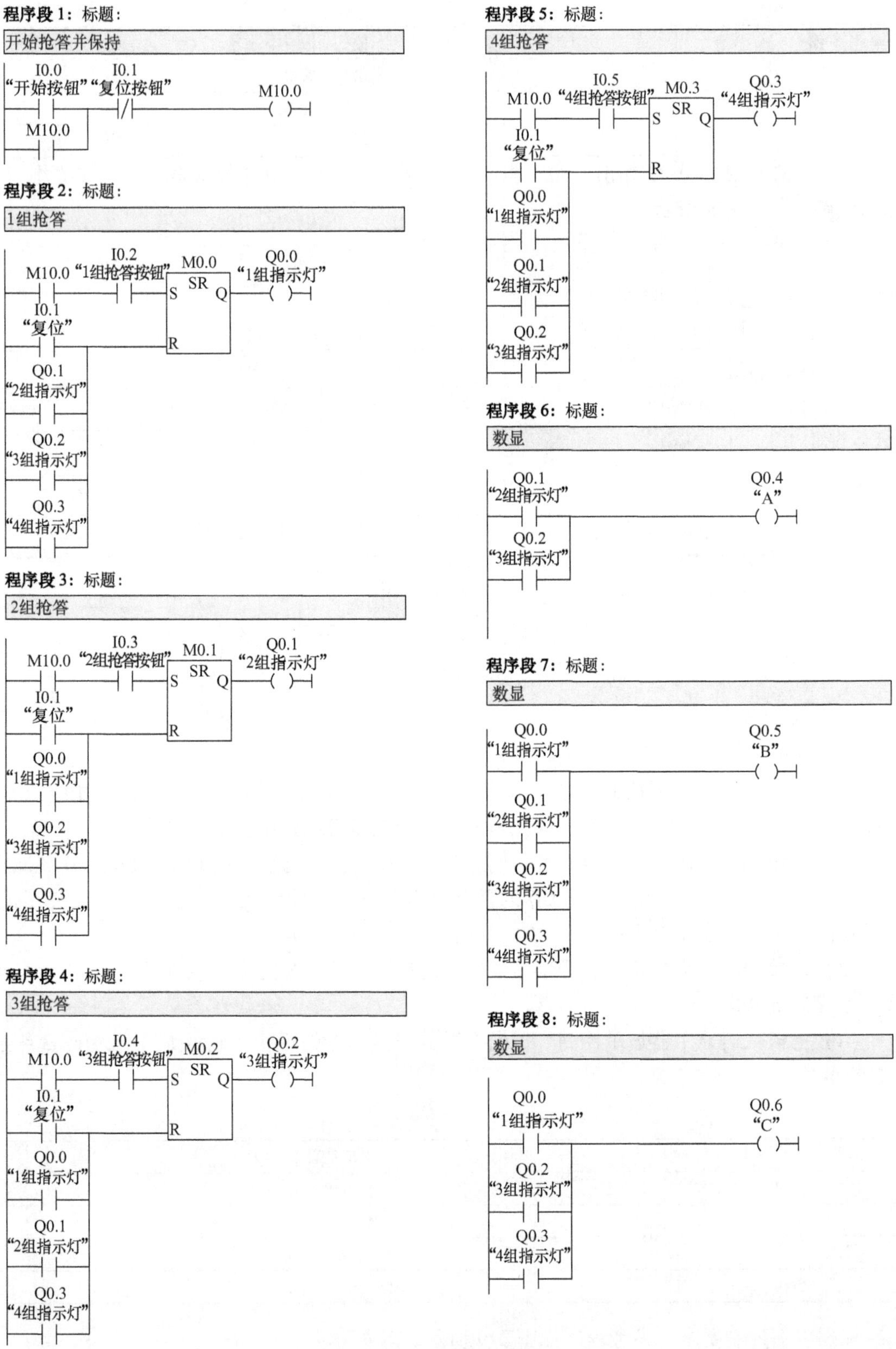

程序段 1：标题：

开始抢答并保持

程序段 2：标题：

1组抢答

程序段 3：标题：

2组抢答

程序段 4：标题：

3组抢答

程序段 5：标题：

4组抢答

程序段 6：标题：

数显

程序段 7：标题：

数显

程序段 8：标题：

数显

图 3-9　抢答器 PLC 控制程序

程序段 9：标题：

数显

Q0.1 “2组指示灯” Q0.7 “D”

Q0.2 “3组指示灯”

程序段 10：标题：

数显

Q0.1 “2组指示灯” Q1.0 “E”

程序段 11：标题：

数显

Q0.3 “4组指示灯” Q1.1 “F”

程序段12：标题：

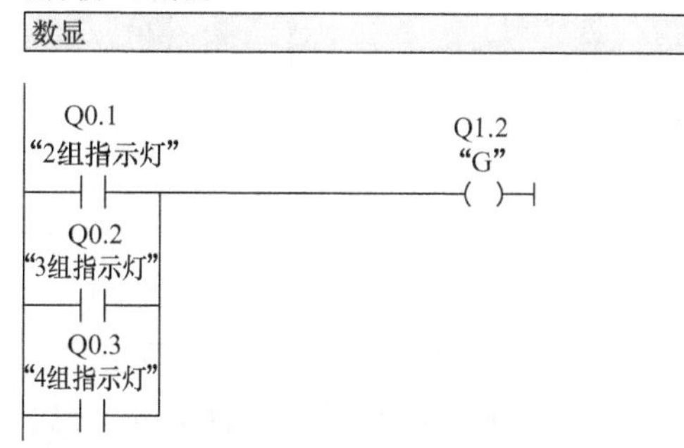

图 3-9 抢答器 PLC 控制程序（续）

3.2.3 任务解答

1. 硬件电路接线

根据任务分析中图 3-8 所示抢答器 PLC 控制的输入/输出电路进行接线。

2. 软件程序编制

（1）创建项目并组态硬件 利用菜单栏的新建项目向导创建一个“抢答器 PLC 控制”新项目，CPU 选择与硬件型号、订货号及版本号统一的机型。本任务中选用型号为 CPU314C－2DP 模块，注意修改默认的输入、输出地址编号。

（2）定义符号表 选中 SIMATIC 管理器左边窗口的“S7 程序”文件夹，双击右边窗口的“符号”图标，弹出“符号编辑器”窗口，在“符号编辑器”窗口中输入符号、地址、数据类型和注释（见图 3-10），单击保存按钮，保存已经完成的输入或修改，然后关闭“符号编辑器”窗口。

（3）在 OB1 中创建梯形图程序 在 OB1 窗口程序编辑区中输入图 3-9 所示程序，注意在输入程序时不要出现语法错误，程序输入完成后单击保存按钮。

（4）下载与调试程序 完成硬件接线和组态、软件程序编辑后，将 PLC 主机上的模式选择开关拨到“RUN”位置，“RUN”指示灯亮，表示程序开始运行，有关设备将显示运行结果。启动抢答器，分别通过 1 组抢答、2 组抢答、3 组抢答和 4 组抢答观察输出指示灯和七段数码显示器是否按控制要求显示。

3. 程序仿真

打开 PLCSIM，生成与调试有关的视图对象，如图 3-11 所示。将逻辑块下载到 PLCSIM

S7 程序(1) (符号) -- 抢答器控制\SIMATIC 300 站点\CPU314 C-2 DP(1)

	状态	符号	地址		数据类型	注释
1		1组抢答按钮	I	...	BOOL	
2		1组指示灯	Q	...	BOOL	
3		2组抢答按钮	I	...	BOOL	
4		2组指示灯	Q	...	BOOL	
5		3组抢答按钮	I	...	BOOL	
6		3组指示灯	Q	...	BOOL	
7		4组抢答按钮	I	...	BOOL	
8		4组指示灯	Q	...	BOOL	
9		A	Q	...	BOOL	
1		B	Q	...	BOOL	
1		C	Q	...	BOOL	
1		D	Q	...	BOOL	
1		E	Q	...	BOOL	
1		F	Q	...	BOOL	
1		G	Q	...	BOOL	
1		复位按钮	I	...	BOOL	
1		开始按钮	I	...	BOOL	
1						

图 3-10　抢答器符号表

中，将仿真 PLC 切换到“RUN-P”模式。按下开始按钮 I0.0，监控系统运行状态。再通过 1 组抢答成功后复位、2 组抢答成功后复位、3 组抢答成功后复位、4 组抢答成功后复位，观察输出指示灯和七段数码显示器是否按控制要求显示。

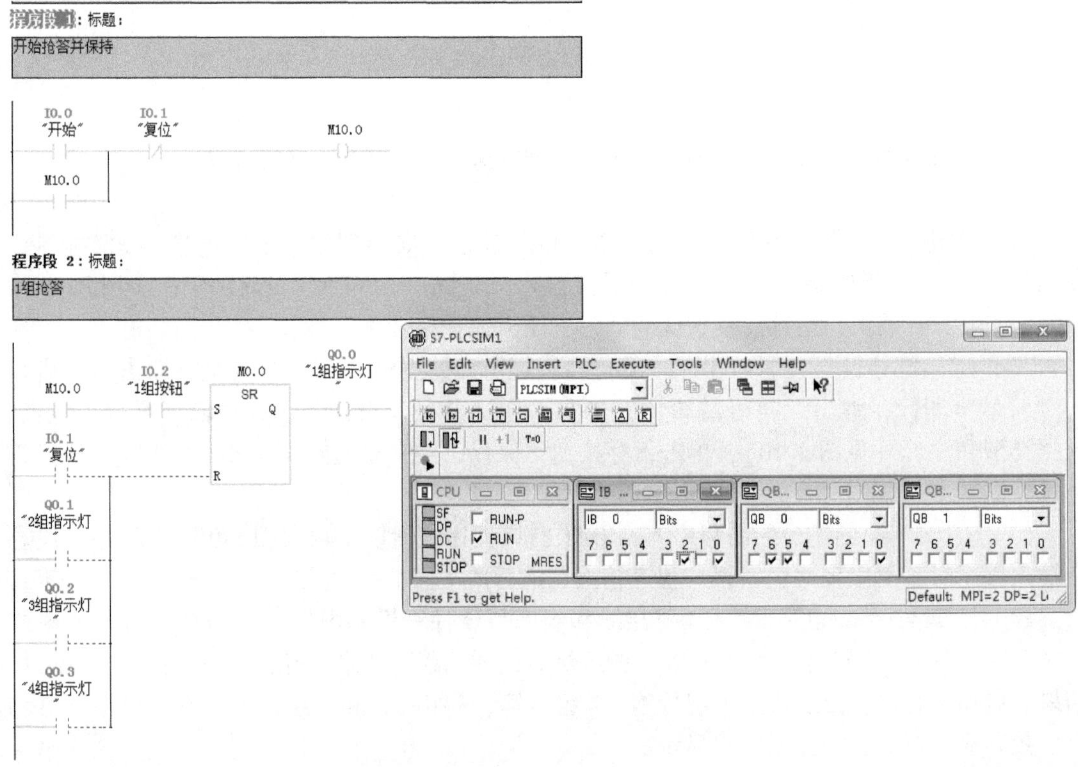

图 3-11　抢答器 PLCSIM

思考与练习

一、填空题

1. “ -(S)- ”指令称为________，其功能是驱动线圈，使其具有________，维持接通状态。

2. 复位指令的操作元件有________、________、________、________、__________、________和________。

3. SR 触发器指令为________优先，RS 触发器指令为________优先。

4. RLO 边沿检测指令中 <?? . ?> 不能为块的________，因为在停止调用块以后，________ 的值可能会丢失。

二、思考题

1. 用触发器指令和上升沿、下降沿检测指令设计满足图 3-12 所示时序图的梯形图程序。

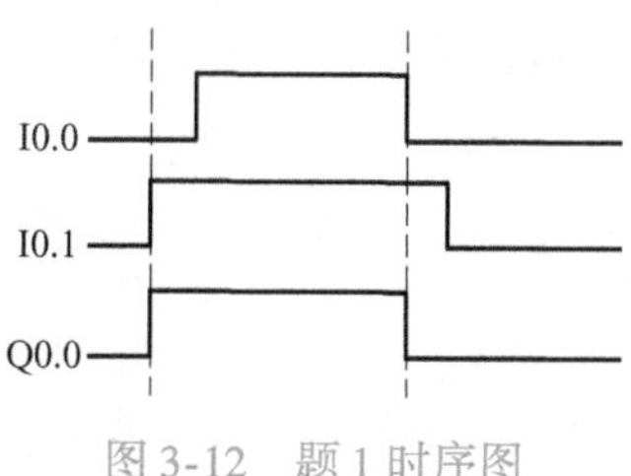

图 3-12 题 1 时序图

2. 编写程序，在 I0.0 的上升沿将 MW10 ~ MW20 清零。

3. 用一个按钮来控制指示灯的通断，要求：第一次按下按钮，指示灯亮，第二次按下按钮，指示灯灭。试按要求编写指示灯控制程序。

项目4 Chapter 4

四节带传送装置PLC控制

学习目标

1. 知识目标：了解四节带传送装置的结构；掌握PLC定时器指令；掌握四节带传送装置硬件电路的连接方法；掌握四节带传送装置PLC控制的软件程序的编制调试方法。

2. 能力目标：能进行四节带传送装置PLC控制的硬件电路的连接；能用功能指令对该电路进行梯形图编制；能用STEP7软件对该系统进行软件程序的编制调试。

3. 素质目标：培养学生刻苦钻研的学习精神，一丝不苟的工程意识，团结协作的团队意识和自主学习、创新的能力。

4.1 知识链接

4.1.1 定时器指令

在控制系统中，根据不同的功能需要使用不同的定时器。西门子S7－300提供了一定数量且不同功能的定时器。STEP7中的定时器有五种，分别为接通延时定时器、保持型接通延时定时器、断开延时定时器、脉冲定时器和扩展脉冲定时器。定时器指令在STEP7中位于指令树的定时器指令菜单中。

1. 定时器块图指令

在定时器指令菜单中，指令分为块图指令和线圈指令两种形式，其中块图指令见表4-1。

表4-1 定时器图块指令

电路符号	名称	端子	数据类型	操作元件
??? / S_ODT: S, Q; ???-TV, BI-…; …-R, BCD-…	接通延时定时器 S_ODT	S、R、Q	BOOL	I、Q、M
		BI、BCD	WORD	—

（续）

电路符号	名　称	端　子	数据类型	操作元件
??? S_ODTS —S　Q— ???—TV　BI—… …—R　BCD—…	保持型接通延时定时器 S_ODTS	S、R、Q	BOOL	I、Q、M
		BI、BCD	WORD	—
??? S_OFFDT —S　Q— ???—TV　BI—… …—R　BCD—…	断开延时定时器 S_OFFDT	S、R、Q	BOOL	I、Q、M
		BI、BCD	WORD	—
??? S_PULSE —S　Q— ???—TV　BI—… …—R　BCD—…	脉冲定时器 S_PULSE	S、R、Q	BOOL	I、Q、M
		BI、BCD	WORD	—
??? S_PEXT —S　Q— ???—TV　BI—… …—R　BCD—…	扩展脉冲定时器 S_PEXT	S、R、Q	BOOL	I、Q、M
		BI、BCD	WORD	—

功能说明：

1）S 端为定时器输入端，不同定时器输入端的触发条件不同。其中，当接通延时定时器、保持型接通定时器、脉冲定时器和扩展脉冲定时器的输入端有一个上升沿（0→1）时，相应定时器起动。当断开延时定时器的输入端有一个下降沿（1→0）时，断开延时定时器起动。

2）R 端为定时器复位信号输入端，该端出现上升沿脉冲时，无论任何情况，定时器都将立即复位。

3）TV 端为预设值的输入端，在进行预设时间时，采用的格式为 S5T#aaH_bbM_ccS_ddMS(aa = 小时、bb = 分钟、cc = 秒、dd = 毫秒)。

4）Q 端为定时器输出端。

5）BI 端和 BCD 端为扫描当前时间值输出端，时间值在 BI 端为二进制编码，在 BCD 端为 BCD 码。当前时间值为预设 TV 值减去定时器起动经过的时间。

【例 4-1】接通延时定时器的使用

接通延时定时器应用程序如图 4-1 所示，图 4-2 所示为其时序图。图 4-1 中，T1 表示的是定时器号，S_ODT 表示该定时器为接通延时定时器。

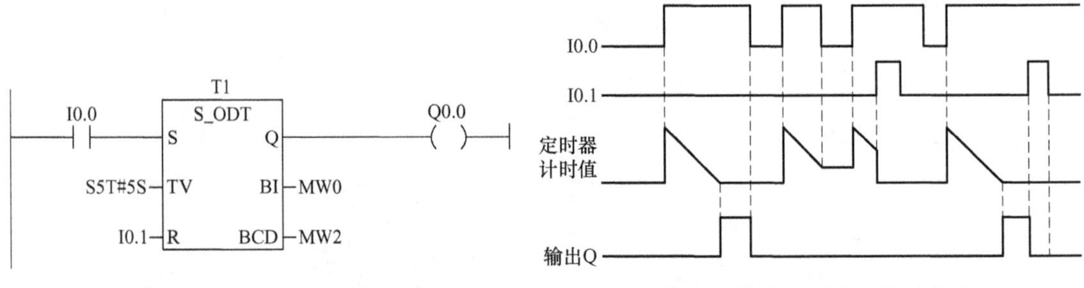

图 4-1　接通延时定时器应用程序　　图 4-2　接通延时定时器时序图

由图 4-1 和图 4-2 分析可知，接通延时定时器工作原理如下：

(1) 起动　当接通延时定时器的输入端 S 有一个上升沿使其由 0 变为 1 时，定时器 T1 开始定时，定时时间到，Q0.0 线圈通电。

(2) 复位　当接通延时定时器的复位端 R 由 0 变为 1 时，无论 S 端为何值，都将清除定时器当前的定时值，输出端 Q 的信号被复位为 0。

(3) 预设值　TV 输入端主要进行定时器预设值的设定，如在 TV 端输入 "S5T#5S"，代表该定时器的定时时间为 5s。

定时器的当前时间值可以在输出端 BI 以二进制的形式读出，也可以在输出端 BCD 以 BCD 码的形式读出。定时器的当前时间值是其预设值减去定时器起动后经过的时间，故称为减定时。

对于接通延时定时器，当定时器的定时时间到，没有错误且输入端 S 保持为 1 时，输出端 Q 置位为 1。但如果在定时时间到达前输入端 S 由 1 变为 0，则定时器保持运行，当前定时值保持，此时输出端 Q 为 0；若输入端 S 又从 0 变为 1，则定时器重新由预设值开始减定时。

【例 4-2】保持型接通延时定时器的使用

保持型接通延时定时器应用程序如图 4-3 所示，图 4-4 所示为其时序图。图 4-3 中，T2 表示的是保持型接通延时定时器的定时器号，S_ODTS 表示该定时器为保持型接通延时定时器。

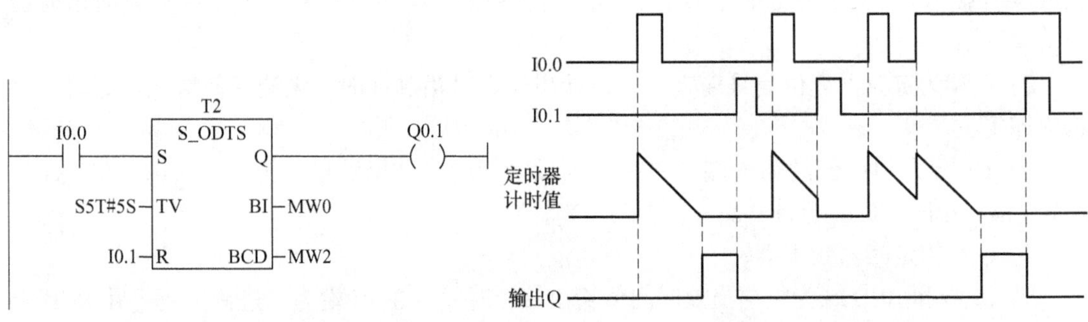

图 4-3　保持型接通延时定时器应用程序　　图 4-4　保持型接通延时定时器时序图

由图 4-3 和图 4-4 分析可知，保持型接通延时定时器工作原理如下：

（1）起动　当保持型接通延时定时器的输入端 S 有由 0 变为 1 时，定时器 T2 开始定时，定时时间到，Q0.1 线圈得电变为 1。与接通延时定时器不同的是，在保持型接通延时定时器进行定时的过程中，即使输入端 S 由 1 变为 0，定时器仍继续进行定时工作。但当输入端 S 再次由 0 变为 1 时，定时器将重新开始计时。

（2）复位　当保持型接通延时定时器的复位端 R 由 0 变为 1 时，无论 S 端为何值，都将清除定时器当前的定时值，输出端 Q 的信号被复位为 0。

【例 4-3】 断开延时定时器的使用

断开延时定时器应用程序如图 4-5 所示，图 4-6 所示为其时序图。图 4-5 中，T3 表示的是断开延时定时器的定时器号，S_OFFDT 表示该定时器为断开延时定时器。

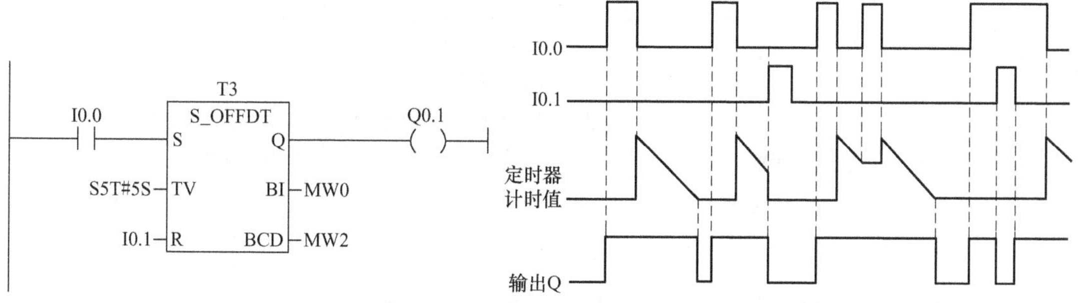

图 4-5　断开延时定时器应用程序　　图 4-6　断开延时定时器时序图

由图 4-5 和图 4-6 分析可知，断开延时定时器的工作原理如下：

（1）起动　当断开延时定时器的输入端 S 由 1 变为 0 时，定时器起动，开始进行减定时。当定时时间到时，输出端 Q 为 0。定时器在进行减定时期间，如果输入端 S 的状态由 0 变为 1，则定时器停止工作，但当前定时时间值一直保持，直到下次输入端 S 由 1 变为 0 时，定时器重新起动，由预设值开始减定时。

（2）复位　当复位输入端 R 为 1 时，此时无论输入端 S 为何值，定时器的定时值都会被清除，且输出端 Q 复位。

（3）输出　在复位输入端 R 未进行复位的情况下，若输入端 S 由 0 变为 1，输出端 Q 为 1，如果此时输入端 S 信号取消，输出端 Q 将继续保持输出为 1，直到到达设定的时间。

【例 4-4】 脉冲定时器的使用

脉冲定时器应用程序如图 4-7 所示，图 4-8 所示为其时序图。图 4-7 中，T4 表示的是脉冲定时器的定时器号，S_PULSE 表示该定时器为脉冲定时器。

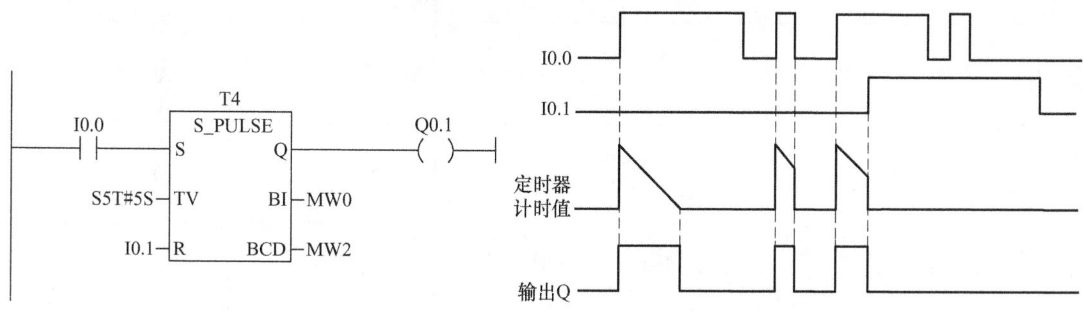

图 4-7　脉冲定时器应用程序　　图 4-8　脉冲定时器时序图

由图 4-7 和图 4-8 分析可知，脉冲定时器的工作原理如下：

(1) 起动　当输入端 S 由 0 变为 1 时，定时器起动，开始定时，在定时器进行定时期间，输出端 Q 输出为 1。

(2) 复位　当定时器的复位输入端 R 输入信号为 1，或定时时间到，或起动信号从 1 变为 0 时，定时器的当前值将被清 0，输出端 Q 为 0。

【例 4-5】 扩展脉冲定时器的使用

扩展脉冲定时器应用程序如图 4-9 所示，图 4-10 所示为其时序图。图 4-9 中，T5 表示的是扩展脉冲定时器的定时器号，S_PEXT 表示该定时器为扩展脉冲定时器。

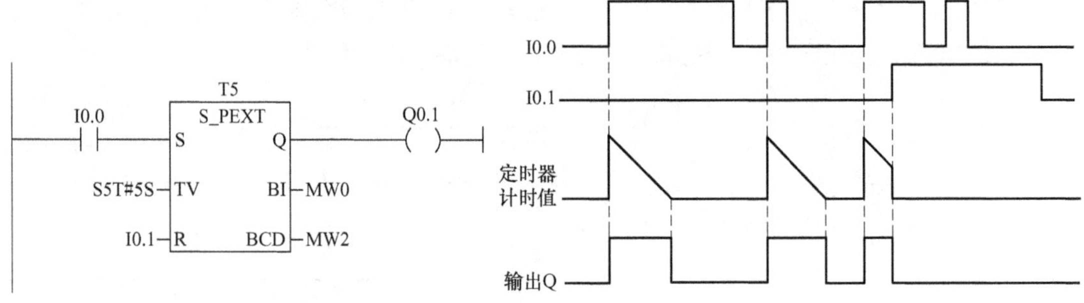

图 4-9　扩展脉冲定时器应用程序　　　图 4-10　扩展脉冲定时器时序图

由图 4-9 和图 4-10 分析可知，扩展脉冲定时器的工作原理如下：

(1) 起动　当输入端 S 由 0 变为 1 时，定时器起动，此时输出端 Q 被置 1。在定时时间结束前，即使输入端 S 由 1 变为 0，输出端 Q 仍保持为 1，直到定时时间到，输出端 Q 变为 0。当输入信号再由 0 变为 1 时，定时器再次起动。

(2) 复位　当定时器定时时间到或复位输入端 R 信号输入为 1 时，输出端 Q 被复位。

2. 定时器线圈指令

定时器线圈指令表见表 4-2。

表 4-2　定时器线圈指令表

电路符号	名　称	数据类型	操作元件
??? —(SD)— ???	接通延时定时器 S_ODT	BOOL	I、Q、M
??? —(SS)— ???	保持型接通延时定时器 S_ODTS	BOOL	I、Q、M
??? —(SF)— ???	断开延时定时器 S_OFFDT	BOOL	I、Q、M
??? —(SP)— ???	脉冲定时器 S_PULSE	BOOL	I、Q、M
??? —(SE)— ???	扩展脉冲定时器 S_PEXT	BOOL	I、Q、M

功能说明：

在定时器线圈指令中，起动条件在S端输入，需要指定时间值；复位条件在R端输入，输出端Q为信号响应。但由于线圈指令中不包括BI和BCD输出，所以LAD环境下的线圈指令无法显示定时器当前时间值。

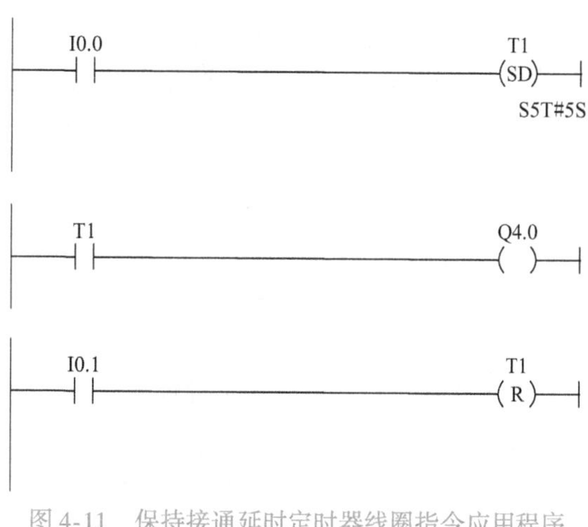

图4-11　保持接通延时定时器线圈指令应用程序

【例4-6】定时器线圈指命的使用

图4-11所示为使用线圈指令的保持接通延时定时器应用程序，与定时器块图指令不同的是，定时器块图指令的程序图中仅需要一个程序段就可以实现定时器指令的输入、输出和复位操作，但定时器线圈指令程序设计中需要三个程序段才可以实现。

4.1.2　CPU系统时钟存储器

西门子S7-300除了在STEP7中为用户提供上述五种定时器以外，用户还可以使用CPU系统时钟存储器来实现精准的定时功能。用户在使用此功能时，需要在进行硬件配置时设置CPU属性中的“周期/时钟存储器”选项卡，勾选“时钟存储器”选项组中的“时钟存储器”复选框，如图4-12所示。

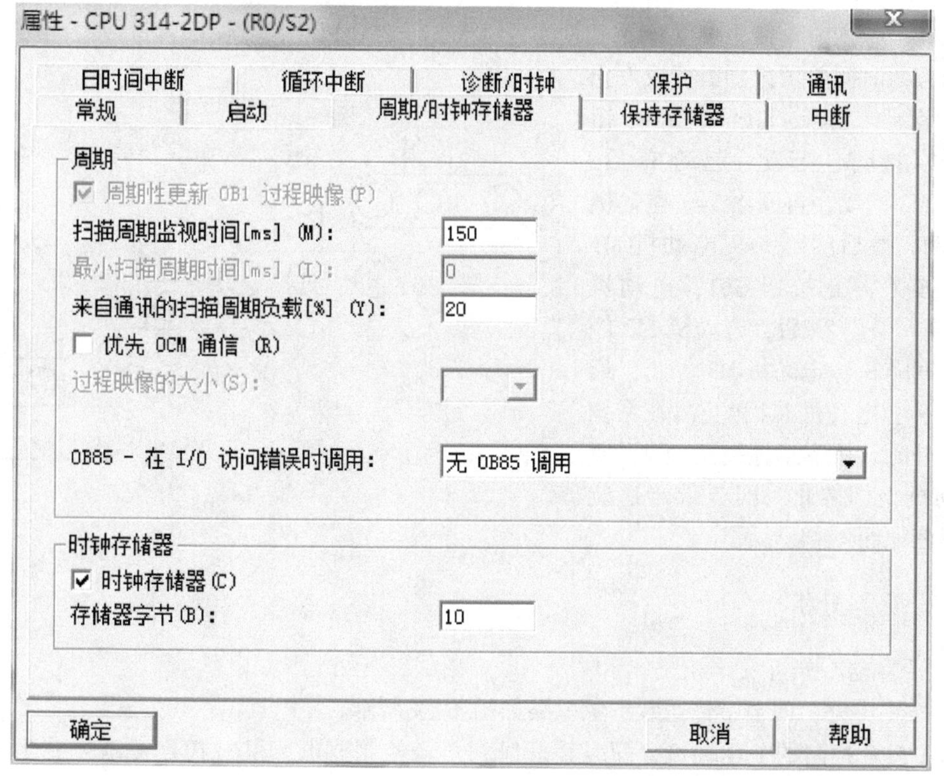

图4-12　设置时钟存储器

在“存储器字节”文本框中输入项为该项功能设置的 MB 地址，如需使用 MB10，则直接在输入框中输入“10”。时钟存储器的功能是对所定义的 MB 的各个位周期性地改变其二进制的值（占空比为 1∶1）。时钟存储器各位的周期和频率见表 4-3。

表 4-3　时钟存储器各位的周期和频率

位　序	0	1	2	3	4	5	6	7
周期/s	0.1	0.2	0.4	0.5	0.8	1	1.8	2
频率/Hz	10	5	2.5	2	1.25	1	0.625	0.5

用户如果在进行硬件配置时设置了该项功能，就可以在程序中直接调用。在图 4-13 所示的程序段中，由于时间存储器占空比为 1∶1，假设 Q0.0 控制的是 LED 的闪烁，那该程序就实现了 LED 亮 1s、灭 1s 的闪烁功能。

I0.0　M10.7　Q0.0

图 4-13　时钟存储器的应用

在使用了时钟存储器的程序设计中，若将图 4-13 中的时钟存储器设置为 MB10，由表 4-3 可知，M10.7 的变化周期为 2s。当 CPU 设置为“RUN”模式时，在 I0.0 闭合以后，Q0.0 就会按照 2s 的周期进行闪烁。

4.2　任务：四节带传送装置 PLC 控制的设计与仿真

4.2.1　任务要求

现有一个四节带传送装置，要求通过西门子 S7－300 PLC 控制使四台带传输机在起动和停止时按照时间要求分别运行或停止。

任务要求如下：按下起动按钮 SB0，电动机 M4 起动，起动 5s 后，电动机 M3 起动，再间隔 5s，电动机 M2 起动，最后间隔 5s，电动机 M1 起动；按下停止按钮 SB1，电动机 M1 先停，停止 8s 后，电动机 M2 停止，再间隔 8s，电动机 M3 停止，最后间隔 8s，电动机 M4 停止。在系统出现意外时，按下急停按钮 SB2，所有电动机立即停止。四节带传送装置示意图如图 4-14 所示。

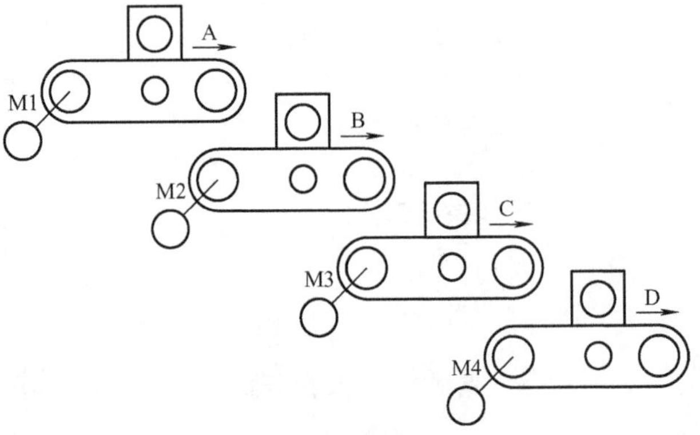

图 4-14　四节带传送装置示意图

4.2.2　任务分析

1. 硬件电路分析设计

（1）主电路　四节带传送装置主电路如图 4-15 所示。

（2）PLC 控制的 I/O 端口分配表　根据 PLC 的控制要求，得出 PLC 控制的 I/O 端口分配表，见表 4-4。

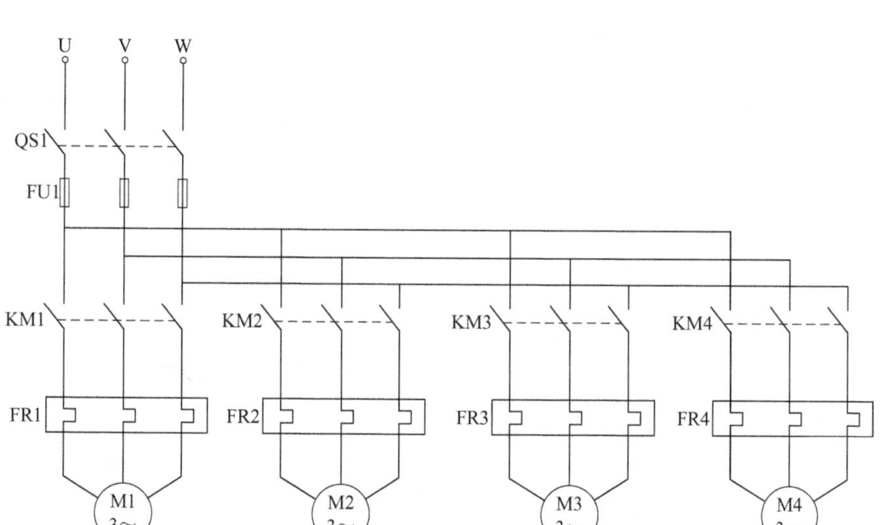

图 4-15　四节带传送装置主电路

表 4-4　带传送装置 PLC 控制 I/O 端口分配表

输　入	I 端	输　出	Q 端
SB0	I0.0	KM1	Q0.0
SB1	I0.1	KM2	Q0.1
SB2	I0.2	KM3	Q0.2
FR1	I0.3	KM4	Q0.3
FR2	I0.4		
FR3	I0.5		
FR4	I0.6		

（3）PLC 控制的输入/输出电路　根据 PLC 控制的 I/O 端口分配表，设计四节带传送装置 PLC 控制的输入/输出电路，如图 4-16 所示。

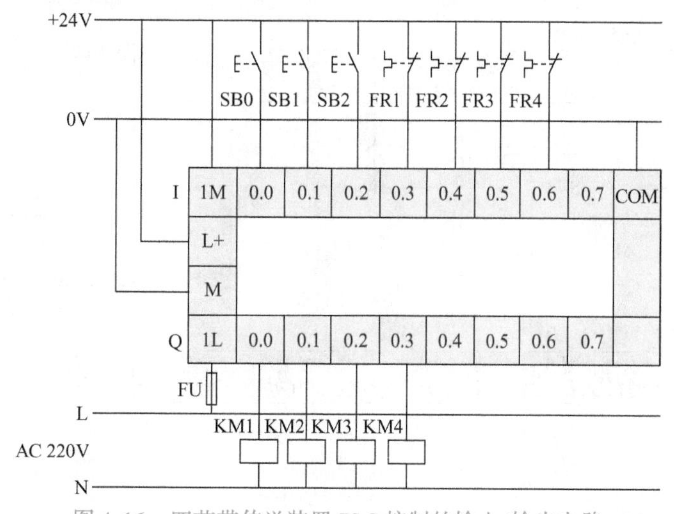

图 4-16　四节带传送装置 PLC 控制的输入/输出电路

2. 软件程序设计

根据任务要求可知，起动时最先起动是最末端 M4 带传输机，经过 5s 的延时后，再依次起动其他带传输机。停止时应最先停止最前一台带传输机。当带传输装置出现故障时，按下急停按钮后，所有的带传输机停止工作。待故障处理完毕后，松开急停按钮，按下起动按钮后，上述控制装置从最初状态开始执行。

通过上述工作过程分析可知，在进行软件设计时，先设计带传输机传送系统的正常联锁起动和联锁停止的编程软件，在此基础添加故障处理控制。由于本传动系统涉及定时控制，故在软件程序设计过程中需使用定时器。参考程序如图 4-17 所示。

程序段 1：标题：

按下起动按钮I0.0，Q0.3得电，输出KM4闭合，电动机M4起动。线圈M0.0得电

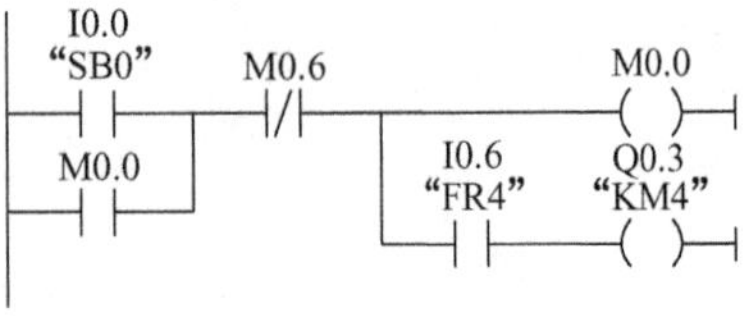

程序段 2：标题：

线圈M0.0得电，触发保持型接通延时定时器T1，定时时间(5s)到，Q0.2得电，输出KM3闭合，电动机M3起动。线圈M0.1得电

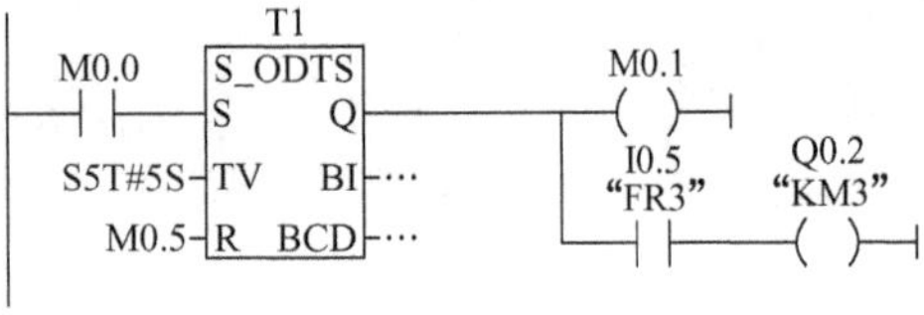

程序段 3：标题：

线圈M0.1得电，触发保持型接通延时定时器T2，定时时间(5s)到，Q0.1得电，输出KM2闭合，电动机M2起动。线圈M0.2得电

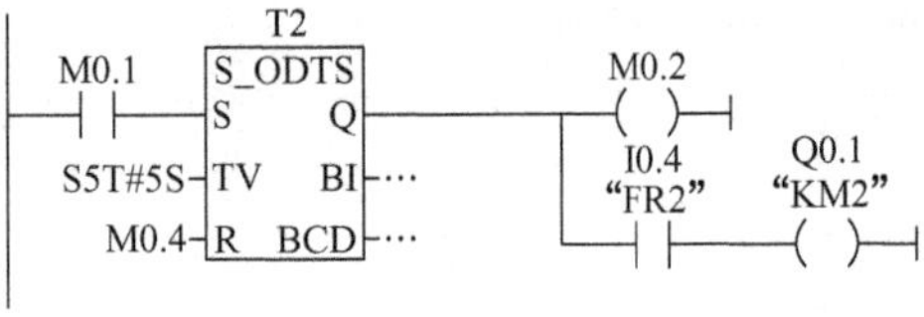

程序段 4：标题：

线圈M0.2得电，触发保持型接通延时定时器T3，定时时间(5s)到，Q0.0得电，输出KM1闭合，电动机M1起动

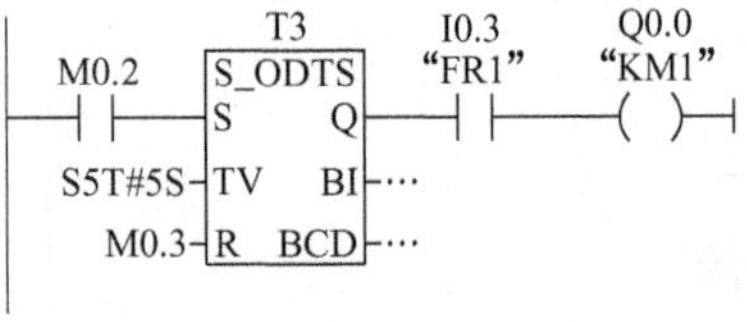

程序段 5：标题：

按下停止按钮I0.1，线圈M0.3得电。形成自锁电路，程序段4中的T3复位端被置1，输出端Q0.0被复位。电动机M1停止

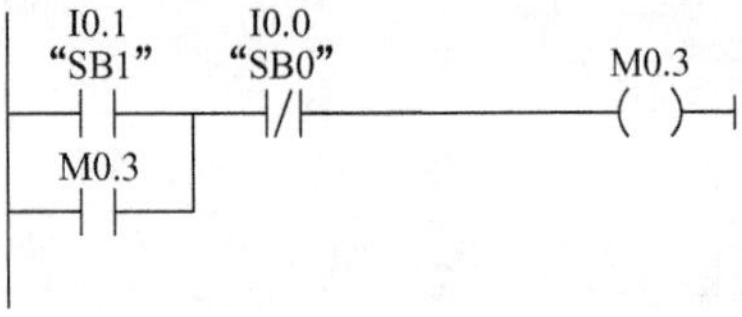

程序段 6：标题：

线圈M0.3得电，T4启动定时。定时时间到，M0.4得电，程序段3中的T2复位端被置1，输出端Q0.1被复位。电动机M2停止

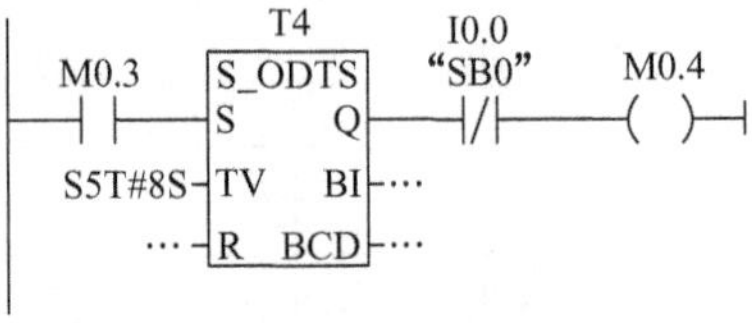

程序段 7：标题：

线圈M0.4得电，T5启动定时。定时时间到，M0.5得电，程序段2中的T1复位端被置1，输出端Q0.2被复位。电动机M3停止

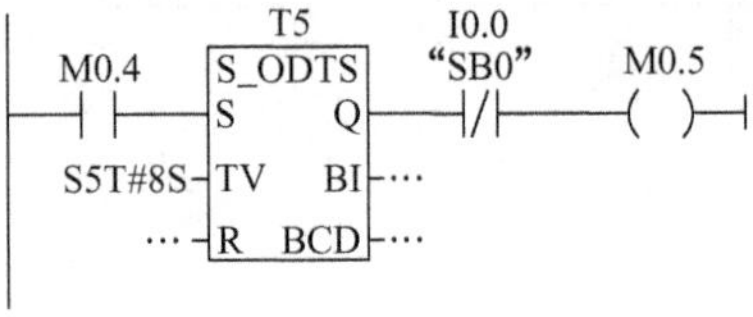

程序段 8：标题：

线圈M0.5得电，T6启动定时。定时时间到，M0.6得电，程序段1中常闭触点M0.6断开，输出端Q0.3被复位。电动机M4停止

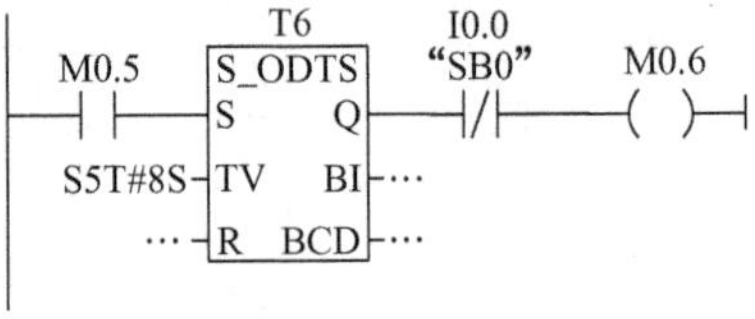

程序段 9：标题：

注释：

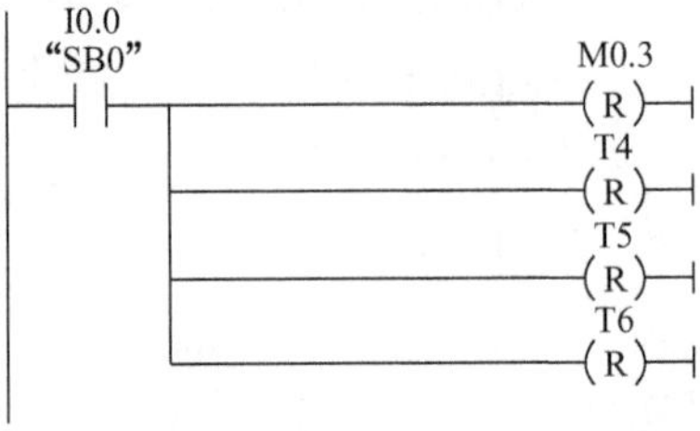

程序段 10：标题：

注释：按下故障按钮SB2，电动机M1、M2、M3、M4同时停止

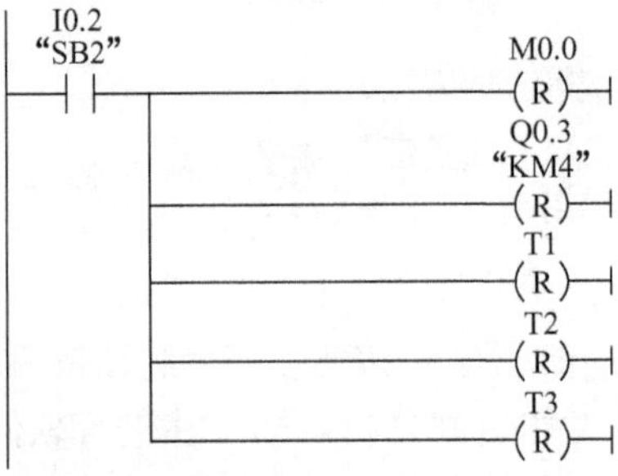

图 4-17　四节带传送装置 PLC 控制梯形图

4.2.3　任务解答

1. 硬件电路接线

根据任务分析中图 4-15、图 4-16 硬件电路主电路及 PLC 控制的输入/输出电路进行接线。

2. 软件程序编制

（1）创建项目并组态硬件　利用菜单栏的新建项目向导创建一个“四节带传送装置控制”新项目，CPU 选择与硬件型号、订货号及版本号统一的机型。本任务中选用型号为 CPU314C－2DP 模块，注意修改默认的输入、输出地址编号。**注意：**插入可驱动 AC 200V 继电器的信号模块。

（2）定义符号表　选中 SIMATIC 管理器左边窗口的“S7 程序”文件夹，双击右边窗口的“符号”图标，弹出“符号编辑器”窗口，在符号编辑器窗口中输入符号、地址、数据类型和注释（见图 4-18），单击保存按钮，保存已经完成的输入或修改，然后关闭“符号编辑器”窗口。

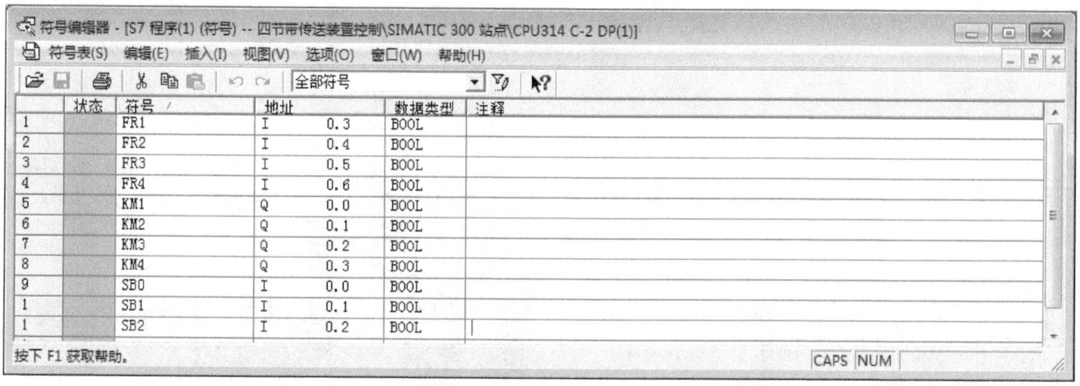

符号编辑器 - [S7 程序(1) (符号) -- 四节带传送装置控制\SIMATIC 300 站点\CPU314 C-2 DP(1)]

符号表(S)　编辑(E)　插入(I)　视图(V)　选项(O)　窗口(W)　帮助(H)

全部符号

	状态	符号 /	地址		数据类型	注释
1		FR1	I	0.3	BOOL	
2		FR2	I	0.4	BOOL	
3		FR3	I	0.5	BOOL	
4		FR4	I	0.6	BOOL	
5		KM1	Q	0.0	BOOL	
6		KM2	Q	0.1	BOOL	
7		KM3	Q	0.2	BOOL	
8		KM4	Q	0.3	BOOL	
9		SB0	I	0.0	BOOL	
1		SB1	I	0.1	BOOL	
1		SB2	I	0.2	BOOL	

按下 F1 获取帮助。　CAPS　NUM

图 4-18　四节带传送装置符号表

（3）在 OB1 中创建梯形图程序　在 OB1 窗口程序编辑区中输入图 4-17 所示程序，注意在输入程序时不要出现语法错误，程序输入完成后单击保存按钮。

（4）下载及调试程序　完成硬件接线和组态、软件程序编辑后，将 PLC 主机上的模式选择开关拨到“RUN”位置，“RUN”指示灯亮，表示程序开始运行，有关设备将显示运行结果。启动系统，观察四节带传送装置运行是否满足控制要求。

3. 程序仿真

单击工程项目菜单上的图标，打开仿真软件 PLCSIM。下载系统数据和组织块 OB1 后，在 PLCSIM 中将 CPU 切换为“RUN”模式，仿真结果如图 4-19～图 4-21 所示。

图 4-19 中，按下起动按钮，电动机 M4、M3、M2、M1 依次起动。在起动控制程序中，SB0 为点动按钮，即按下起动按钮，四节带传送装置的电动机依次起动。松开起动按钮，不影响电动机的正常运行。

图 4-20 中，按下停止按钮，电动机 M1、M2、M3、M4 依次停止。在停止控制程序中，SB1 为点动按钮，即按下停止按钮，四节带传送装置的电动机依次停止。松开停止按钮，不影响电动机的停止操作。

程序段 1：标题：

按下起动按钮I0.0，Q0.3得电，输出KM4闭合，电动机M4起动。线圈M0.0得电

I0.0 “SB0”　M0.6　M0.0
M0.0
I0.6 “FR4”　Q0.3 “KM4”

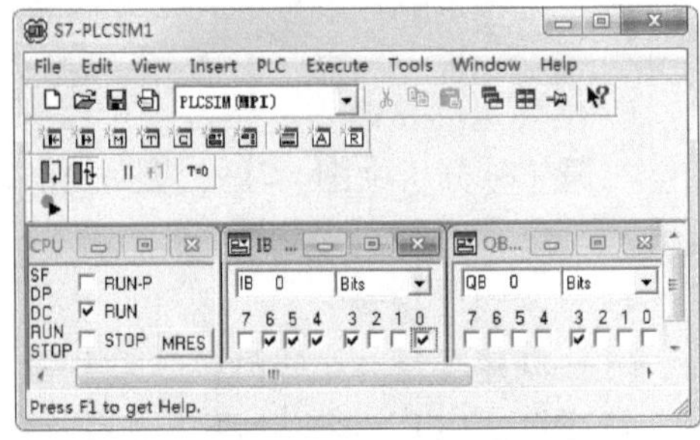

程序段 2：标题：

线圈M0.0得电，触发保持型接通延时定时器T1，定时时间(5s)到，Q0.2得电，输出KM3闭合，电动机M3起动。线圈M0.1得电

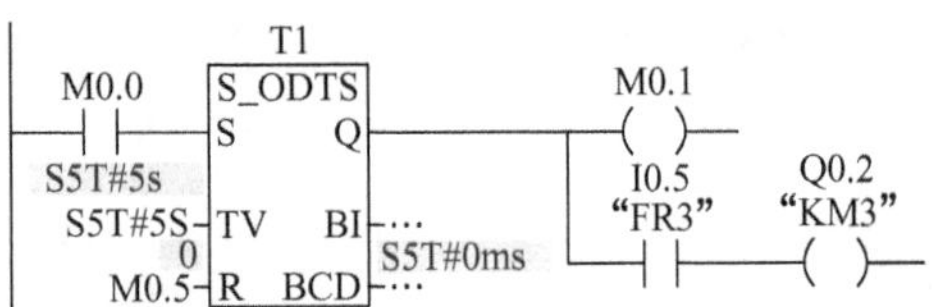

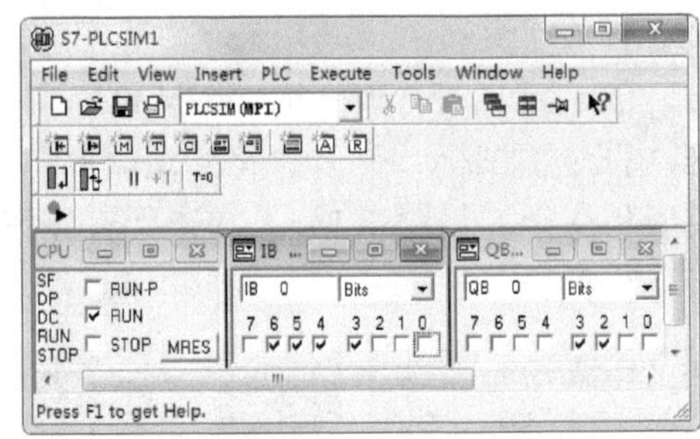

程序段 3：标题：

线圈M0.1得电，触发保持型接通延时定时器T2，定时时间(5s)到，Q0.1得电，输出KM2闭合，电动机M2起动。线圈M0.2得电

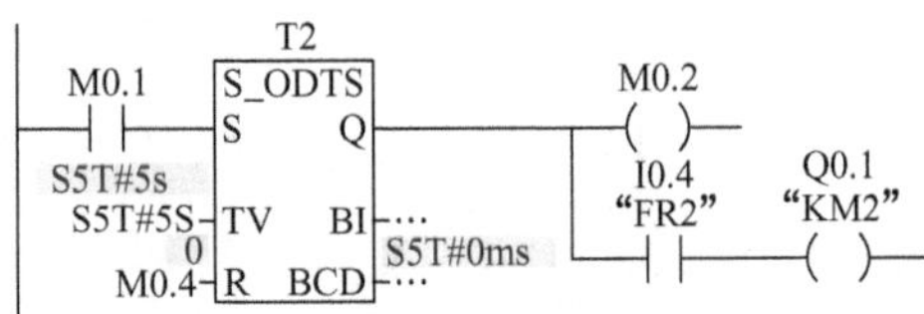

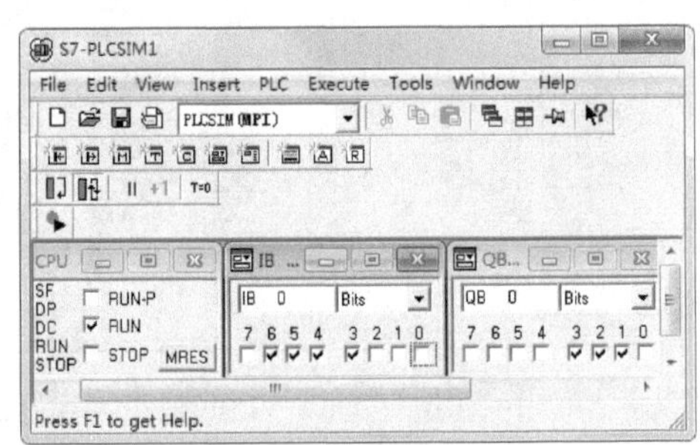

程序段 4：标题：

线圈M0.2得电，触发保持型接通延时定时器T3，定时时间(5s)到，Q0.0得电，输出KM1闭合，电动机M1起动

T3　I0.3 “FR1”　Q0.0 “KM1”
M0.2　S_ODTS　S　Q
S5T#5s
S5T#5S　TV　BI
0　S5T#0ms
M0.3　R　BCD

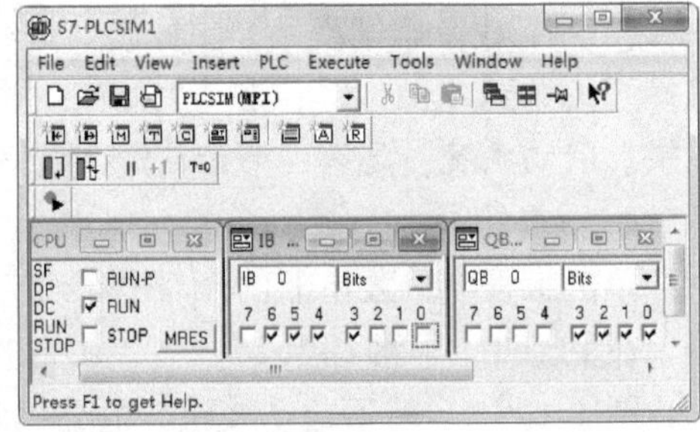

图 4-19　电动机起动仿真图

图 4-21 中，若四节带传送装置的电动机在运行过程中出现故障，按下急停按钮 SB2，电动机 M1、M2、M3、M4 同时停止。松开急停按钮 SB2，重新按下起动按钮 SB0，控制装置进入新的运行周期。

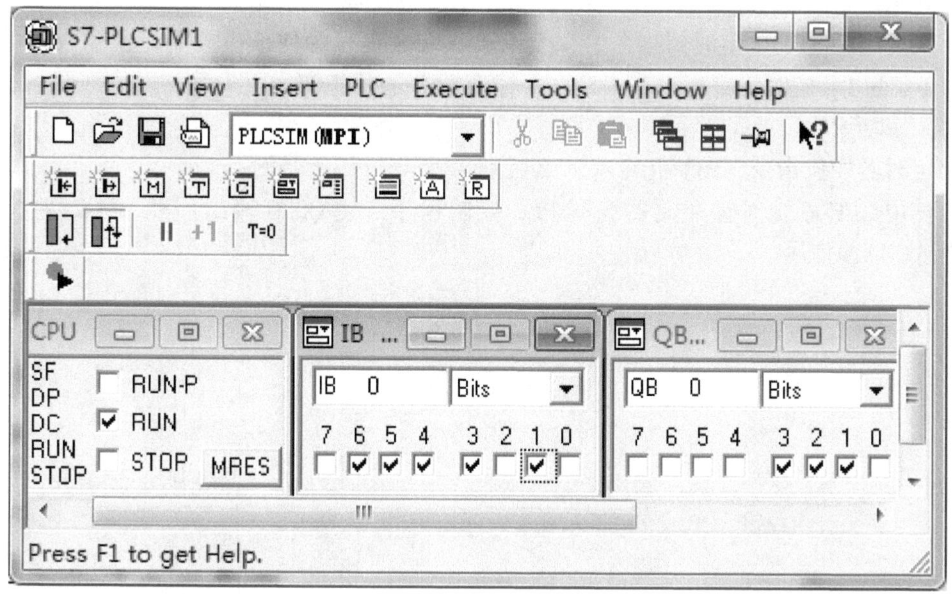

图4-20　电动机停止仿真图

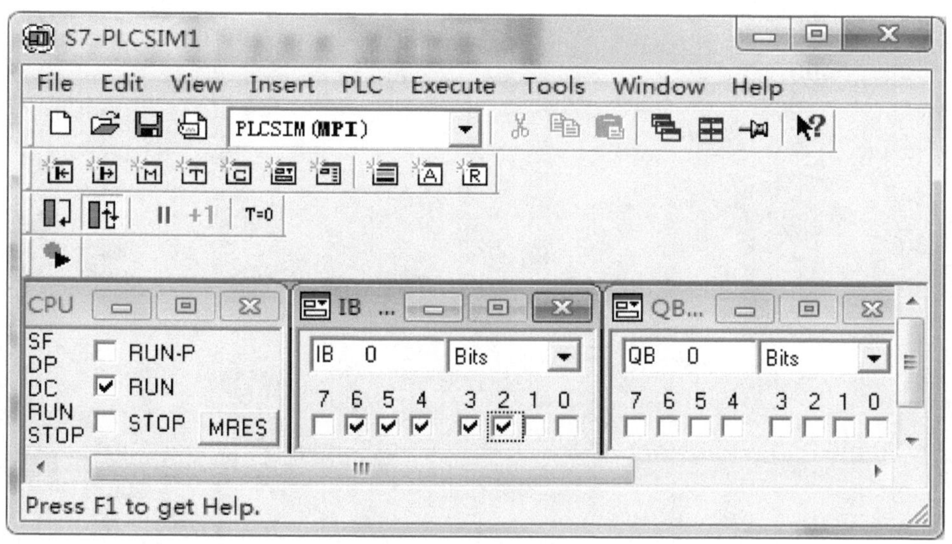

图4-21　四节带传送装置急停仿真图

思考与练习

一、填空题

1. 西门子STEP7指令中有五种不同的定时器，适用于不同的程序控制。这五种定时器分别为________、________、________、________和________。

2. 在接通延时定时器中，如果在定时器运行期间复位输入端R信号状态从0变为1，则定时器被________、输出端Q的信号状态变为________。

3. 在脉冲定时器中，只要定时器运行，输出端 Q 的状态就为________。

4. 在西门子 STEP7 定时器指令中，无论输入端 S 信号为何值，只要复位输入端的信号状态由 0 变为 1，定时器都将被________，输出端 Q 的状态变为________。

二、思考题

1. 定时器的位指令与图块指令有什么区别?

2. 使用 CPU 系统时钟存储器编写 PLC 控制程序，使 Q0.0 输出周期为 1s、占空比为 50% 的连续脉冲信号。

项目5 Chapter 5

天塔之光PLC控制

学习目标

1. 知识目标：了解天塔之光的工作过程；掌握PLC的计数器指令及比较指令；掌握天塔之光PLC控制的硬件电路的连接方法；掌握天塔之光PLC控制的软件程序的编制调试方法。

2. 能力目标：能进行天塔之光PLC控制的硬件电路的连接；能用计数器指令对该电路进行梯形图编制；能用STEP7软件对该系统进行软件程序的编制调试。

3. 素质目标：培养学生刻苦钻研的学习精神，一丝不苟的工程意识，团结协作的团队意识和自主学习、创新的能力。

5.1 知识链接

5.1.1 计数器指令

在S7－300 CPU存储器中，有一块区域用于存储计数器数值，每个计数器需要占用2个字节空间，不同的CPU模块，提供的计数器存储区域也有差异，一般允许使用64～512个计数器。计数器分为加计数器、减计数器、加减计数器三种，表现形式有功能框形式和线圈形式。

1. 功能框形式的计数器指令

功能框形式计数器指令有三种，见表5-1。

表5-1 功能框形式的计数器指令

电路符号	名称	端子	数据类型	操作元件
??? S_CU CU Q S CV PV CV_BCD R	加计数器 S_CU	CU、S、R、Q	BOOL	I、Q、M、L、D
		PV、CV、CV_BCD	WORD	

（续）

电路符号	名　称	端　子	数据类型	操作元件
??? S_CD CD　Q …S　CV… …PV　CV_BCD… …R	减计数器 S_CD	CD、S、R、Q	BOOL	I、Q、M、L、D
		PV、CV、CV_BCD	WORD	
??? S_CUD CU　Q …CD　CV… …S　CV_BCD… …PV …R	加减计数器 S_CUD	CU、CD、S、R、Q	BOOL	I、Q、M、L、D
		PV、CV、CV_BCD	WORD	

功能说明：

1）指令框上方位置的<???>为计数器编号，具体范围和CPU型号有关。

2）CU为加计数器输入端，该端每出现一个上升沿脉冲，计数器自动加“1”，计数当前值最大为999，再加“1”操作无效。

3）CD为减计数器输入端，该端每出现一个上升沿脉冲，计数器自动减“1”，计数当前值最小为0，再减“1”操作无效。

4）PV为计数初值输入端，初值范围在0～999之间。可以通过I、Q、M、L、D等字存储器送入初值（如MW0、IW0等），也可以直接输入C#形式的立即数（如C#20、C#99等）。

5）S为预置信号输入端，该端每出现一个上升沿脉冲，瞬间将计数初值传送给当前值。

6）R为计数器复位信号输入端，该端出现上升沿脉冲时，无论任何情况，计数器将立即复位。复位后计数器当前值为0，输出状态为“0”。

7）CV输出显示十六进制数格式的计数当前值，如16#00a3。也可以接入各种字存储器（如MW2），还可悬空。

8）CV_BCD输出显示BCD码格式的计数当前值，如C#123。也可以接入各种字存储器（如MW2），还可悬空。

9）Q为计数器状态输出端，只有接通和断开两种状态。只要计数器当前值不为0，则该端状态为接通“1”。也可以接入位存储器（如Q0.0、M1.0等），还可悬空。

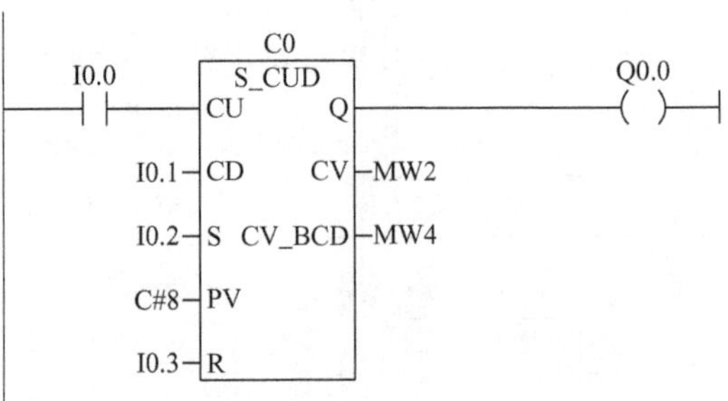

图5-1　加减计数器应用程序

【例5-1】 加减计数器的使用

加减计数器应用程序如图5-1所示。

当I0.2产生上升沿脉冲时，计数器C0计数初值被置成8，计数器置1，Q0.0输出为1，CV端显示16#0008，CV_BCD端显示00008。如果I0.0出现上升沿脉冲，计数器当前值加1；同理，I0.1出现上升沿脉冲，计数器当前值减1，当前值减到0时，Q端断开，Q0.0输出为0；任何时刻若I0.3出现上升沿脉冲，计数器C0复位。

2. 线圈形式的计数器指令

线圈形式的计数器指令分别有初值预置指令（SC）、加计数器指令（CU）、减计数器指令（CD），见表5-2。

表5-2 线圈形式的计数器指令

电路符号	名称	数据类型	操作元件
??? —(SC)— ???	初值预置指令	WORD	I、Q、M、L、D、常数
??? —(CU)—	加计数器指令	—	C
??? —(CD)—	减计数器指令	—	C

功能说明：

1）指令符上方位置 <???> 为计数器编号，当初值预置线圈指令左侧接收到上升沿脉冲时，预设值传送到计数器中。

2）当加计数器线圈指令左侧接收到上升沿脉冲时，计数器当前值加1，当前值最大为999。

3）当减计数器线圈指令左侧接收到上升沿脉冲时，计数器当前值减1，当前值最小为0。

4）SC指令下方位置 <???> 为计数初值输入端，初值范围为0～999。

【例5-2】 指令的组合使用

SC、CU、CD三个指令相互组合可以实现加计数器（S_CU）、减计数器（S_CD）、加减计数器（S_CUD）功能，如SC和CU组合可实现加计数器（S_CU）功能。应用如图5-2所示。

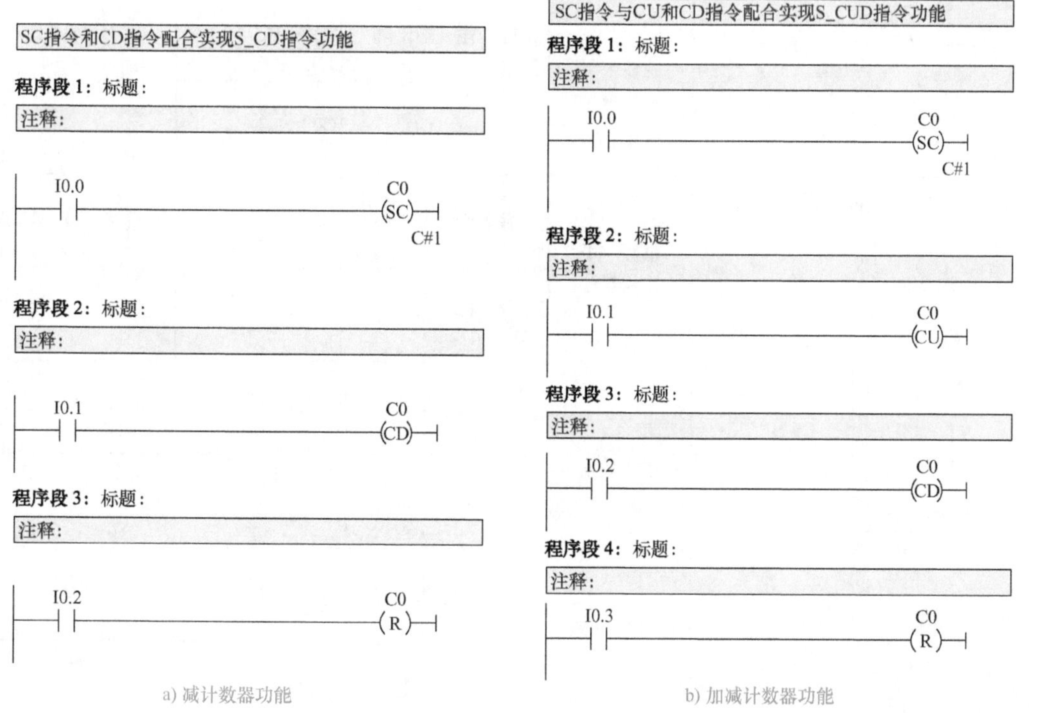

a) 减计数器功能　　b) 加减计数器功能

图5-2 计数器线圈指令应用

5.1.2 比较指令

PLC 程序编译过程中经常需要进行两个数的比较，要求两个数的类型相同，且为整数、长整数、实数三种。如果满足比较条件，则比较指令逻辑输出“1”，否则输出“0”。

根据数据类型，比较指令可分为三类：整数比较指令（CMP_I）、长整数比较指令（CMP_D）和实数比较指令（CMP_R）。按照比较类型，可分为六种：等于（==）、不等于（<>）、大于（>）、小于（<）、大于或等于（>=）、小于或等于（<=）。

1. 整数比较指令

整数比较指令符号表见表5-3。

表5-3 整数比较指令符号表

电路符号	名称	端子	数据类型	操作元件
CMP==I ???-IN1 ???-IN2	整数等于比较指令	输入端、输出端	BOOL	I、Q、M、L、D
		IN1、IN2	INT	
CMP<>I ???-IN1 ???-IN2	整数不等于比较指令	输入端、输出端	BOOL	I、Q、M、L、D
		IN1、IN2	INT	
CMP>I ???-IN1 ???-IN2	整数大于比较指令	输入端、输出端	BOOL	I、Q、M、L、D
		IN1、IN2	INT	
CMP<I ???-IN1 ???-IN2	整数小于比较指令	输入端、输出端	BOOL	I、Q、M、L、D
		IN1、IN2	INT	
CMP>=I ???-IN1 ???-IN2	整数大于或等于比较指令	输入端、输出端	BOOL	I、Q、M、L、D
		IN1、IN2	INT	
CMP<=I ???-IN1 ???-IN2	整数小于或等于比较指令	输入端、输出端	BOOL	I、Q、M、L、D
		IN1、IN2	INT	

功能说明：

1）输入端接收 BOOL 型数据，当 RLO = 1 时进行运算。

2）IN1 端和 IN2 端存放需要进行比较的两个整数，数据类型为 INT 型。

3）用户可以选择六种比较类型，如果比较结果为真，则输出端输出“1”。

2. 长整数比较指令

长整数比较指令符号表见表 5-4。

表 5-4 长整数比较指令符号表

电路符号	名称	端子	数据类型	操作元件
CMP==D ???—IN1 ???—IN2	长整数等于比较指令	输入端、输出端	BOOL	I、Q、M、L、D
		IN1、IN2	DINT	
CMP<>D ???—IN1 ???—IN2	长整数不等于比较指令	输入端、输出端	BOOL	I、Q、M、L、D
		IN1、IN2	DINT	
CMP>D ???—IN1 ???—IN2	长整数大于比较指令	输入端、输出端	BOOL	I、Q、M、L、D
		IN1、IN2	DINT	
CMP<D ???—IN1 ???—IN2	长整数小于比较指令	输入端、输出端	BOOL	I、Q、M、L、D
		IN1、IN2	DINT	
CMP>=D ???—IN1 ???—IN2	长整数大于或等于比较指令	输入端、输出端	BOOL	I、Q、M、L、D
		IN1、IN2	DINT	
CMP<=D ???—IN1 ???—IN2	长整数小于或等于比较指令	输入端、输出端	BOOL	I、Q、M、L、D
		IN1、IN2	DINT	

3. 实数比较指令

实数比较指令符号表见表5-5。

表 5-5　实数比较指令符号表

电路符号	名　称	端　子	数据类型	操作元件
CMP==R ???-IN1 ???-IN2	实数等于比较指令	输入端、输出端	BOOL	I、Q、M、L、D
		IN1、IN2	REAL	
CMP<>R ???-IN1 ???-IN2	实数不等于比较指令	输入端、输出端	BOOL	I、Q、M、L、D
		IN1、IN2	REAL	
CMP>R ???-IN1 ???-IN2	实数大于比较指令	输入端、输出端	BOOL	I、Q、M、L、D
		IN1、IN2	REAL	
CMP<R ???-IN1 ???-IN2	实数小于比较指令	输入端、输出端	BOOL	I、Q、M、L、D
		IN1、IN2	REAL	
CMP>=R ???-IN1 ???-IN2	实数大于或等于比较指令	输入端、输出端	BOOL	I、Q、M、L、D
		IN1、IN2	REAL	
CMP<=R ???-IN1 ???-IN2	实数小于或等于比较指令	输入端、输出端	BOOL	I、Q、M、L、D
		IN1、IN2	REAL	

【例 5-3】整数比较指令的使用

整数比较指令应用程序如图 5-3 所示。

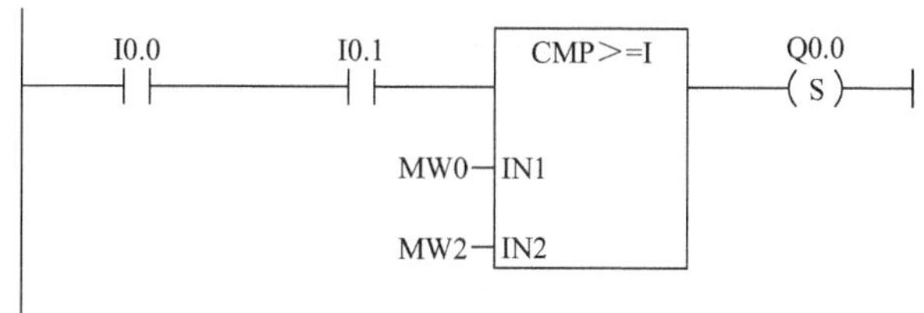

图 5-3 整数比较指令应用程序

分析图 5-3 可知，I0. 0 和 I0. 1 接通时，完成 MW0 和 MW2 中的两个整数的比较，如果 MW0 中的数大于或等于 MW2 中的数，则 Q0. 0 置位。

5. 2 任务：天塔之光 PLC 控制的设计与仿真

5. 2. 1 任务要求

艺术彩灯装饰城市夜晚，随着需求的不断提升，传统艺术彩灯控制方式已不能够满足要求，其在灵活性、稳定性、安装、布线等方面都存在缺陷，且大中型艺术彩灯项目实施难度大。使用 PLC 控制的艺术彩灯克服了以上困难，可以实现复杂控制，并能在短时间完成设计、调试及安装，视觉效果好。本项目将对天塔之光项目进行展开学习，天塔之光结构示意图如图 5-4 所示。

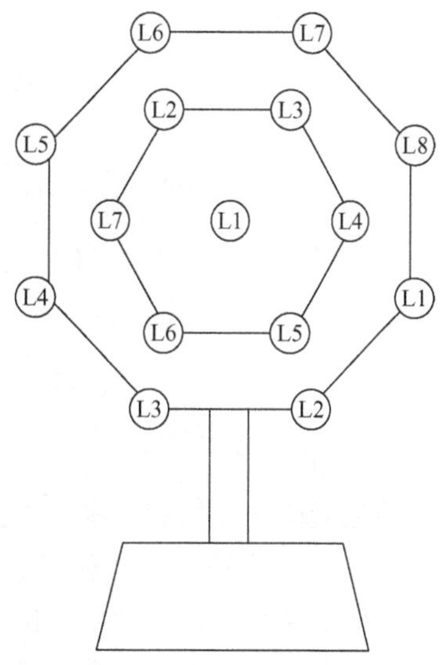

图 5-4 天塔之光结构示意图

控制要求：

1）闭合起动开关后，8 组彩灯按照以下要求点亮，并循环 10 次：

第一步，8 组彩灯 L1 ~ L8 间隔 1s 顺时针依次点亮。

第二步，彩灯按组两两依次点亮，间隔 1s。点亮顺序为 L1、L2→L2、L3→L3、L4→L4、L5→L5、L6→L6、L7→L7、L8→L8、L1。

第三步，8 组彩灯 L1 ~ L8 间隔 1s 逆时针依次点亮，最后所有灯一起点亮，1s 后熄灭。

2）程序执行过程中，断开起动开关后，程序停止运行，所有彩灯熄灭。

5. 2. 2 任务分析

1. 硬件电路分析设计

（1）PLC 控制的 I/O 端口分配表　根据天塔之光控制系统要求，共有 1 个输入信号和 8 个输出信号，其 PLC 控制的端口分配表见表 5-6。

表 5-6 天塔之光 PLC 控制的端口分配表

输　入	I 端	输　出	Q 端
起动开关 SD	I0.0	1 号彩灯 L1	Q0.0
		2 号彩灯 L2	Q0.1
		3 号彩灯 L3	Q0.2
		4 号彩灯 L4	Q0.3
		5 号彩灯 L5	Q0.4
		6 号彩灯 L6	Q0.5
		7 号彩灯 L7	Q0.6
		8 号彩灯 L8	Q0.7

(2) PLC 控制的输入/输出电路　根据天塔之光控制系统要求，起动开关 SD 接入输入端，输出端接入 8 个彩灯，PLC 控制的输入/输出电路如图 5-5 所示。

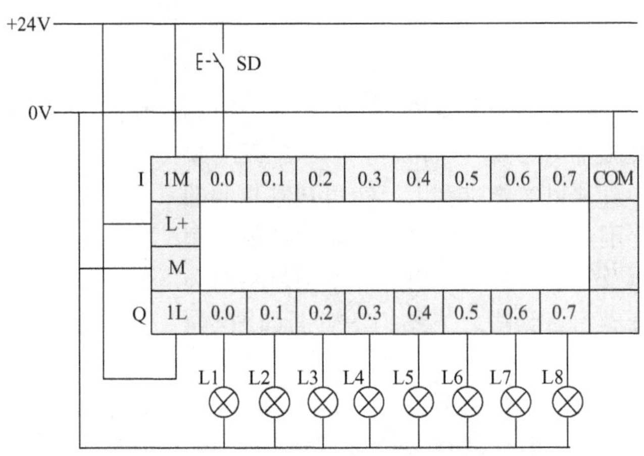

图 5-5　天塔之光 PLC 控制的输入/输出电路

2. 软件程序设计

根据天塔之光控制系统要求，完成如下程序设计要求：

(1) 顺序点亮控制　利用字节传送指令 MOV 和通电延时定时器 S_ODT，实现对 QB0 每秒一次的数据传送，控制彩灯按要求顺序点亮。执行到最后一个彩灯亮起后，M0.0 线圈得电，对应在程序段 1 中的常闭触点断开，然后所有定时器失电，M0.0 也失电，其对应的常闭触点重新闭合，开始新一轮的顺序点亮，实现循环。

(2) 循环控制　顺序点亮控制的节点是 M0.0 线圈的得失电，所以将 M0.0 的常开触点连入计数器 C0 的 CU 计数端，每完成一次循环计数 1 次，比较计数当前值 MW2 中的数值，如果大于或等于 10，彩灯熄灭，循环停止。

(3) 停止控制　断开起动开关，识别 I0.0 触点下降沿脉冲信号，通过传送指令将“0”传送到 QB0 中，熄灭所有彩灯。

参考程序如图 5-6 所示。

OB1: “Main Program Sweep (Cycle)”

注释:

程序段 1: 标题:

闭合起动开关，第一步开始

I0.0 “起动开关” M0.0 MOVE EN ENO T0 (SD) S5T#1S
B#16#1 IN OUT QB0

程序段 2: 标题:

注释:

T0 MOVE EN ENO T1 (SD) S5T#1S
B#16#2 IN OUT QB0

程序段 3: 标题:

注释:

T1 MOVE EN ENO T2 (SD) S5T#1S
B#16#4 IN OUT QB0

程序段 4: 标题:

注释:

T2 MOVE EN ENO T3 (SD) S5T#1S
B#16#8 IN OUT QB0

程序段 5: 标题:

注释:

T3 MOVE EN ENO T4 (SD) S5T#1S
B#16#10 IN OUT QB0

程序段 6: 标题:

注释:

T4 MOVE EN ENO T5 (SD) S5T#1S
B#16#20 IN OUT QB0

程序段 7: 标题:

注释:

T5 MOVE EN ENO T6 (SD) S5T#1S
B#16#40 IN OUT QB0

程序段 8: 标题:

注释:

T6 MOVE EN ENO T7 (SD) S5T#1S
B#16#80 IN OUT QB0

程序段 9: 标题:

第二步开始

T7 MOVE EN ENO T8 (SD) S5T#1S
B#16#3 IN OUT QB0

程序段 10: 标题:

注释:

T8 MOVE EN ENO T9 (SD) S5T#1S
B#16#6 IN OUT QB0

程序段 11: 标题:

注释:

T9 MOVE EN ENO T10 (SD) S5T#1S
B#16#C IN OUT QB0

程序段 12: 标题:

注释:

T10 MOVE EN ENO T11 (SD) S5T#1S
B#16#18 IN OUT QB0

程序段 13: 标题:

注释:

T11 MOVE EN ENO T12 (SD) S5T#1S
B#16#30 IN OUT QB0

程序段 14: 标题:

注释:

T12 MOVE EN ENO T13 (SD) S5T#1S
B#16#60 IN OUT QB0

图 5-6 天塔之光 PLC 控制梯形图

程序段 15：标题：

注释：

T13 MOVE EN ENO T14 (SD) B#16#C0 IN OUT QB0 S5T#1S

程序段 16：标题：

注释：

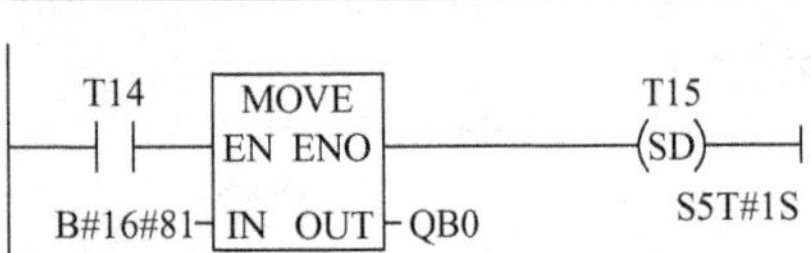

程序段 17：标题：

第三步开始

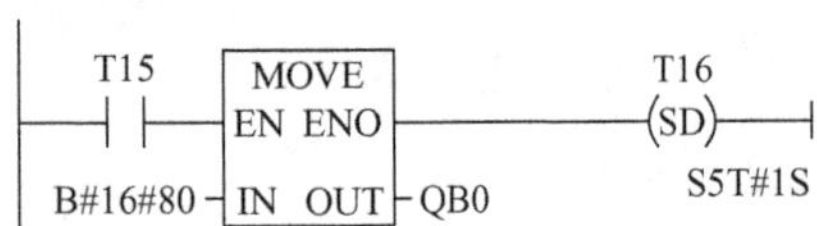

程序段 18：标题：

注释：

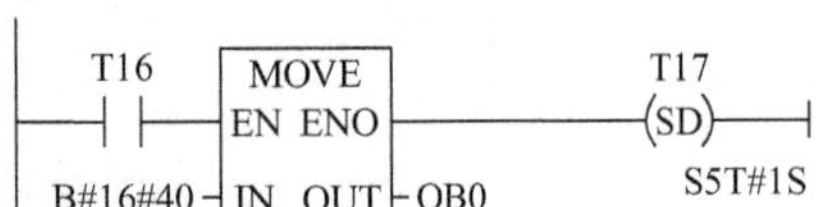

程序段 19：标题：

注释：

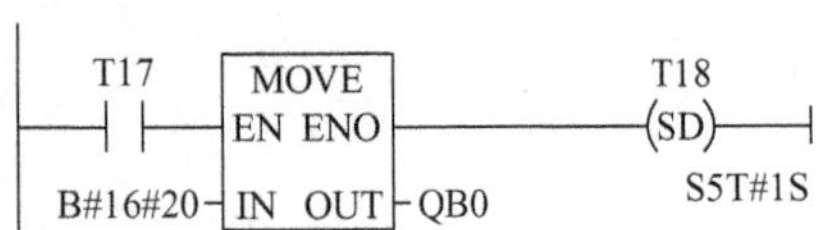

程序段 20：标题：

注释：

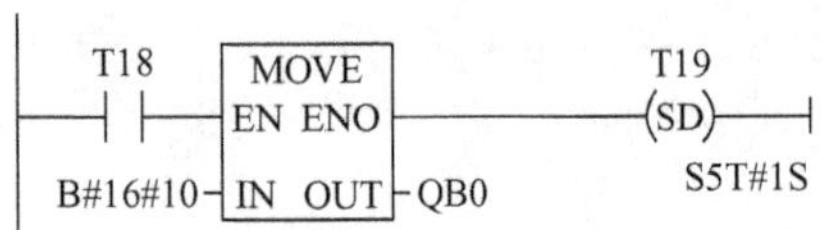

程序段 21：标题：

注释：

T19 MOVE EN ENO T20 (SD) B#16#8 IN OUT QB0 S5T#1S

程序段 22：标题：

注释：

T20 MOVE EN ENO T21 (SD) B#16#4 IN OUT QB0 S5T#1S

程序段 23：标题：

注释：

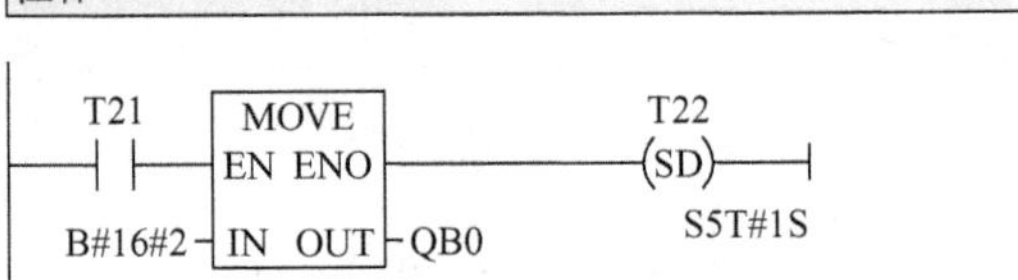

程序段 24：标题：

注释：

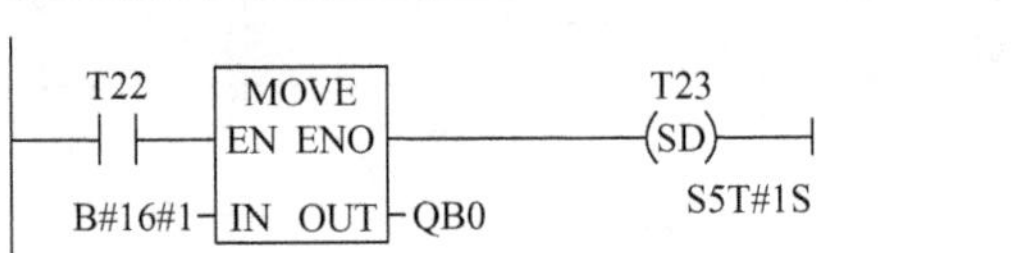

程序段 25：标题：

循环一次后重新开始

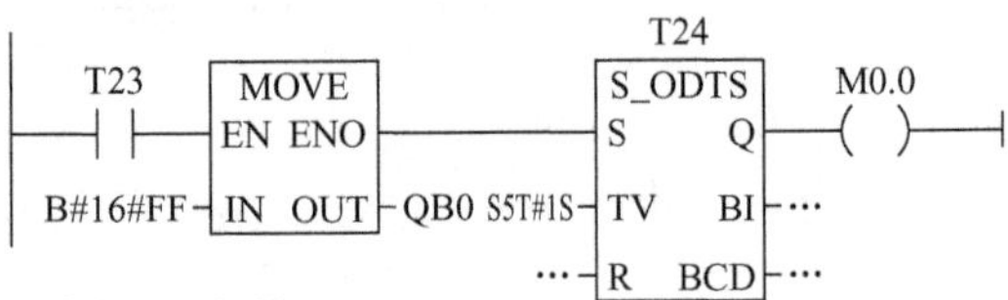

程序段 26：标题：

循环十次后熄灭所有灯

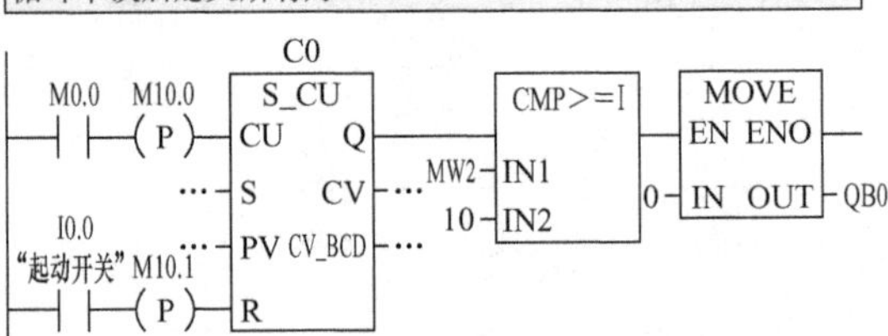

程序段 27：标题：

断开起动开关后所有灯熄灭

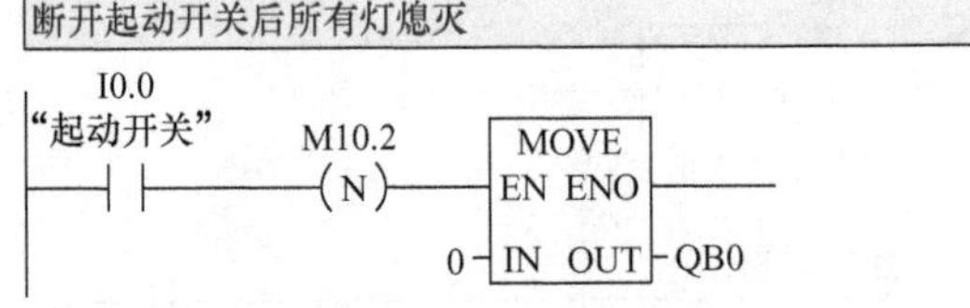

图 5-6 天塔之光 PLC 控制梯形图（续）

5.2.3 任务解答

1. 硬件电路接线

根据任务分析中 PLC 控制的输入/输出电路进行接线。

2. 软件程序编制

（1）创建项目并组态硬件 利用菜单栏的新建项目向导新创建一个“天塔之光”项目，CPU 选择与硬件型号、订货号及版本号统一的机型。本任务中选用型号为 CPU314C－2DP 模块，注意修改默认的输入、输出地址编号。

（2）定义符号表 选中 SIMATIC 管理器左边窗口的“S7 程序”文件夹，双击右边窗口中的“符号”图标，弹出“符号编辑器”窗口，在“符号编辑器”窗口中输入符号、地址、数据类型和注释（见图 5-7），单击保存按钮，保存已经完成的输入或修改，然后关闭“符号编辑器”窗口。

S7 程序(1) (符号) -- 灯塔之光控制系统\SIMATIC 300 站点\CPU314 C-2 DP(1)

	状态	符号	地址		数据类型	注释
1		起动开关	I	0.0	BOOL	
2		1号彩灯L1	Q	0.0	BOOL	
3		2号彩灯L2	Q	0.1	BOOL	
4		3号彩灯L3	Q	0.2	BOOL	
5		4号彩灯L4	Q	0.3	BOOL	
6		5号彩灯L5	Q	0.4	BOOL	
7		6号彩灯L6	Q	0.5	BOOL	
8		7号彩灯L7	Q	0.6	BOOL	
9		8号彩灯L8	Q	0.7	BOOL	

图 5-7 定义符号表

（3）在 OB1 中创建梯形图程序 在 OB1 窗口程序编辑区输入图 5-6 所示程序，注意在输入程序时不要出现语法错误，程序输入完成后单击保存按钮。

（4）下载与调试程序 完成硬件接线和组态、软件程序编辑后，将 PLC 主机上的模式选择开关拨到“RUN”位置，“RUN”指示灯亮，表示程序开始运行，有关设备将显示运行结果。启动系统，观察 8 组彩灯运行情况是否满足控制要求。

3. 程序仿真

单击工程项目菜单上的图标，打开仿真软件 PLCSIM。下载系统数据和组织块 OB1 后，在 PLCSIM 中将 CPU 切换到“RUN”模式，“RUN”指示灯亮，程序开始运行。闭合起动开关 SD，观察 8 个输出点运行是否和控制要求一致，调试结果如图 5-8 所示。

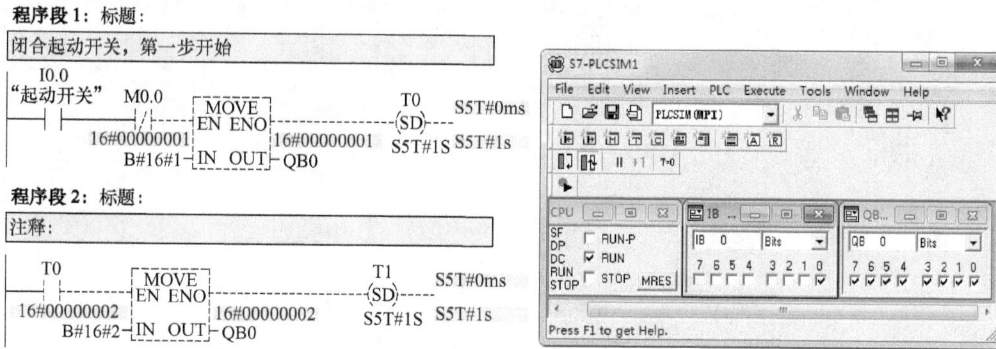

图 5-8 天塔之光控制系统仿真图

思考与练习

一、填空题

1. 比较指令按数据类型分为三类：________、________和________。按比较类型分为六种：________、________、________、________、________和________。

2. 计数器指令中的 CV_BCD 端显示或输出________类型数值。

3. 计数器初值预置指令（SC）和________组合成为加计数器指令（S_CD）。

二、思考题

1. 设计程序，要求两个彩灯 L1 和 L2 交替点亮，间隔时间 5s，循环 5 次后全部熄灭。

2. 设计程序，要求检测 MW10 内的数值，如果大于或等于 10，则 Q0. 0 端控制的外部小灯泡亮。

3. 编写一键三档小灯控制程序，要求：按一下按钮，亮一组小灯；再按一下按钮，亮两组小灯；再按一下按钮，亮三组小灯；再按一下按钮，所有小灯熄灭。

项目6 Chapter 6

自动售货机PLC控制

学习目标

1. 知识目标：了解自动售货系统的结构；掌握西门子数据运算指令和逻辑运算指令的用法；掌握自动售货机 PLC 控制的硬件电路的接线方法；掌握自动售货机 PLC 控制的软件程序的编制调试方法。

2. 能力目标：能进行自动售货机 PLC 控制的硬件电路的连接；能用数据运算指令对该系统进行梯形图编制；能用 STEP7 软件对该系统进行软件程序的编制调试。

3. 素质目标：培养学生刻苦钻研的学习精神，一丝不苟的工程意识，团结协作的团队意识和自主学习、创新的能力。

6.1 知识链接

STEP7 指令中的算术运算指令可以实现数的加、减、乘、除运算，根据操作数的不同可分为整数运算指令、双整数运算指令和浮点数运算指令三类。CPU 执行算术运算指令，并对状态字的 CC1、CC0、OV、OS 位产生影响，通过判断以上状态字的几位，确定运算结果是否有效。

6.1.1 整数运算指令

整数运算指令符号表见表 6-1。

表 6-1 整数运算指令符号表

电路符号	名称	端子	数据类型	操作元件
ADD_I（EN、ENO；???-IN1、OUT-???；???-IN2）	16 位整数相加指令	EN、ENO	BOOL	I、Q、M、L、D
		IN1、IN2	INT	
		OUT	INT	Q、M、L、D

（续）

电路符号	名　称	端　子	数据类型	操作元件
SUB_I EN　ENO ???-IN1　OUT-??? ???-IN2	16 位整数相减指令	EN、ENO	BOOL	I、Q、M、L、D
		IN1、IN2	INT	
		OUT	INT	Q、M、L、D
MUL_I EN　ENO ???-IN1　OUT-??? ???-IN2	16 位整数相乘指令	EN、ENO	BOOL	I、Q、M、L、D
		IN1、IN2	INT	
		OUT	INT	Q、M、L、D
DIV_I EN　ENO ???-IN1　OUT-??? ???-IN2	16 位整数相除指令	EN、ENO	BOOL	I、Q、M、L、D
		IN1、IN2	INT	
		OUT	INT	Q、M、L、D

功能说明：

1）EN 和 ENO 分别为使能输入端和使能输出端；INT1 和 INT2 为运算数；OUT 为结果输出端。

2）ADD_I 指令：当 EN 有效时，INT1 和 INT2 中的 16 位整数相加，结果保存在 OUT 中。

3）SUB_I 指令：当 EN 有效时，INT1 和 INT2 中的 16 位整数相减，结果保存在 OUT 中。

4）MUL_I 指令：当 EN 有效时，INT1 和 INT2 中的 16 位整数相乘，32 位乘积结果保存在 OUT 中。

5）DIV_I 指令：当 EN 有效时，用 INT1 中的 16 位整数除以 INT2 中的 16 位整数，16 位的商保存在 OUT 中。

6）如果运算结果超过允许范围，OV 位和 OS 位置位，ENO 为“0”，计算结果无效。

6.1.2　双整数运算指令

双整数运算指令符号表见表 6-2。

表 6-2　双整数运算指令符号表

电路符号	名　称	端　子	数据类型	操作元件
ADD_DI EN　ENO ???-IN1　OUT-??? ???-IN2	32 位整数相加指令	EN、ENO	BOOL	I、Q、M、L、D
		IN1、IN2	DINT	I、Q、M、L、D
		OUT	DINT	Q、M、L、D

（续）

电路符号	名　称	端　子	数据类型	操作元件
SUB_DI EN　ENO ???-IN1　OUT-??? ???-IN2	32位整数相减指令(SUB_DI)	EN、ENO	BOOL	I、Q、M、L、D
		IN1、IN2	DINT	
		OUT	DINT	Q、M、L、D
MUL_DI EN　ENO ???-IN1　OUT-??? ???-IN2	32位整数相乘指令	EN、ENO	BOOL	I、Q、M、L、D
		IN1、IN2	DINT	
		OUT	DINT	Q、M、L、D
DIV_DI EN　ENO ???-IN1　OUT-??? ???-IN2	32位整数相除指令(DIV_DI)	EN、ENO	BOOL	I、Q、M、L、D
		IN1、IN2	DINT	
		OUT	DINT	Q、M、L、D
MOD_DI EN　ENO ???-IN1　OUT-??? ???-IN2	32位整数相除法取余数指令	EN、ENO	BOOL	I、Q、M、L、D
		IN1、IN2	DINT	
		OUT	DINT	Q、M、L、D

功能说明：

1）ADD_DI 指令：当 EN 有效时，INT1 和 INT2 中的 32 位整数相加，结果保存在 OUT 中。

2）SUB_DI 指令：当 EN 有效时，INT1 和 INT2 中的 32 位整数相减，结果保存在 OUT 中。

3）MUL_DI 指令：当 EN 有效时，INT1 和 INT2 中的 32 位整数相乘，乘积保存在 OUT 中。

4）DIV_DI 指令：当 EN 有效时，用 INT1 中的 32 位整数除以 INT2 中的 32 位整数，32 位的商保存在 OUT 中。

5）MOD_DI 指令：当 EN 有效时，用 INT1 中的 32 位整数除以 INT2 中的 32 位整数，余数保存在 OUT 中。

6.1.3　浮点数运算指令

浮点数运算指令可以完成 32 位浮点数的加、减、乘、除运算，以及指数、对数、二次方、开二次方、取绝对值、三角函数、反三角函数等复杂运算。常用浮点数运算指令符号表见表 6-3。

表6-3 常用浮点数运算指令符号表

电路符号	名称	端子	数据类型	操作元件
ADD_R (EN, ENO, ???-IN1, OUT-???, ???-IN2)	实数加法指令	EN、ENO	BOOL	I、Q、M、L、D
		IN1、IN2	REAL	
		OUT	REAL	Q、M、L、D
SUB_R (EN, ENO, ???-IN1, OUT-???, ???-IN2)	实数减法指令	EN、ENO	BOOL	I、Q、M、L、D
		IN1、IN2	REAL	
		OUT	REAL	Q、M、L、D
MUL_R (EN, ENO, ???-IN1, OUT-???, ???-IN2)	实数乘法指令	EN、ENO	BOOL	I、Q、M、L、D
		IN1、IN2	REAL	
		OUT	REAL	Q、M、L、D
DIV_R (EN, ENO, ???-IN1, OUT-???, ???-IN2)	实数除法指令	EN、ENO	BOOL	I、Q、M、L、D
		IN1、IN2	REAL	
		OUT	REAL	Q、M、L、D
ABS (EN, ENO, ???-IN, OUT-???)	浮点数绝对值指令	EN、ENO	BOOL	I、Q、M、L、D
		IN	REAL	
		OUT	REAL	Q、M、L、D

功能说明：

1）ADD_R 指令：当 EN 有效时，INT1 和 INT2 中的 32 位浮点数相加，32 位结果保存在 OUT 中。

2）SUB_R 指令：当 EN 有效时，用 INT1 中 32 位浮点数减去 INT2 中的浮点数，结果保存在 OUT 中。

3）MUL_R 指令：当 EN 有效时，INT1 和 INT2 中 32 位的浮点数相乘，乘积保存在 OUT 中。

4）DIV_R 指令：当 EN 有效时，用 INT1 中 32 位浮点数除以 INT2 中的 32 位浮点数，32 位的商保存在 OUT 中。

5）ABS 指令：当 EN 有效时，对 INT 中的 32 位浮点数求绝对值，结果保存在 OUT 中。

6.2 任务：自动售货机 PLC 控制的设计与仿真

6.2.1 任务要求

自动售货机在生活中随处可见，可以自动出售饮料、食品、药品、书籍等物品。自动售货机打破了物品销售中时间和地域的限制，在降低销售成本的同时，也为大众提供了极大的方便。自动售货机面板示意图如图 6-1 所示。

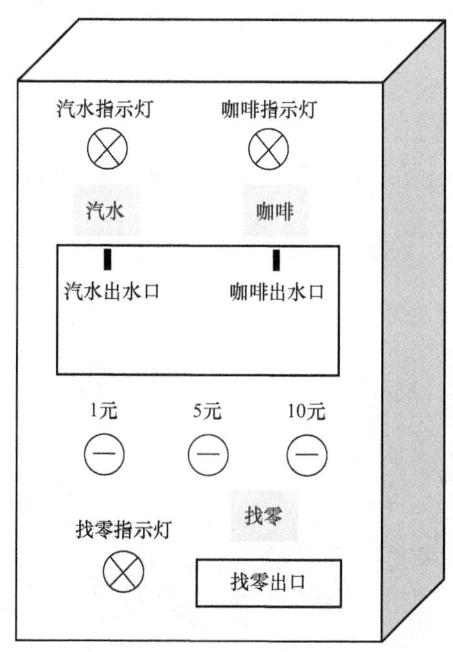

图 6-1 自动售货机面板示意图

控制要求：

1）自动售货机可识别 1 元、5 元、10 元的纸币。

2）投币总额大于或等于 10 元、小于 15 元时，汽水指示灯亮。

3）投币总额大于或等于 15 元时，汽水指示灯和咖啡指示灯都亮。

4）当汽水指示灯亮时，按下汽水按钮，汽水出水口排水 7s 后停止，期间汽水指示灯闪烁。

5）当咖啡指示灯亮时，按下咖啡按钮，咖啡出水口排水 7s 后停止，期间咖啡指示灯闪烁。

6）如果投币总额大于消费金额，结束排水后，找零指示灯亮，按下找零按钮后，找零出口吐出找零硬币，自动售卖结束。

6.2.2 任务分析

1. 硬件电路分析设计

（1）PLC 控制的 I/O 端口分配表 根据自动售货机控制系统要求，自动售货机共有输入信号6个和输出信号6个，I/O端口分配表见表6-4。

表6-4　自动售货机PLC控制的I/O端口分配表

输　　入	I端	输　　出	Q端
1元投币口开关SQ1	I0.0	找零指示灯L1	Q0.0
5元投币口开关SQ2	I0.1	找零出口电磁阀YV1	Q0.1
10元投币口开关SQ3	I0.2	汽水指示灯L2	Q0.2
汽水按钮SB1	I0.3	咖啡指示灯L3	Q0.3
咖啡按钮SB2	I0.4	汽水出水口电磁阀YV2	Q0.4
找零按钮SB3	I0.5	咖啡出水口电磁阀YV3	Q0.5

（2）PLC控制的输入/输出电路　根据自动售货机控制要求，输入端接有SQ1～SQ3投币口开关和汽水、咖啡、找零三个按钮；输出端接有找零、汽水、咖啡三个指示灯和找零出口、汽水出水口、咖啡出水口三个电磁阀。PLC控制的输入/输出电路如图6-2所示。

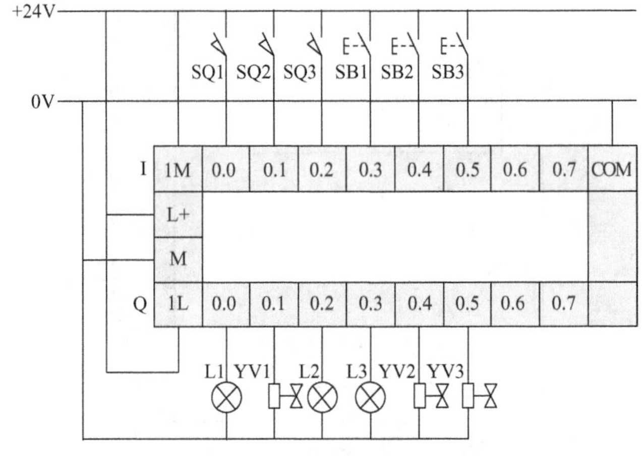

图6-2　自动售货机PLC控制的输入/输出电路

2. 软件程序设计

自动售货机工作流程可分为待机状态、投币状态、出售状态、找零状态。

（1）投币状态　识别1元、5元、10元投币口的限位开关SQ1、SQ2、SQ3的动作，应用加法指令进行求和，投币总额存储在MW1中。

（2）出售状态　应用比较指令，分别把MW1中的投币总额和10、15进行比较，如果大于或等于10、小于15（或15），则对应的“汽水指示灯”（或“咖啡指示灯”）亮起，此时按下“汽水”按钮（或“咖啡”按钮），汽水出水口电磁阀YV2（或咖啡出水口电磁阀YV3）得电闭合7s后断开。通过设置M100时钟周期存储器，调整M100.3的周期为0.5s，实现出水时指示灯的闪烁。

（3）找零状态 应用减法指令，如按下“汽水”按钮，则把MW1中的数值和10做减法，“找零指示灯”亮起，按下“找零”按钮后，找零出口电磁阀YV1动作，5s后停止，同时清零MW1中的数值。

根据自动售货机控制要求，参考梯形图程序如图6-3所示。

OB1: "Main Program Sweep (Cycle)"

注释:

程序段 1: 标题:

1元投币口

I0.0 "1元投币口开关 SQ1" M30.0 (P) ADD_I EN ENO MW1-IN1 OUT-MW1 1-IN2

程序段 2: 标题:

5元投币口

I0.1 "5元投币口开关 SQ2" M30.1 (P) ADD_I EN ENO MW1-IN1 OUT-MW1 5-IN2

程序段 3: 标题:

10元投币口

I0.2 "10元投币口开关 SQ3" M30.2 (P) ADD_I EN ENO MW1-IN1 OUT-MW1 10-IN2

程序段 4: 标题:

判断投币额是否大于或等于10

CMP>=I MW1-IN1 10-IN2 M0.0 ( )

程序段 5: 标题:

投币额大于或等于10则汽水指示灯亮

M0.0 Q0.4 "汽水出水口电磁阀 YV2" T1 M100.3 Q0.2 "汽水指示灯L2" ( )

程序段 6: 标题:

判断投币额是否大于或等于15

CMP>=I MW1-IN1 15-IN2 M0.1 ( )

程序段 7: 标题:

投币额大于或等于15则咖啡指示灯亮

M0.1 Q0.5 "咖啡出水口电磁阀 YV3" T2 M100.3 Q0.3 "咖啡指示灯L3" ( )

程序段 8: 标题:

汽水按钮

I0.3 "汽水按钮SB1" M0.0 M10.1 M10.0 ( )

程序段 9: 标题:

定时汽水出水7s

M10.0 T1 (SE) S5T#7S

程序段 10: 标题:

汽水出水

T1 Q0.4 "汽水出水口电磁阀 YV2" ( )

程序段 11: 标题:

咖啡按钮

I0.4 "咖啡按钮SB2" M0.1 M10.0 M10.1 ( )

程序段 12: 标题:

定时咖啡出水7s

M10.1 T2 (SE) S5T#7S

程序段 13: 标题:

咖啡出水

T2 Q0.5 "咖啡出水口电磁阀 YV3" ( )

图 6-3 自动售货机 PLC 控制梯形图

程序段 14： 标题：

计算购买汽水后余额

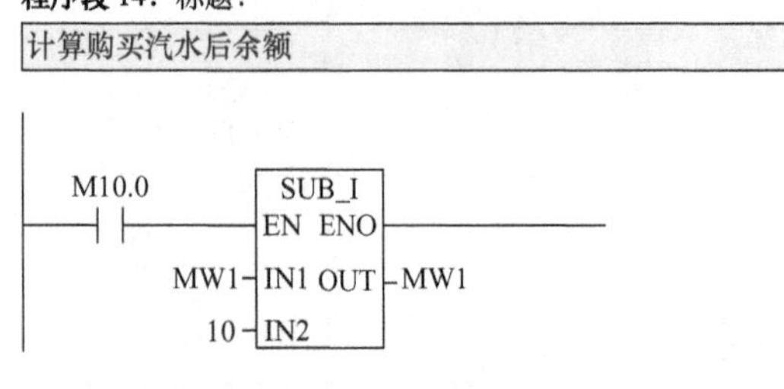

程序段 15： 标题：

计算购买咖啡后余额

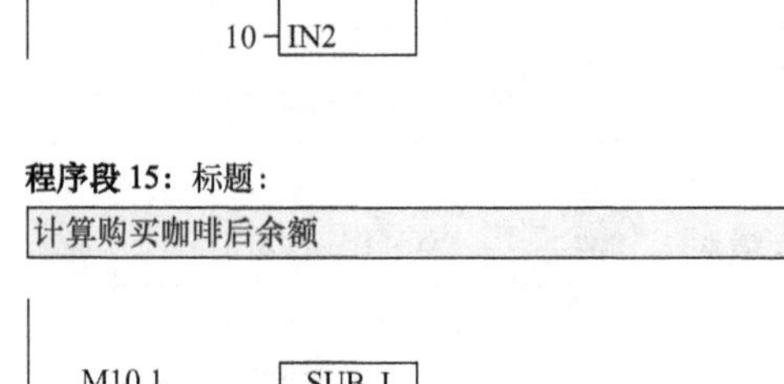

程序段 16： 标题：

比较购买后余额是否大于0，如果大于0则找零指示灯亮

Q0.4
"汽水出水口电磁阀 YV2"
Q0.5
"咖啡出水口电磁阀YV3"
CMP>I
MW1 IN1
0 IN2
Q0.0
"找零指示灯L1"
(S)

程序段 17： 标题：

按下找零按钮，找零指示灯灭

I0.5
"找零按钮SB3"
MOVE
EN ENO
0 IN OUT MW1
Q0.0
"找零指示灯L1"
(R)

程序段 18： 标题：

定时找零出口动作5s

I0.5
"找零按钮SB3"
T3
(SE)
S5T#5S

程序段 19： 标题：

找零出口打开

T3
Q0.1
"找零出口电磁阀 YV1"
( )

图 6-3 自动售货机 PLC 控制梯形图（续）

6.2.3 任务解答

1. 硬件电路接线

根据任务分析中 PLC 控制的输入/输出电路进行接线。

2. 软件程序编制

（1）创建项目并组态硬件　利用菜单栏的新建项目向导新创建一个“自动售货机控制系统”的项目，CPU 选择与硬件型号、订货号及版本号统一的机型。本任务中选用型号为 CPU314C－2DP 模块，注意修改默认的输入、输出地址编号。

（2）定义符号表　选中 SIMATIC 管理器左边窗口的“S7 程序”文件夹，双击右边窗口的“符号”图标，打开“符号编辑器”窗口。在“符号编辑器”窗口中输入符号、地址、数据类型和注释（见图 6-4），单击保存按钮，保存已经完成的输入或修改，然后关闭“符号编辑器”窗口。

（3）在 OB1 中创建梯形图程序　在 OB1 窗口程序编辑区中输入图 6-3 所示程序，注意在输入程序时不要出现语法错误，程序输入完成后单击保存按钮。

（4）下载与调试程序　完成硬件接线和组态、软件程序编辑后，将 PLC 主机上的模式选择开关拨到“RUN”位置，“RUN”指示灯亮，表示程序开始运行，有关设备将显示运行

S7 程序(1) (符号) -- 自动售货机控制系统\SIMATIC 300 站点\CPU313 C-2 DP(1)

	状态	符号	地址	数据类型	注释
1		1元投币口开关SQ1	I 0.0	BOOL	
2		5元投币口开关SQ2	I 0.1	BOOL	
3		10元投币口开关SQ3	I 0.2	BOOL	
4		咖啡按钮SB2	I 0.4	BOOL	
5		咖啡出水口电磁阀YV3	Q 0.5	BOOL	
6		咖啡指示灯L3	Q 0.3	BOOL	
7		汽水按钮SB1	I 0.3	BOOL	
8		汽水出水口电磁阀YV2	Q 0.4	BOOL	
9		汽水指示灯L2	Q 0.2	BOOL	
1		找零按钮SB3	I 0.5	BOOL	
1		找零出口电磁阀YV1	Q 0.1	BOOL	
1		找零指示灯L1	Q 0.0	BOOL	

图 6-4　自动售货机控制系统符号表

结果。启动系统，投币购买相应产品，观察系统是否符合控制要求。

3. 程序仿真

单击工程项目菜单下的图标，打开仿真软件 PLCSIM。下载系统数据和组织块 OB1 后，在 PLCSIM 中将 CPU 切换到“RUN”模式，运行指示灯亮，程序开始运行。模拟投币，单击购买“汽水”，观察仿真结果，如图 6-5 所示。

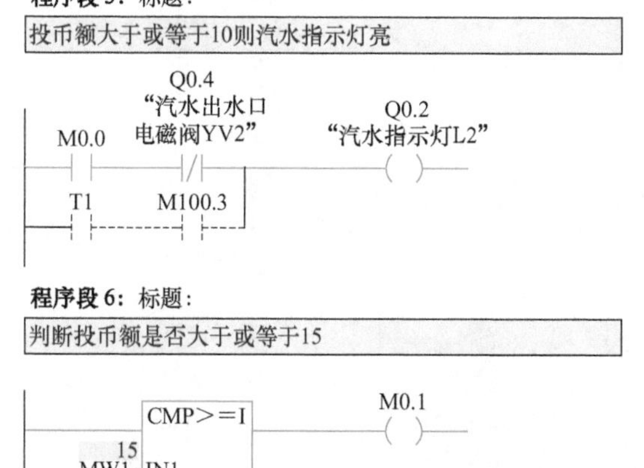

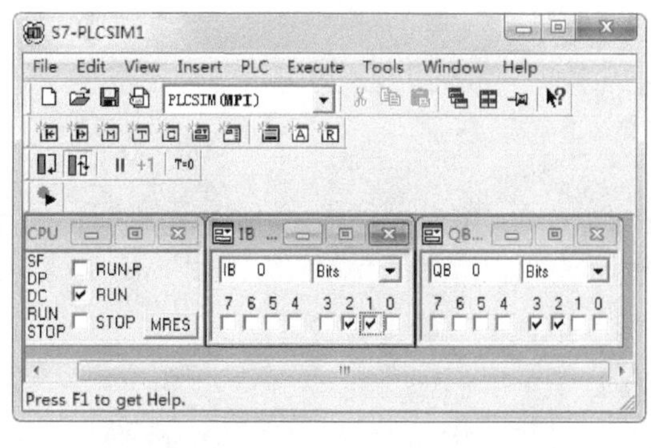

图 6-5　自动售货机控制系统仿真

思考与练习

一、填空题

1. 算数运算指令包括________指令、________指令和________指令三类。

2. 在整数除法指令中，除数存放在________中，被除数存放在________中，OUT 存放________。

3. 使用算数运算指令时，当运算结果超出允许范围时，ENO 端输出________。

二、思考题

1. 用算数运算指令完成运算[(27.6 + 12.3) × 3.4 ÷ 2.2]，要求按下 SB1 按钮启动计算，结果存储在 MW0 中。

2. 用算数运算指令求解下列方程：

$$MW1 = \frac{(IW0 + 10) \times 15}{MW0}$$

(其中，MW 为 16 位整数型内部寄存器，IW 为 16 位输入映像寄存器)

项目7 Chapter 7

送料小车PLC控制

学习目标

1. 知识目标：了解送料小车控制系统的结构；掌握PLC的移位指令和数据处理指令；掌握送料小车PLC控制的硬件电路的接线方法；掌握送料小车PLC控制的软件程序的编制调试方法。

2. 能力目标：能进行送料小车PLC控制的硬件电路的连接；能对该系统进行梯形图编制；能用STEP7软件对该系统进行软件程序的编制调试。

3. 素质目标：培养学生刻苦钻研的学习精神，一丝不苟的工程意识，团结协作的团队意识和自主学习、创新的能力。

7.1 知识链接

7.1.1 移位指令

移位指令包括普通移位指令和循环移位指令，执行时只须考虑被移位存储单元的每一位数字状态，而不用考虑数据值的大小。该类指令在一个数字量输出端子对应多个相对固定状态的情况下有着广泛的应用。

1. 普通移位指令

普通移位指令分为右移和左移两种，根据所移位数据的长度分为字移位和双字移位，此外还有整数右移位和长整数右移位两种。普通移位指令符号表见表7-1。

表7-1 普通移位指令符号表

电路符号	名称	端子	数据类型	操作元件
SHL_W —EN ENO— ???—IN OUT—??? ???—N	字左移位	EN、ENO	BOOL	I、Q、M、L、D
		IN	WORD	
		OUT	WORD	Q、M、L、D
		N	WORD	—

（续）

电路符号	名　称	端　子	数据类型	操作元件
SHR_W EN　ENO ???-IN　OUT-??? ???-N	字右移位	EN、ENO	BOOL	I、Q、M、L、D
		IN	WORD	
		OUT	WORD	Q、M、L、D
		N	WORD	—
SHL_DW EN　ENO ???-IN　OUT-??? ???-N	双字左移位	EN、ENO	BOOL	I、Q、M、L、D
		IN	DWORD	
		OUT	DWORD	Q、M、L、D
		N	WORD	—
SHR_DW EN　ENO ???-IN　OUT-??? ???-N	双字右移位	EN、ENO	BOOL	I、Q、M、L、D
		IN	DWORD	
		OUT	DWORD	Q、M、L、D
		N	WORD	—
SHR_I EN　ENO ???-IN　OUT-??? ???-N	整数右移	EN、ENO	BOOL	I、Q、M、L、D
		IN	WORD	
		OUT	WORD	Q、M、L、D
		N	WORD	—
SHR_DI EN　ENO ???-IN　OUT-??? ???-N	长整数右移	EN、ENO	BOOL	I、Q、M、L、D
		IN	DWORD	
		OUT	DWORD	Q、M、L、D
		N	WORD	—

功能说明：

1）字左移位（SHL_W）：EN 为使能输入端，数据类型为 BOOL，EN 端输入高电平“1”时有效；IN 为要移位的数值（可直接写数值或数值所在地址），数据类型为 WORD；N 为要移位的位数，数据类型为 WORD；ENO 为使能输出端，数据类型为 BOOL；OUT 为移位指令执行结果所存放的地址，数据类型为 WORD。

在使能输入端 EN 有效时，SHL_W 指令将输入端 IN 的字左移 N 位后（右端补 0），将结果输出到 OUT 所指定的存储单元中。如果 N 不等于 0，SHL_W 指令将状态字中的 CC0 位和 OV 位清零。若 N 大于或等于 16，则所有的数据全部被移出去，OUT 端的各位均为 0，并将状态字中的 CC0 位和 OV 位清零。

2）字右移位（SHR_W）：EN 为使能输入端，数据类型为 BOOL，EN 端输入高电平“1”时有效；IN 为要移位的数值（可直接写数值或数值所在地址），数据类型为 WORD；N

为要移位的位数，数据类型为 WORD；ENO 为使能输出端，数据类型为 BOOL；OUT 为移位指令执行结果所存放的地址，数据类型为 WORD。

在使能输入端 EN 有效时，SHR_W 指令将输入端 IN 的字右移 N 位后（左端补 0），将结果输出到 OUT 所指定的存储单元中。如果 N 不等于 0，SHR_W 指令将状态字中的 CC0 位和 OV 位清零。若 N 大于或等于 16，则所有的数据全部被移出去，OUT 端的各位均为 0，并将状态字中的 CC0 位和 OV 位清零。

3）双字左移位（SHL_DW）：EN 为使能输入端，数据类型为 BOOL，EN 端输入高电平“1”时有效；IN 为要移位的数值（可直接写数值或数值所在地址），数据类型为 DWORD；N 为要移位的位数，数据类型为 WORD；ENO 为使能输出端，数据类型为 BOOL；OUT 为移位指令执行结果所存放的地址，数据类型为 DWORD。

在使能输入端 EN 有效时，SHL_DW 指令将输入端 IN 的字左移 N 位后（右端补 0），将结果输出到 OUT 所指定的存储单元中。如果 N 不等于 0，SHL_DW 指令将状态字中的 CC0 位和 OV 位清零。若 N 大于或等于 32，则所有的数据全部被移出去，OUT 端的各位均为 0，并将状态字中的 CC0 位和 OV 位清零。

4）双字右移位（SHR_DW）：EN 为使能输入端，数据类型为 BOOL，EN 端输入高电平“1”时有效；IN 为要移位的数值（可直接写数值或数值所在地址），数据类型为 DWORD；N 为要移位的位数，数据类型为 WORD；ENO 为使能输出端，数据类型为 BOOL；OUT 为移位指令执行结果所存放的地址，数据类型为 DWORD。

在使能输入端 EN 有效时，SHR_DW 指令将输入端 IN 的字右移 N 位后（左端补 0），将结果输出到 OUT 所指定的存储单元中。如果 N 不等于 0，SHR_DW 指令将状态字中的 CC0 位和 OV 位清零。若 N 大于或等于 32，则所有的数据全部被移出去，OUT 端的各位均为 0，并将状态字中的 CC0 位和 OV 位清零。

5）整数右移（SHR_I）：EN 为使能输入端，数据类型为 BOOL，EN 端输入高电平“1”时有效；IN 为要移位的数值（可直接写数值或数值所在地址），数据类型为 WORD；N 为要移位的位数，数据类型为 WORD；ENO 为使能输出端，数据类型为 BOOL；OUT 为移位指令执行结果所存放的地址，数据类型为 WORD。

在使能输入端 EN 有效时，SHR_I 指令将输入端 IN 的整数右移 N 位后（左端补“位 15”的信号状态），将结果输出到 OUT 所指定的存储单元中。如果 N 不等于 0，则 SHR_I 指令将状态字中 CC0 位和 OV 位清零。若 N 大于或等于 16，则所有的位根据“位 15”的信号状态填充：当该整数是正数（位 15 =0）时，所有空出位为 0；当该整数为负数（位 15 =1）时，所有空出位为 1。

6）长整数右移（SHR_DI）：EN 为使能输入端，数据类型为 BOOL，EN 端输入高电平“1”时有效；IN 为要移位的数值（可直接写数值或数值所在地址），数据类型为 DWORD；N 为要移位的位数，数据类型为 WORD；ENO 为使能输出端，数据类型为 BOOL；OUT 为移位指令执行结果所存放的地址，数据类型为 DWORD。

在使能输入端 EN 有效时，SHR_DI 指令将输入端 IN 的长整数右移 N 位（左端补“位 31”的信号状态），将结果输出到 OUT 所指定的存储单元中。如果 N 不等于 0，则 SHR-DI 指令将状态字中 CC0 位和 OV 位清零。若 N 大于或等于 32，则所有的位根据“位 31”的信号状态填充：当该整数是正数（位 31 =0）时，所有空出位为 0；当该整数为负数（位 31 =

1）时，所有空出位为1。

【例7-1】移位指令的使用1

将图7-1中的字左移4位。

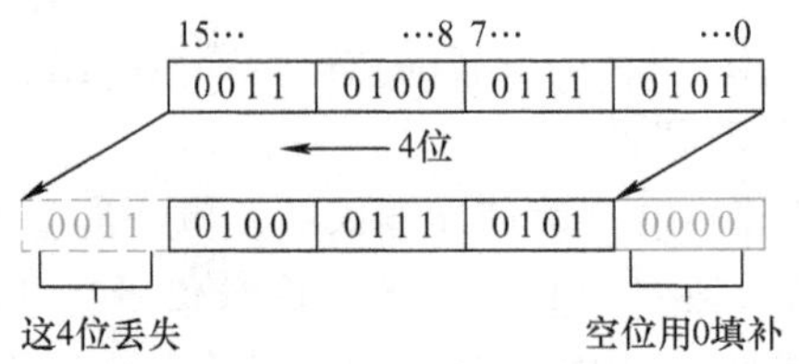

图7-1　SHL_W（字左移位）指令移位示例

SHL_W 指令（N=4）让16位数（字）整体往左移动4位，左侧移出的4位丢失，右侧的4个空位用0补齐。

【例7-2】移位指令的使用2

将图7-2中的双字右移6位。

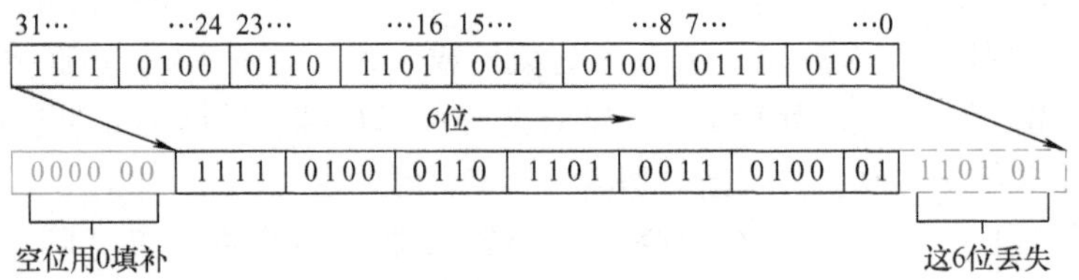

图7-2　SHR_DW（双字右移位）指令移位示例

SHR_DW 指令（N=6）让32位数（双字）整体往右移动6位，右侧移出的6位丢失，左侧的6个空位用0补齐。

【例7-3】移位指令的使用3

将图7-3中的整数右移5位。

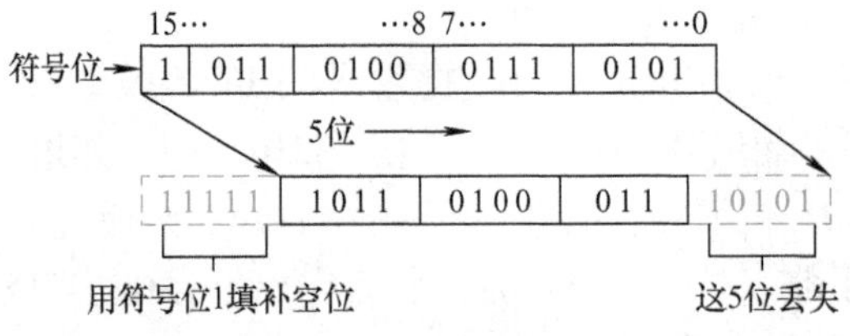

图7-3　SHR_I（整数右移位）指令移位示例

SHR_I 指令（N=5）让16位实数整体往右移动5位，右侧移出的5位丢失，第15位为符号位，左侧移空的5位用符号位的“1”补齐。

2. 循环移位指令

循环移位指令与普通移位指令类似，有循环右移和循环左移两种。移空的位将用被移出输入IN的位的信号状态补上。循环移位指令移出位同时要暂存在状态字CC1位，但CC1位只能保存最后移出的位。可使用的循环移位指令有双字左循环（ROL_DW）和双字右循环（ROR_DW）两种。循环移位指令符号表见表7-2。

表 7-2　循环移位指令符号表

电路符号	名　称	端　子	数据类型	操作元件
ROL_DW —EN　ENO— ???—IN　OUT—??? ???—N	双字左循环	EN、ENO	BOOL	I、Q、M、L、D
		IN	DWORD	I、M、L、D
		OUT	DWORD	Q、M、L、D
		N	WORD	—
ROR_DW —EN　ENO— ???—IN　OUT—??? ???—N	双字右循环	EN、ENO	BOOL	I、Q、M、L、D
		IN	DWORD	I、Q、M、L、D
		OUT	DWORD	Q、M、L、D
		N	WORD	—

功能说明：

1）双字左循环（ROL_DW）：EN 为使能输入端，数据类型为 BOOL，EN 端输入高电平“1”时有效；IN 为要循环移位的数值（可直接写数值或数值所在地址），数据类型为 DWORD；N 为要循环移位的位数，数据类型为 WORD；ENO 为使能输出端，数据类型为 BOOL；OUT 为循环移位指令执行结果所存放的地址，数据类型为 DWORD。

在使能输入端 EN 有效时，ROL_DW 指令将输入端 IN 的内容向左循环移动 N 位（右端由移出的位补上），将结果输出到 OUT 所指定的存储单元中。如果 N 不等于 0，则 ROL_DW 指令将状态字中 CC0 位和 OV 位清零。

2）双字右循环（ROR_DW）：EN 为使能输入端，数据类型为 BOOL，EN 端输入高电平“1”时有效；IN 为要循环移位的数值（可直接写数值或数值所在地址），数据类型为 DWORD；N 为要循环移位的位数，数据类型为 WORD；ENO 为使能输出端，数据类型为 BOOL；OUT 为循环移位指令执行结果所存放的地址，数据类型为 DWORD。

在使能输入端 EN 有效时，ROR_DW 指令将输入端 IN 的内容向右循环移动 N 位（左端由移出的位补上），将结果输出到 OUT 所指定的存储单元中。如果 N 不等于 0，则 ROR_DW 指令将状态字中 CC0 位和 OV 位清零。

【例 7-4】 移位指令的使用 4

将图 7-4 所示双字左循环 6 位。

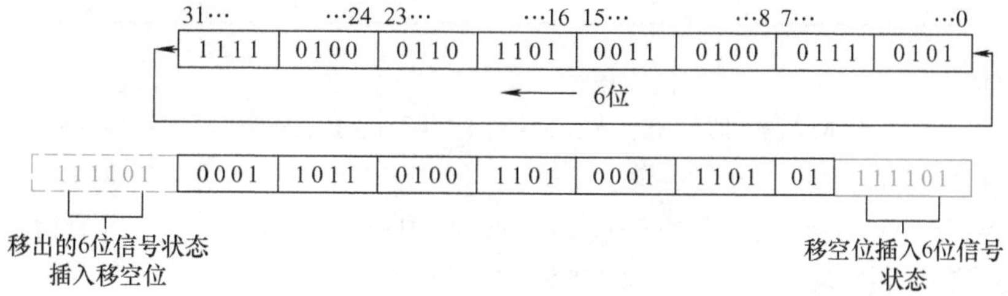

图 7-4　ROL_DW（双字左循环）指令移位示例

ROL_DW 指令（N＝6）让 32 位数循环向左移动 6 位，左侧移出的 6 位，移动到右侧移空的 6 位上。

7.1.2 数据处理指令

1. 转换指令

转换指令是指将累加器 1 中的数据进行类型转换，转换后的内容依然存放在累加器 1 中，可以实现 BCD 码、整数、长整数之间的相互转换，实数与长整数之间的相互转换，还可以实现数的取反、取负。

需要注意的是：整数和长整数是以补码的形式进行存储的；BCD 码有字和双字两种格式，数值范围分别为 -999 ~ 999、 -9999999 ~ 9999999。

（1）BCD 码与整数之间的转换　BCD 码与整数之间的转换指令共有六种，分别是 BTI 指令、BTD 指令、ITB 指令、ITD 指令、DTB 指令、DTR 指令，指令符号表见表 7-3。

表 7-3　BCD 码与整数转换指令符号表

电路符号	名　称	端　子	数据类型	操作元件
BCD_I EN ENO ???-IN OUT-???	BCD 码转整数（BTI）	EN、ENO	BOOL	I、Q、M、L、D
		IN	WORD	I、M、L、D
		OUT	INT	Q、M、L、D
BCD_DI EN ENO ???-IN OUT-???	BCD 码转长整数（BTD）	EN、ENO	BOOL	I、Q、M、L、D
		IN	DWORD	I、M、L、D
		OUT	DINT	Q、M、L、D
I_BCD EN ENO ???-IN OUT-???	整数转 BCD 码（ITB）	EN、ENO	BOOL	I、Q、M、L、D
		IN	INT	I、M、L、D
		OUT	WORD	Q、M、L、D
I_DI EN ENO ???-IN OUT-???	整数转长整数（ITD）	EN、ENO	BOOL	I、Q、M、L、D
		IN	INT	I、M、L、D
		OUT	DINT	Q、M、L、D
DI_BCD EN ENO ???-IN OUT-???	长整数转 BCD 码（DTB）	EN、ENO	BOOL	I、Q、M、L、D
		IN	DINT	I、M、L、D
		OUT	DWORD	Q、M、L、D
DI_R EN ENO ???-IN OUT-???	长整数转浮点数（DTR）	EN、ENO	BOOL	I、Q、M、L、D
		IN	DINT	I、M、L、D
		OUT	REAL	Q、M、L、D

功能说明：

1）BTI 指令：BCD 码转换为整数。读取 IN 中的 3 位 BCD 码（范围为 -999 ~ 999），并将其转换为 16 位整数，OUT 输出结果。

2）BTD 指令：BCD 码转换为长整数。读取 IN 中的 7 位 BCD 码（范围为 -9999999 ~ 9999999），并将其转换为 32 位整数，OUT 输出结果。

3）ITB 指令：整数转换为 BCD 码。读取 IN 中的 16 位整数，并将其转换为 3 位 BCD 码（范围为 -999 ~ 999），OUT 输出结果。

4）ITD 指令：整数转换为长整数。读取 IN 中的 16 位整数，并将其转换为 32 位的长整数，OUT 输出结果。

5）DTB 指令：长整数转换为 BCD 码。读取 IN 中的 32 位整数，并将其转换为 7 位 BCD 码（范围为 -9999999 ~ 9999999），OUT 输出结果。

6）DTR 指令：长整数转换为浮点数。读取 IN 中的 32 位的长整数，并将其转换成 32 位的浮点数，OUT 输出结果。

（2）实数与长整数之间的转换　实数和长整数之间的转换指令共有四种，指令符号表见表 7-4。需要注意的是，当转换的过程中实数的数值大于 32 位整数时，不同的转换指令取整的情况不同。

表 7-4　实数与长整数转换指令符号表

电路符号	名　称	端　子	数据类型	操作元件
ROUND EN　ENO ???-IN　OUT-???	取整数为长整数	EN、ENO	BOOL	I、Q、M、L、D
		IN	REAL	I、M、L、D
		OUT	DINT	Q、M、L、D
CEIL EN　ENO ???-IN　OUT-???	上取整	EN、ENO	BOOL	I、Q、M、L、D
		IN	REAL	I、M、L、D
		OUT	DINT	Q、M、L、D
FLOOR EN　ENO ???-IN　OUT-???	下取整	EN、ENO	BOOL	I、Q、M、L、D
		IN	REAL	I、M、L、D
		OUT	DINT	Q、M、L、D
TRUNC EN　ENO ???-IN　OUT-???	截取长整数部分	EN、ENO	BOOL	I、Q、M、L、D
		IN	REAL	I、M、L、D
		OUT	DINT	Q、M、L、D

功能说明：

1）ROUND 指令：取整数为长整数。读取 IN 中的浮点数，并将浮点数化整为最接近的长整数，如果介于两个整数之间，取偶数，OUT 输出结果。

2）CEIL 指令：上取整。读取 IN 中的浮点数，并将浮点数化整为大于或等于该浮点数的最小整数，OUT 输出结果。

3）FLOOR 指令：下取整。读取 IN 中的浮点数，并将浮点数化整为小于或等于该浮点数的最大整数，OUT 输出结果。

4）TRUNC 指令：截取长整数部分。读取 IN 中的浮点数，并将浮点数截去小数部分，取浮点数的整数部分，OUT 输出结果。

（3）数的取反、取负　数的取反、取负指令共有五种，指令符号表见表 7-5。

表 7-5 数的取反、取负指令符号表

电路符号	名称	端子	数据类型	操作元件
INV_I EN ENO ???-IN OUT-???	对整数求反码	EN、ENO	BOOL	I、Q、M、L、D
		IN	INT	I、M、L、D
		OUT	INT	Q、M、L、D
INV_DI EN ENO ???-IN OUT-???	对长整数求反码	EN、ENO	BOOL	I、Q、M、L、D
		IN	DINT	I、M、L、D
		OUT	DINT	Q、M、L、D
NEG_I EN ENO ???-IN OUT-???	对整数求补码	EN、ENO	BOOL	I、Q、M、L、D
		IN	INT	I、M、L、D
		OUT	INT	Q、M、L、D
NEG_DI EN ENO ???-IN OUT-???	对长整数求补码	EN、ENO	BOOL	I、Q、M、L、D
		IN	DINT	I、M、L、D
		OUT	DINT	Q、M、L、D
NEG_R EN ENO ???-IN OUT-???	浮点数取反	EN、ENO	BOOL	I、Q、M、L、D
		IN	REAL	I、M、L、D
		OUT	REAL	Q、M、L、D

功能说明：

1）INV_I 指令：对整数求反码。读取 IN 中的整数，求整数的反码，OUT 输出结果。

2）INV_DI 指令：对长整数求反码。读取 IN 中的长整数，求长整数的反码，OUT 输出结果。

3）NEG_I 指令：对整数求补码。读取 IN 中的整数，求整数的补码，OUT 输出结果。

4）NEG_DI 指令：对长整数求补码。读取 IN 中的长整数，求长整数的补码，OUT 输出结果。

5）NEG_R 指令：浮点数取反。读取 IN 中的浮点数，对浮点数的符号位取反，OUT 输出结果。

2. 字逻辑指令

字逻辑指令是指根据布尔逻辑逐位运算比较字和双字。字逻辑指令的输出结果影响状态字，如果输出结果不等于 0，状态字的 CC1 位置 1，等于 0 则置 0。

字逻辑指令主要进行与、或、异或的逻辑运算，根据操作数为字、双字的不同，共分六种，指令符号表见表 7-6。

表 7-6　字逻辑指令符号表

电路符号	名　称	端　子	数据类型	操作元件
WAND_W —EN ENO— ???—IN1 OUT—??? ???—IN2	字与运算	EN、ENO	BOOL	I、Q、M、L、D
		IN1、IN2	WORD	I、M、L、D
		OUT	WORD	Q、M、L、D
WAND_DW —EN ENO— ???—IN1 OUT—??? ???—IN2	双字与运算	EN、ENO	BOOL	I、Q、M、L、D
		IN1、IN2	DWORD	I、M、L、D
		OUT	DWORD	Q、M、L、D
WOR_W —EN ENO— ???—IN1 OUT—??? ???—IN2	字或运算	EN、ENO	BOOL	I、Q、M、L、D
		IN1、IN2	WORD	I、M、L、D
		OUT	WORD	Q、M、L、D
WOR_DW —EN ENO— ???—IN1 OUT—??? ???—IN2	双字或运算	EN、ENO	BOOL	I、Q、M、L、D
		IN1、IN2	DWORD	I、M、L、D
		OUT	DWORD	Q、M、L、D
WXOR_W —EN ENO— ???—IN1 OUT—??? ???—IN2	字异或运算	EN、ENO	BOOL	I、Q、M、L、D
		IN1、IN2	WORD	I、M、L、D
		OUT	WORD	Q、M、L、D
WXOR_DW —EN ENO— ???—IN1 OUT—??? ???—IN2	双字异或运算	EN、ENO	BOOL	I、Q、M、L、D
		IN1、IN2	DWORD	I、M、L、D
		OUT	DWORD	Q、M、L、D

功能说明：

1）WAND_W 指令：字与运算。对 IN1 和 IN2 端接收的两个字的每一位进行逻辑与运算，OUT 输出结果。

2）WAND_DW 指令：双字与运算。对 IN1 和 IN2 端接收的两个双字的每一位进行逻辑与运算，OUT 输出结果。

3）WOR_W 指令：字或运算。对 IN1 和 IN2 端接收的两个字的每一位进行逻辑或运算，OUT 输出结果。

4）WOR_DW 指令：双字或运算。对 IN1 和 IN2 端接收的两个双字的每一位进行逻辑或运算，OUT 输出结果。

5）WXOR_W 指令：字异或运算。对 IN1 和 IN2 端接收的两个字的每一位进行逻辑异或运算，OUT 输出结果。

6）WXOR_DW 指令：双字异或运算。对 IN1 和 IN2 端接收的两个双字的每一位进行逻辑异或运算，OUT 输出结果。

【例 7-5】 WAND_W 指令的使用

WAND_W 指令的 IN1 端为 MW0（存储数值为 AAAAH），IN2 端为立即数 W#16#F，OUT 端为 MW1，当 EN 端接收到脉冲时，WAND_W 指令执行字与运算，结果存储到 MW1 中，为 000AH。

3. 主控指令

主控指令用来控制主控继电器（Master Control Relay，MCR）区域内的指令是否能够正常执行，相当于一个用来接通和断开“能流”的主令开关。主控指令符号表见表 7-7。

表 7-7　主控指令符号表

电路符号	名　称
—(MCRA)—	激活 MCR 区指令
—(MCR <)—	打开 MCR 区指令
—(MCR >)—	关闭 MCR 区指令
—(MCRD)—	结束 MCR 区指令

功能说明：

1）MCRA 指令：激活 MCR 区指令。主控继电器起动，进入主控继电器区，从该指令开始可由 MCR 控制。

2）MCR < 指令：打开 MCR 区指令。主控继电器接通，打开主控继电器区，将 RLO 保存在 MCR 堆栈中，并产生一条新的子母线，其后的链接均受控于该子母线。

3）MCR > 指令：关闭 MCR 区指令。主控继电器断开，关闭主控继电器区，恢复 RLO，结束子母线。

4）MCRD 指令：结束 MCR 区指令。主控继电器停止，离开主控继电器区，从该指令开始，将禁止主控继电器控制。

需要注意的是： MCRA 指令和 MCRD 指令需要成对使用，同样，MCR < 和 MCR > 指令也需要成对使用，并且可以进行嵌套使用，嵌套深度最大为 8 层。

【例 7-6】 主控指令的使用

主控指令应用示例程序如图 7-5 所示。

从程序中可以看出，程序中有两个 MCR 区域，即程序段 2 ~ 程序段 7 为 MCR 区域 1，程序段 3 ~ 程序段 5 为 MCR 区域 2。具体执行过程如下：

I0.0 = 1 时，区域 1 的 MCR 打开，将 I0.4 的逻辑状态分配给 Q4.1。

I0.0 = 0 时，区域 1 的 MCR 关闭，无论 I0.4 的逻辑状态如何，Q4.1 皆为 0。

I0.1 = 1 时，区域 2 的 MCR 打开，在 I0.3 为 1 时，Q4.0 为 1。

I0.1 = 0 时，区域 2 的 MCR 关闭，无论 I0.3 的逻辑状态如何，Q4.0 皆为 0。

4. 跳转指令

跳转指令是逻辑控制指令的一种（逻辑控制指令是指在逻辑块内的跳转指令和循环指令），该指令的执行将中止程序原来的线性逻辑流，跳转执行其他指令。操作数为跳转的地

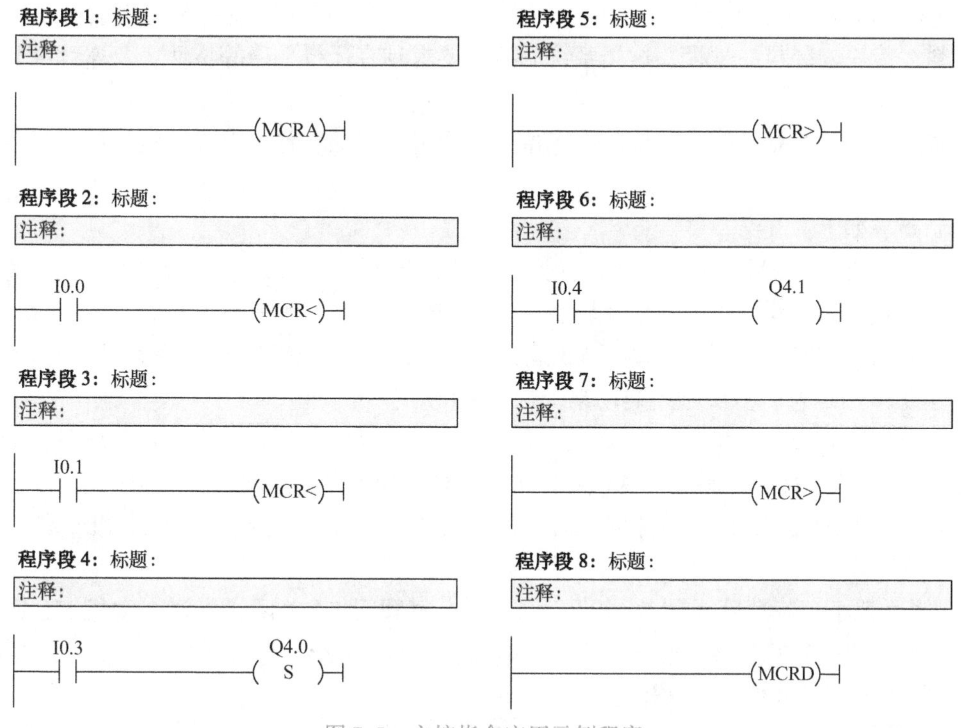

图 7-5 主控指令应用示例程序

址，地址由 4 个字组成，第一位必须为字母，其余位可以是字母、数字。在同一个逻辑块内，地址不能够重复，不同的逻辑块可以使用相同的地址。根据是否需要条件跳转，可将跳转指令分为无条件跳转指令和条件跳转指令两类。无条件跳转指令直接连到最左边母线，否则将变成条件跳转指令。其符号表见表 7-8。

表 7-8 跳转指令符号表

电路符号	名 称	说 明
??? —(JMP)—|	无条件跳转指令	每次执行跳转时，不执行跳转指令和标号间的任何指令
??? —(JMP)—|	条件跳转指令	判断 RLO 的值，如果为“1”，则执行跳转；如果为“0”，则顺序执行后续程序
??? —(JMPN)—|		判断 RLO 的值，如果为“0”，则执行跳转；如果为“1”，则顺序执行后续程序

7.2 任务：送料小车 PLC 控制的设计与仿真

7.2.1 任务要求

送料装车设备主要应用于建材、冶金、煤炭、电力、化工、轻工等工业生产部门。随着当今社会科学技术的发展，各类物料输送的生产线对自动化程度的要求越来越高，原有的生产送料设备已经远远不能满足当前高度自动化的需要。现用 PLC 控制的自动送料装车系统

（送料小车）取代原有的控制系统，该系统由小车、轨道、料斗等设备装置组成，来完成对物料运料、传输、装料的过程。这类系统的控制要求具有运行平稳等特性，及连续可靠的工作能力。

要求送料小车控制系统自动检测小车位置，通过带传送装置，准确地将物料从料斗送入小车中。

控制要求如下：

1）红灯 L2 灭、绿灯 L1 亮，表示允许小车进来装料。此时，进料阀门（K1）、送料阀门（K2）、电动机（M1、M2、M3）皆为 OFF 状态。当小车到来时，车辆检测开关 S2 接通，红灯 L2 亮、绿灯 L1 灭，电动机 M3 运行，电动机 M2 在 M3 接通 2s 后运行，电动机 M1 在 M2 起动 2s 后运行，依次顺序起动整个送料系统。

2）当电动机 M3 运行后，进料阀门 K1 打开给料斗进料。当料斗中物料装满时，料斗上限位开关 S1 接通，此时进料阀门 K1 关闭（设一料斗物料足够运料小车装满一车）。送料阀门 K2 在电动机 M1 运行 2s 且料斗装满后，打开放料，物料通过传送带 PD1、PD2 和 PD3 的传送，装入小车。

3）当运料小车装满后（用 S2 断开表示），送料阀门 K2 关闭，同时电动机 M1 延时 2s 后停止，电动机 M2 在 M1 停止 2s 后停止，电动机 M3 在 M2 停止 2s 后停止。此时，绿灯 L1 亮、红灯 L2 灭，表示小车可以开走。

4）故障操作，在带式传输机传送物料过程中，若传送带 PD1 超载，则送料阀门 K2 立即关闭，同时停止电动机 M1，电动机 M2 和 M3 在电动机 M1 停止 4s 后停止；若传送带 PD2 超载，则同时停止电动机 M1 和 M2 并关闭送料阀门 K2，延时 4s 后电动机 M3 停止；若传送带 PD3 超载，则同时停止电动机 M1、M2 和 M3 并关闭送料阀门 K2。系统示意图如图 7-6 所示。

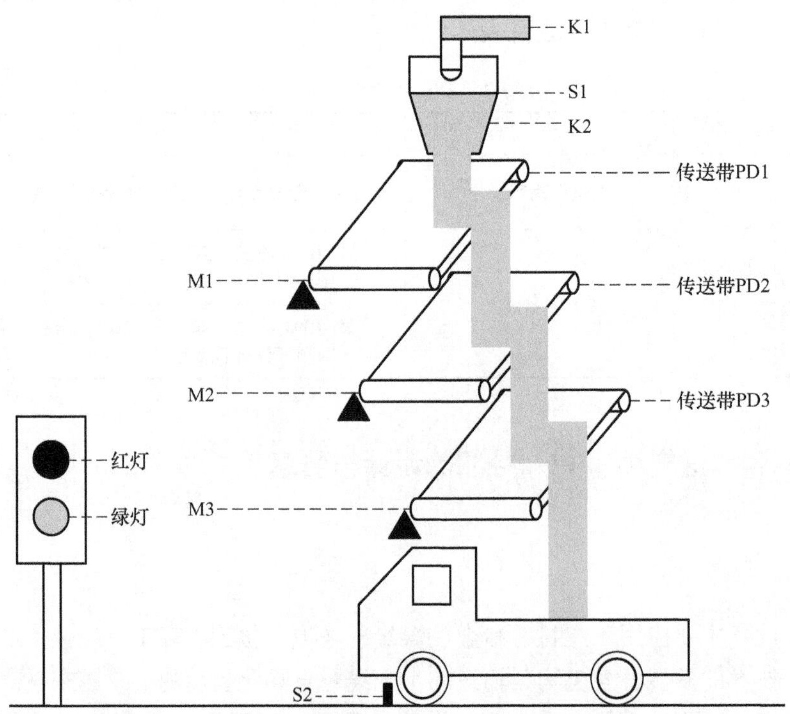

图 7-6　送料小车控制系统示意图

7.2.2 任务分析

1. 硬件电路分析设计

（1）PLC 控制的 I/O 端口分配表 根据送料小车控制系统要求，共有 6 个输入信号和 7 个输出信号，PLC 控制的 I/O 端口分配表见表 7-9。

表 7-9 送料小车 PLC 控制 I/O 端口分配表

输 入	I 端	输 出	Q 端
起动按钮 SB0	I0. 0	控制 M1 接触器线圈 KM1	Q0. 0
车辆检测开关 S2	I0. 1	控制 M2 接触器线圈 KM2	Q0. 1
料斗上限位开关 S1	I0. 2	控制 M3 接触器线圈 KM3	Q0. 2
M1 热继电器过载保护 FR1	I0. 3	送料阀门 K2	Q2. 0
M2 热继电器过载保护 FR2	I0. 4	进料阀门 K1	Q2. 1
M3 热继电器过载保护 FR3	I0. 5	红灯 L2	Q2. 2
		绿灯 L1	Q2. 3

（2）PLC 控制的输入/输出电路 根据 PLC 控制的 I/O 端口分配表设计 PLC 控制的输入/输出电路，如图 7-7 所示。

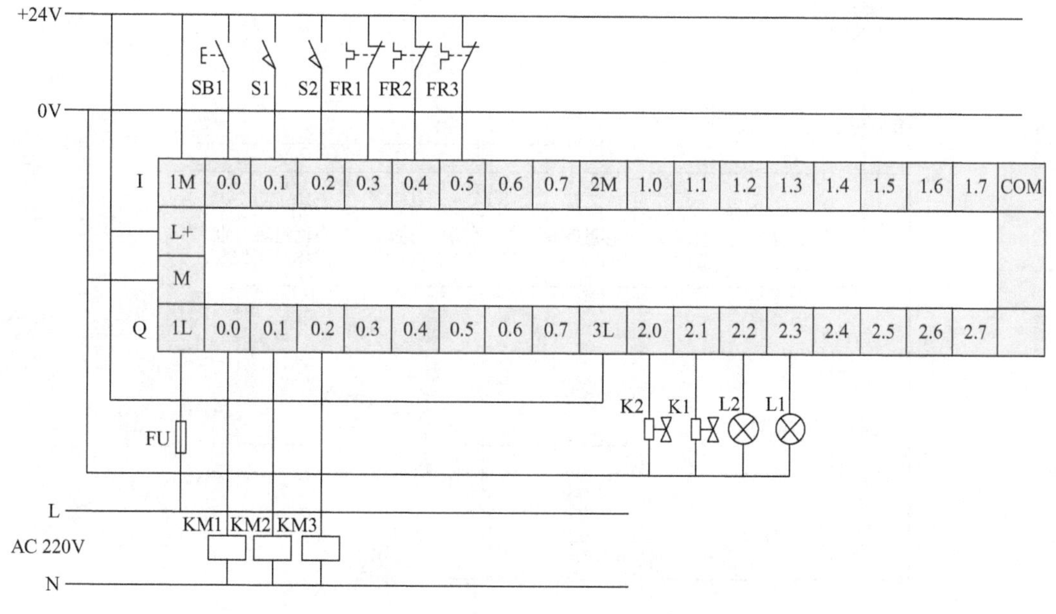

图 7-7 送料小车 PLC 控制输入/输出电路

2. 软件程序设计

根据送料小车控制要求，参考梯形图程序如图 7-8 所示。

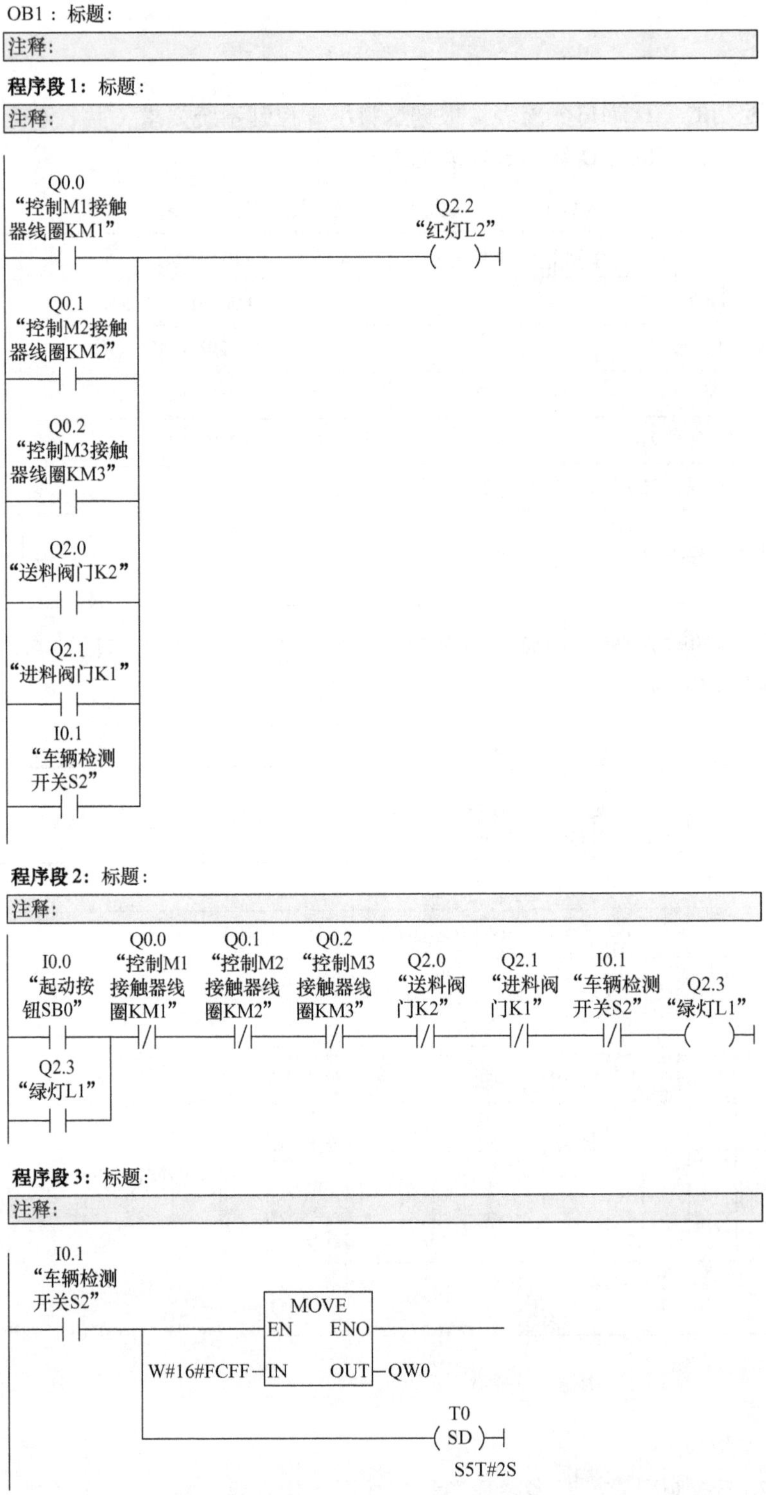

OB1：标题：

注释：

程序段 1：标题：

注释：

Q0.0 "控制M1接触器线圈KM1"
Q0.1 "控制M2接触器线圈KM2"
Q0.2 "控制M3接触器线圈KM3"
Q2.0 "送料阀门K2"
Q2.1 "进料阀门K1"
I0.1 "车辆检测开关S2"
Q2.2 "红灯L2"

程序段 2：标题：

注释：

I0.0 "起动按钮SB0"
Q2.3 "绿灯L1"
Q0.0 "控制M1接触器线圈KM1"
Q0.1 "控制M2接触器线圈KM2"
Q0.2 "控制M3接触器线圈KM3"
Q2.0 "送料阀门K2"
Q2.1 "进料阀门K1"
I0.1 "车辆检测开关S2"
Q2.3 "绿灯L1"

程序段 3：标题：

注释：

I0.1 "车辆检测开关S2"
MOVE
EN ENO
W#16#FCFF IN OUT QW0
T0
SD
S5T#2S

图 7-8 送料小车 PLC

程序段 4：标题：

注释：

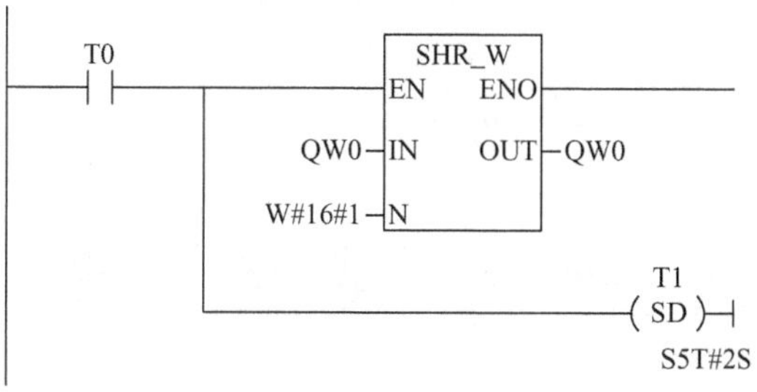

T0, SHR_W, EN, ENO, QW0, IN, OUT, QW0, W#16#1, N, T1, SD, S5T#2S

程序段 5：标题：

注释：

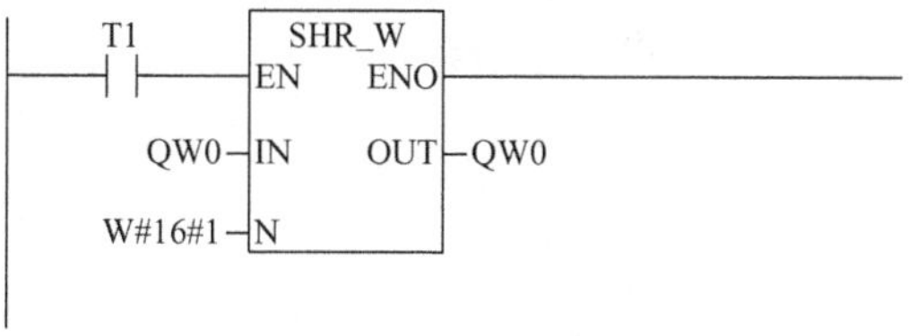

T1, SHR_W, EN, ENO, QW0, IN, OUT, QW0, W#16#1, N

程序段 6：标题：

注释：

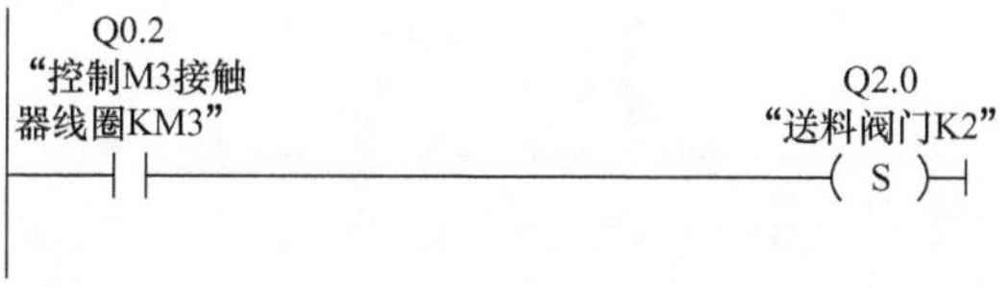

Q0.2 “控制M3接触器线圈KM3”, Q2.0 “送料阀门K2”, S

程序段 7：标题：

注释：

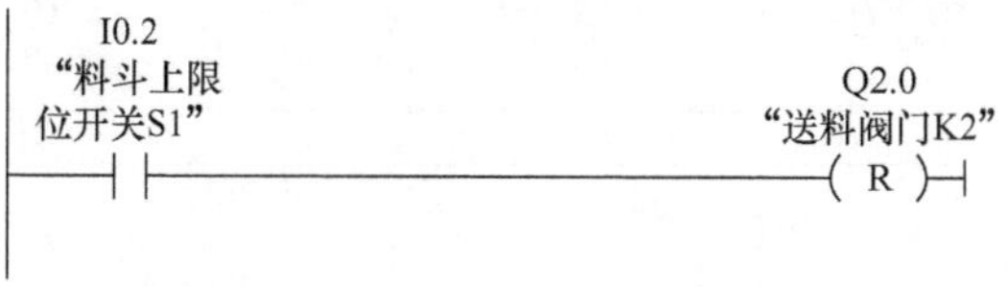

I0.2 “料斗上限位开关S1”, Q2.0 “送料阀门K2”, R

程序段 8：标题：

注释：

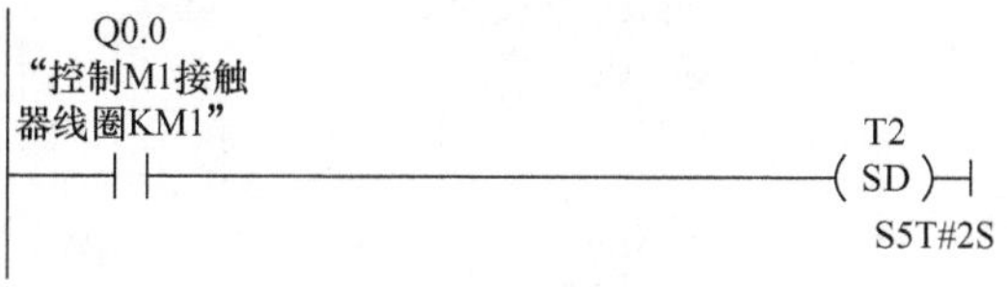

Q0.0 “控制M1接触器线圈KM1”, T2, SD, S5T#2S

控制梯形图程序

程序段 9：标题：

注释：

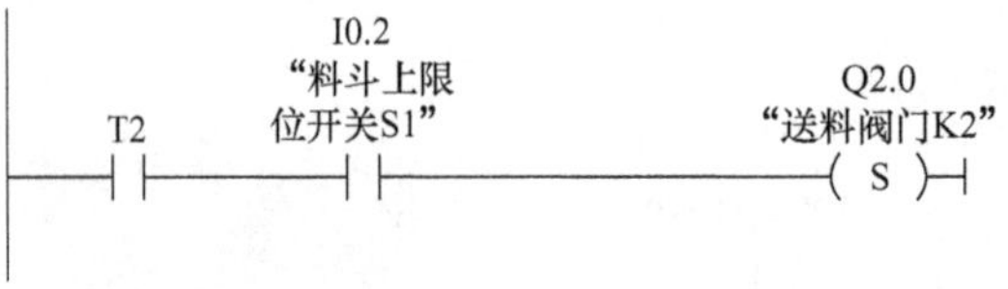

程序段 10：标题：

注释：

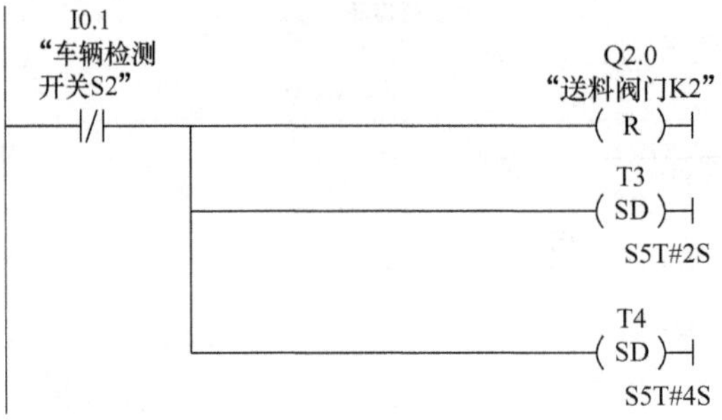

程序段 11：标题：

注释：

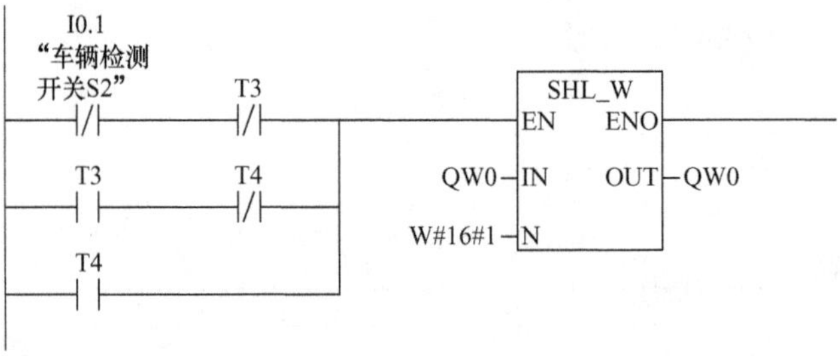

程序段 12：标题：

注释：

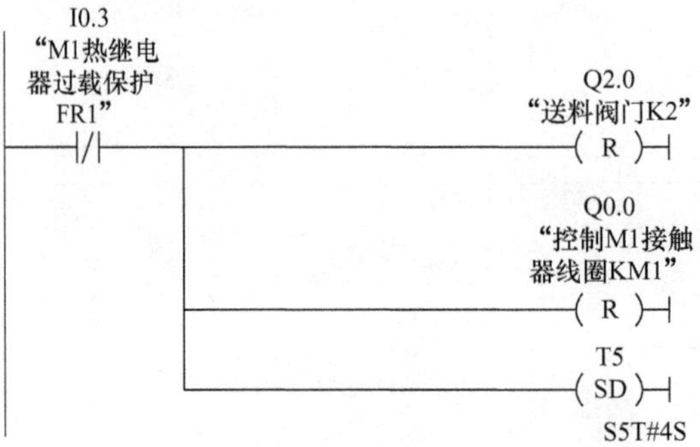

图 7-8 送料小车 PLC

程序段 13：标题：

注释：

T5 ─┤ ├─ Q0.1 "控制M2接触器线圈KM2" (R)
　　　　 Q0.2 "控制M3接触器线圈KM3" (R)

程序段 14：标题：

注释：

I0.4 "M2热继电器过载保护FR2" ─┤/├─ Q0.0 "控制M1接触器线圈KM1" (R)
　　　　 Q0.1 "控制M2接触器线圈KM2" (R)
　　　　 Q2.0 "送料阀门K2" (R)
　　　　 T6 (SD) S5T#4S

程序段 15：标题：

注释：

T6 ─┤ ├─ Q0.0 "控制M1接触器线圈KM1" (R)

程序段 16：标题：

注释：

I0.5 "M3热继电器过载保护FR3" ─┤/├─ Q0.0 "控制M1接触器线圈KM1" (R)
　　　　 Q0.1 "控制M2接触器线圈KM2" (R)
　　　　 Q0.2 "控制M3接触器线圈KM3" (R)
　　　　 Q2.0 "送料阀门K2" (R)

控制梯形图程序（续）

7.2.3 任务解答

1. 硬件电路接线

根据任务分析中 PLC 控制的输入/输出电路（见图 7-7）进行接线，注意，KM1、KM2、KM3 驱动 M1、M2、M3 电动机主电路采用三相异步电动机起保停控制主电路。

2. 软件程序编制

（1）创建项目并组态硬件　利用菜单栏的新建项目向导新创建一个“送料小车”项目，CPU 选择与硬件型号、订货号及版本号统一的机型。本任务中选用的型号为 CPU314C－2DP 模块，注意修改默认的输入、输出地址编号。

（2）定义符号表　选中 SIMATIC 管理器左边窗口的“S7 程序”文件夹，双击右边窗口的“符号”图标，打开“符号编辑器”窗口。在“符号编辑器”窗口中输入符号、地址、数据类型和注释（见图 7-9），单击保存按钮，保存已经完成的输入或修改，然后关闭“符号编辑器”窗口。

S7 程序(1) (符号) -- 送料小车\SIMATIC 300 站点\CPU314 C-2 DP(1)

	状态	符号 /	地址		数据类型	注释
1		M1热继电器过载保护FR1	I	0.3	BOOL	
2		M2热继电器过载保护FR2	I	0.4	BOOL	
3		M3热继电器过载保护FR3	I	0.5	BOOL	
4		车辆检测开关S2	I	0.1	BOOL	
5		红灯L2	Q	2.2	BOOL	
6		进料阀门K1	Q	2.1	BOOL	
7		控制M1接触器线圈KM1	Q	0.0	BOOL	
8		控制M2接触器线圈KM2	Q	0.1	BOOL	
9		控制M3接触器线圈KM3	Q	0.2	BOOL	
1		料斗上限位开关S1	I	0.2	BOOL	
1		绿灯L1	Q	2.3	BOOL	
1		启动按钮SB0	I	0.0	BOOL	
1		送料阀门K2	Q	2.0	BOOL	

图 7-9　送料小车控制系统符号表

（3）在 OB1 中创建梯形图程序　在 OB1 窗口程序编辑区中输入图 7-8 所示程序，注意在输入程序时不要出现语法错误，程序输入完成后单击保存按钮。

（4）下载与调试程序　完成硬件接线和组态、软件程序编辑后，将 PLC 主机上的模式选择开关拨到“RUN”位置，“RUN”指示灯亮，表示程序开始运行，有关设备将显示运行结果。启动系统，观察送料小车运行情况是否满足控制要求。

3. 程序仿真

单击工程项目菜单下的图标，打开仿真软件 PLCSIM。下载系统数据和组织块 OB1 后，在 PLCSIM 中将 CPU 切换到“RUN”模式，“RUN”指示灯亮，程序开始运行。启动系统，观察小车运行是否与要求一致。仿真结果如图 7-10 所示。

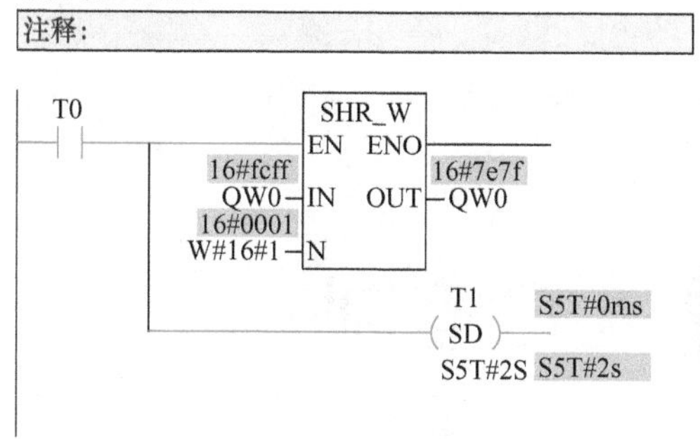

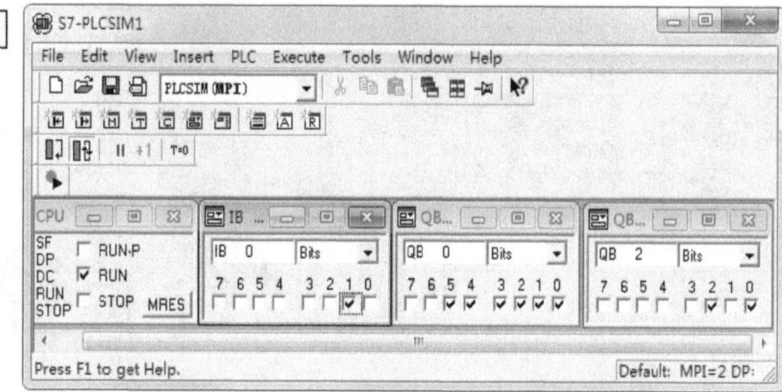

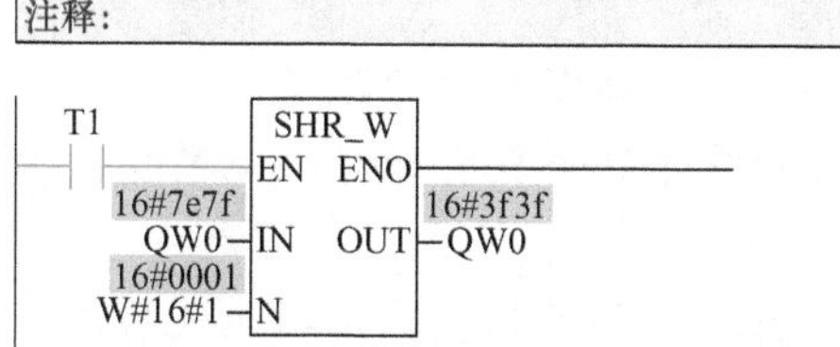

图 7-10　送料小车控制系统仿真结果

思考与练习

一、填空题

1. 整数右移指令移空的位用________补上。
2. 循环移位指令将移出的位补充到________位上。
3. 转换指令能够实现的转换操作有________、________、________和________。

二、思考题

1. 使用循环移位指令编写程序，控制一组小灯闪烁，间隔时间 1s，闪烁 20 次后停止。

2. 圆盘上有 8 个小灯依次排成圆环形，按顺时针顺序将小灯编号为 1 ~8 号。要求：按下按钮 SB1 时，1 号小灯亮，其余小灯灭；按下 SB2 按钮时，小灯按顺时针依次点亮；按下 SB3 按钮时，小灯按逆时针依次点亮。

项目8 Chapter 8

液体混合装置PLC控制

学习目标

1. 知识目标：了解液体混合装置电控系统的结构；掌握功能和功能块的用法；掌握液体混合装置 PLC 控制的硬件电路的接线方法；掌握液体混合装置 PLC 控制的软件程序的编程调试方法。

2. 能力目标：能进行液体混合装置 PLC 控制的硬件电路的连接；能用功能或功能块对该系统进行梯形图编制；能用 STEP7 软件对该系统进行软件程序的编制调试。

3. 素质目标：培养学生刻苦钻研的学习精神，一丝不苟的工程意识，团结协作的团队意识和自主学习、创新的能力。

8.1 知识链接

8.1.1 用户程序中的块

西门子 SIMATIC S7－300 用户程序中的块包括逻辑块和数据块两大类，其中组织块（OB）、功能块（FB）、功能（FC）、系统功能块（SFB）、系统功能（SFC）统称为逻辑块。西门子 SIMATIC S7 用户程序中的逻辑块类似于系统子程序。通过块与块之间的相互调用，能够使用户程序结构化，从而达到简化程序组织，使程序易于修改、查错和调试的目的。西门子 SIMATIC S7 用户程序运行时所需的数据和变量存储在数据块中，常用的数据块包括背景数据块（DI）和共享数据块（DB）。西门子 SIMATIC S7 用户程序中的块见表 8-1。块结构的使用，增加了 PLC 程序的组织透明性、可理解性和易维护性。

表 8-1　用户程序中的块

块	基本功能介绍
组织块（OB）	操作系统与用户程序的接口，决定用户程序的结构
功能块（FB）	用户编写的可经常被调用的子程序，有专用的存储区（即背景数据块）
功能（FC）	用户编写的可经常被调用的子程序，没有专用的存储区
系统功能块（SFB）	集成在 CPU 模块中，通过 SFB 调用系统功能，有专用的存储区（即背景数据块）
系统功能（SFC）	集成在 CPU 模块中，通过 SFC 调用系统功能，没有专用的存储区
共享数据块（DB）	存储用户数据的数据区域，供所有逻辑块共享
背景数据块（DI）	用于保存 FB 和 SFB 的输入/输出参数和静态变量，其数据在编译时自动生成

1. 组织块（OB）

（1）组织块的定义　组织块是操作系统和用户程序之间的接口。组织块由操作系统调用，用于控制扫描循环和中断程序的执行、PLC 的启动和错误处理等。

（2）组织块的分类　组织块在种类上可以分为几十种组织块，分为主程序、中断、冗余错误、异步故障处理、同步故障处理、背景循环、启动方式处理七大类。不同种类的组织块具有不同的功能。

（3）组织块的优先级　组织块在优先级上分为 1 ~ 29 个优先级级别，1 为最低级，29 为最高级。当程序在执行优先级较低的程序块时，如果遇到特殊情况需要执行较高优先级的组织块，此时程序就会中断低级别组织块程序，转至执行优先级较高的组织块。反之，当程序正在执行高优先级的程序块时，如果有低优先级组织块执行请求，系统仍然先执行优先级较高的组织块，待较高优先级组织块执行完毕后再执行低优先级的组织块。

（4）程序循环块 OB1　程序循环块 OB1 用于循环处理，是用户程序中的主程序，它由 CPU 系统调用循环执行，用于编写循环执行的控制程序。

STEP7 程序默认包含了 OB1 组织块，用户可以双击打开 OB1 组织块进行编程。同时，OB1 有一个变量声明表，以便用户查询 OB1 运行的相关信息。这个变量声明表在打开 OB1 组织块编写时能看到，其信息存储在临时缓冲存储区中。用户还可以自行添加定义 OB1 的变量。

2. 功能（FC）和功能块（FB）

用户可以把程序中相同的控制过程、数据处理、信息传递的指令编写在指定的功能（FC）或功能块（FB）中。功能（FC）是用户编写的没有固定存储区的块，其临时变量存储在局域数据堆栈中，功能执行后，这些数据就丢失了。功能块（FB）是用户编写的有自己存储区的块，每次调用功能块时需要提供各种类型的数据给功能块，功能块也要返回变量给调用它的块。

FC、FB 与组织块一样，有输入、输出、返回值等变量，用于接收输入的参数、使能输入信号，经处理后输出运算结果、使能输出信号、逻辑返回值。当用户打开 FC 或者 FB 编程时，要设定需要使用的变量名称、数据类型。为了便于程序的阅读分析，尽可能地加上注释说明。

3. 临时局域数据

生成逻辑块（OB、FC、FB）时可以声明变量临时局域数据，这些数据是临时的。局域数据只能在生成它们的逻辑块内使用。所有逻辑块都可以使用共享数据块中的共享数据。

4. 数据块

数据块是用于存放执行用户程序时所需要的变量数据的存储区。数据块中没有 STEP7 的指令，STEP7 按数据生成的顺序自动为数据块中的变量分配地址。数据块分为共享数据块（Share Data Block）和背景数据块（Instance Data Block）。

5. 系统功能块（SFB）和系统功能（SFC）

系统功能块（SFB）和系统功能（SFC）是操作系统提供给用户使用的标准的子程序，用户可以对其进行调用，但不能进行修改。系统功能块和系统功能作为操作系统的一部分，不占用用户存储空间。FBB 和 SFC 分别具有 FB 和 FC 属性。

8.1.2　用户程序使用的堆栈

堆栈是 CPU 中一块特殊的存储区，它采用“先入后出”的规则存入和取出数据。堆栈的操作如图 8-1 所示。堆栈最上面的存储单元称为栈顶，当保存的数据从栈顶压入堆栈时，栈中原有的数据将依次向下移动一个位置，最下面一个存储单元的数据丢失。同理，在取出栈顶的一个数据后，栈中所有的数据依次向上移动一个位置。堆栈的这种“先入后出”的存取规则刚好满足块的调用要求，因此在程序设计中得到了普遍应用。下面介绍 STEP7 中三种不同的堆栈。

图 8-1 堆栈的操作

1. 局域数据堆栈（L 堆栈）

局域数据堆栈用来存储块的局域数据区的临时变量、组织块的启动信息、块传递参数的信息和梯形图程序的中间结果，局域数据可以按位、字节、字和双字来存取，例如，L0.0、LB9、LW4 和 LD52。

各逻辑块均有自己的局域变量表，局域变量仅在它被创建的逻辑块中有效。对组织块编程时，可以声明临时变量（TEMP）。临时变量仅在块被执行的时候使用，块执行完后将被其他数据覆盖。

在首次访问局域数据堆栈时，应对局域数据初始化。每个组织块需要局域数据来存储它的启动信息。

CPU 分配给当前正在处理的块的临时变量（即局域数据）的存储容量是有限的，该存储区（即局域数据堆栈）的大小与 CPU 的型号有关。CPU 给每一优先级分配了相同数量的局域数据区，这样可以保证不同优先级的组织块都有它们可以使用的局域数据空间。

2. 块堆栈（B 堆栈）

如果一个块的处理因为调用另外一个块而中止，或者被更高优先级的块中止，或者被错误的服务中止，CPU 将在块堆栈中存储以下信息：

1）被中断的块的类型（OB、FB、FC、SFB、SFC）、编号、优先级和返回地址。

2）从共享数据块和背景数据块寄存器中获得的块被中断时，打开的共享数据块和背景数据块的编号（即块存储器共享数据块、背景数据块被中断前的内容）。

3）局域数据堆栈的指针（被中断块的 L 堆栈地址）。

利用这些数据，可以在中断它的任务处理完后恢复被中断的块的处理。在多重调用时，堆栈可以保存参与嵌套调用的几个块的信息。

CPU 处于“STOP”模式时，可以在 STEP7 中显示块堆栈中保存的在进入“STOP”模式时没有处理完的所有的块，在块堆栈中，块按照它们被处理的顺序排列，如图 8-2 所示。

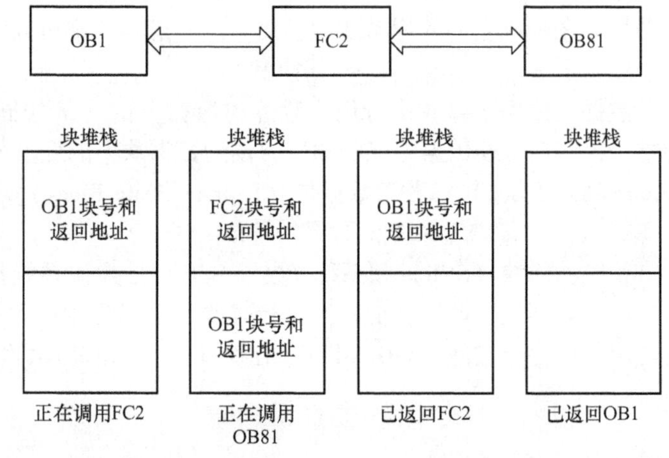

图 8-2 块堆栈

STEP7 中可使用的块堆栈大小是有限的，这与 CPU 的型号有关。

3. 中断堆栈（I 堆栈）

如果程序的执行被优先级更高的组织块中断，操作系统将保存下述内容：当前累加器和地址寄存器的内容、数据块寄存器共享数据块和背景数据块的内容、局域数据堆栈的指针、状态字、MCR（主控继电器）寄存器和 B 堆栈的指针。

新的组织块执行完后，操作系统从中断堆栈中读取信息，从被中断块中被中断的位置处开始继续执行程序。

CPU 在“STOP”模式时，可以在 STEP7 中显示中断堆栈中保存的数据，用户可以由此找出使 CPU 进入“STOP”模式的原因。

8.1.3 用户程序结构

SIMATIC S7 用户程序由各种可用于构造程序的块组成。块是程序的独立部分，用于执行特定的功能。用户程序结构是用户程序内的块的调用体系及所使用块及其嵌套等级的框架，包含用户程序块的调用层次。同时，也概要给出所用的块、从属关系和它们的局部数据要求。用户程序在已建立的项目中创建，并在 STEP7 中的逻辑块内以一个或多个程序块的形式生成程序的模块化、结构化组织结构，每一个程序块的最小单元是程序段（Network）。S7 程序可以保存为用户程序块、源文件或图表。S7 程序结构如图 8-3 所示。

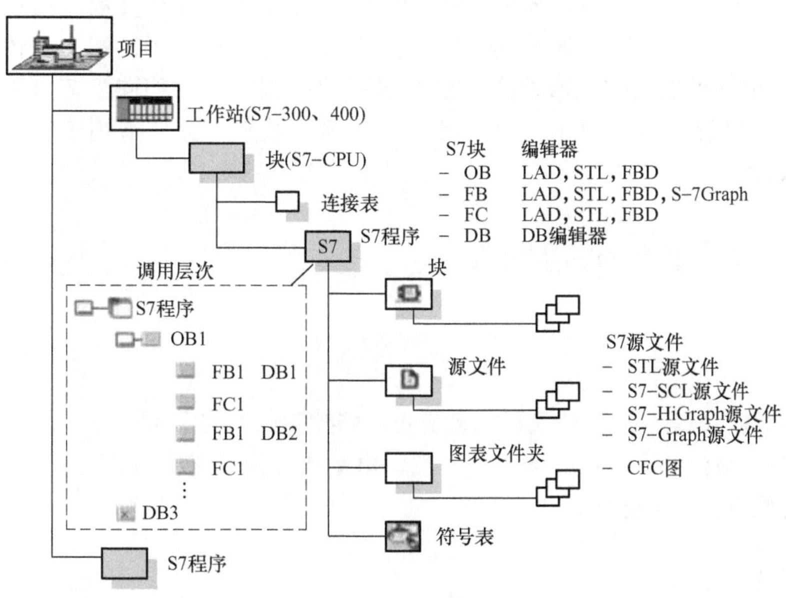

图 8-3 S7 程序结构

STEP7 为设计程序提供线性化、模块化和结构化三种程序结构。因此，用户编制程序的方法也有线性化编程、模块化编程和结构化编程三种方法，如图 8-4 所示。程序设计时可以选择最适用的方法。

线性化编程就是在程序块 OB1 中写入整个用户程序，将用户程序连续放置在其中，程序块 OB1 按程序顺序循环执行每一条指令，功能相对简单。这种方法适用于简单的、不带控制分支的逻辑控制程序。

模块化编程是把一项控制任务分成若干个独立的程序块，并分别放置在不同的功能、功能块及组织块中，一个程序块还可以进一步分解成段。每一个程序块用于控制一套设备或者一个工序，而这些程序块的运用则靠组织块 OB1 来调用。在循环程序块 OB1 中，包含按控制顺序调用其他程序块的指令，并控制程序执行。在模块化程序中，既无数据交换，也不存在重复利用的程序代码。功能和功能块也不进行参数的传递和接收，模块化编程的效率比线性化编程有所提高，程序测试也比较方便，不太复杂的控制程序可以采用这种程序结构。

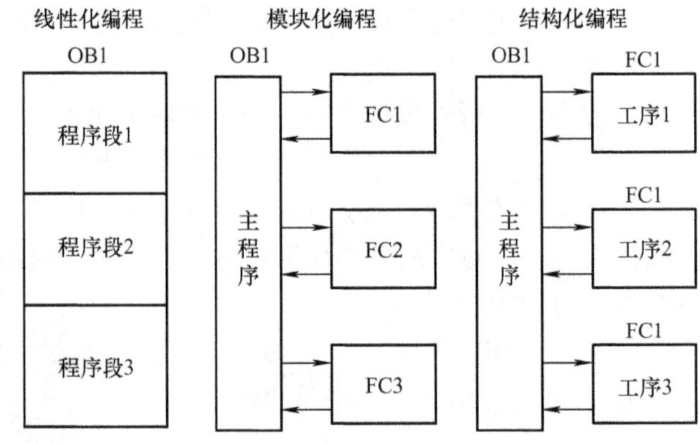

图 8-4　用户程序编程方法

结构化编程是将复杂自动化任务分割成反映过程控制功能或可多次处理的小任务，更易于控制复杂任务。这些小任务以相应的程序段表示，称为块。程序块 OB1 通过调用这些块来完成整个自动化控制任务。结构化编程方法把过程要求的类似或者相关的功能进行分类，并提供可以用于几个任务的共享数据块，还以参数形式提供有关模块，结构化程序能够重复利用这些共享数据块。结构化程序还包含了带有参数的用户自定义指令块，这些指令块可以设计成一般调用，实际的参数在调用时进行复制。其特点是每个块在程序块 OB1 中都可能会被多次调用，以完成不同控制对象的相同工艺过程要求。这些结构可简化程序设计过程、减小代码长度、提高编程效率，比较适用于较复杂的自动化控制任务的设计。

8.2　任务 1：生成与调用功能

8.2.1　任务要求

使用调用功能（FC）的方法实现电动机正反转控制的 PLC 控制。

控制要求：建立功能（FC），在 FC 中编写电动机正反转控制程序。通过调用 FC 实现电动机正反转程序控制与仿真。

8.2.2　任务分析

如果程序块不需要保存它自己的数据，可以用 FC 实现编程。与功能块（FB）相比较，FC 不需要配套的背景数据块。

FC 的使用可以分为无参数调用和有参数调用，无参数调用就是 FC 块不从外部或者主调用程序中接收参数；也不向外部发出参数；有参数调用和无参数调用刚好相反，需要从主调用程序接收参数，将接收的参数处理完毕后再将处理结果返回给主调用程序。

结合本任务的需求，本任务将采用有参数调用的功能（FC）来实现。

8.2.3　任务解答

1. 功能（FC）的生成与调用

新建“电机正反转控制程序”项目，在进行硬件组态时，选择 CPU 为 CPU314C－2DP。

右键单击项目中 SIMATIC 管理器左边窗口内的“块”对象，执行快捷菜单中的“插入新对象”→“功能”命令，生成一个新的功能。在弹出的功能属性对话框中，系统默认生成的功能的名称为“FC1”，在“创建语言”的下拉文本框中选择 LAD 为功能的默认编程语言，完成功能 FC1 的生成，如图 8-5 所示。

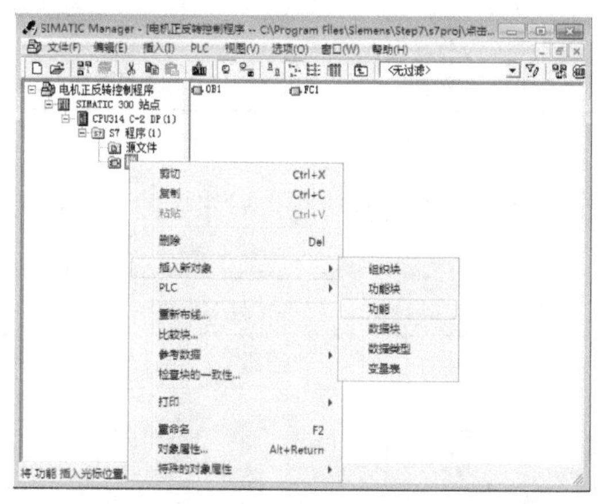

a) 插入新功能

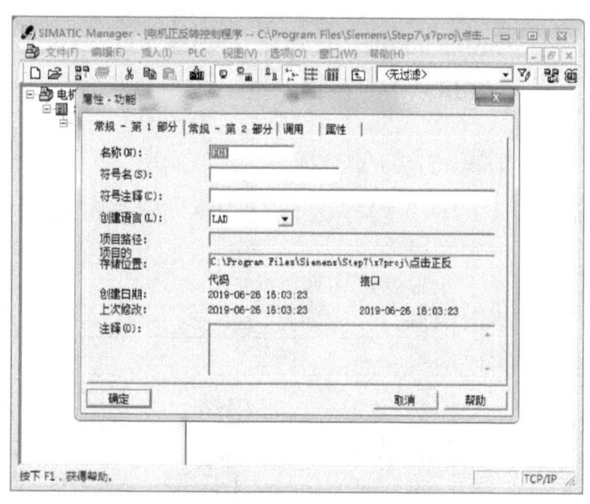

b) 设置功能属性

图 8-5　生成功能

2. 定义功能的局部变量

双击 FC1 将其打开，单击选中接口选项卡，在接口选项卡中会显示程序的局部变量，如图 8-6 所示。

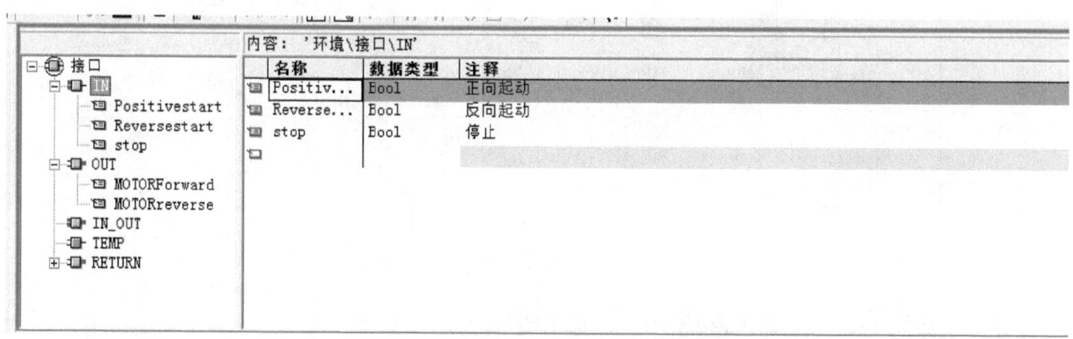

图 8-6　FC1 变量声明编辑器

功能（FC）包括 IN、OUT、IN_OUT、TEMP 和 RETURN 五种局部变量，具体如下：

1）IN（输入变量）：由调用它的块提供的输入参数。

2）OUT（输出变量）：将返回值给调用其的块的输出参数。

3）IN_OUT（输入_输出参数）：初值由调用其的块提供，被子程序修改后返回给调用其的块。

4）TEMP（临时变量）：暂时保存在局域数据堆栈中的变量。只有执行块时使用临时数据，程序执行完后，不再保存临时数据的数值，它可能被别的数据覆盖。

5）RETURN 中的 RET_VAL（返回值），属于输出参数。

FC1 的变量声明表见表 8-2。

表 8-2　FC1 的变量声明表

变量符号名称	数 据 类 型	变量声明类型	注　　释
Positivestart	BOOL	IN	正向起动
Reversestart	BOOL	IN	反向起动
stop	BOOL	IN	停止
MOTORForward	BOOL	OUT	电动机正转
MOTORreverse	BOOL	OUT	电动机反转

3. 编写功能 FC1 程序

在 FC1 中的程序区进行 PLC 程序的编写，实现电动机正反转功能，程序如图 8-7 所示。

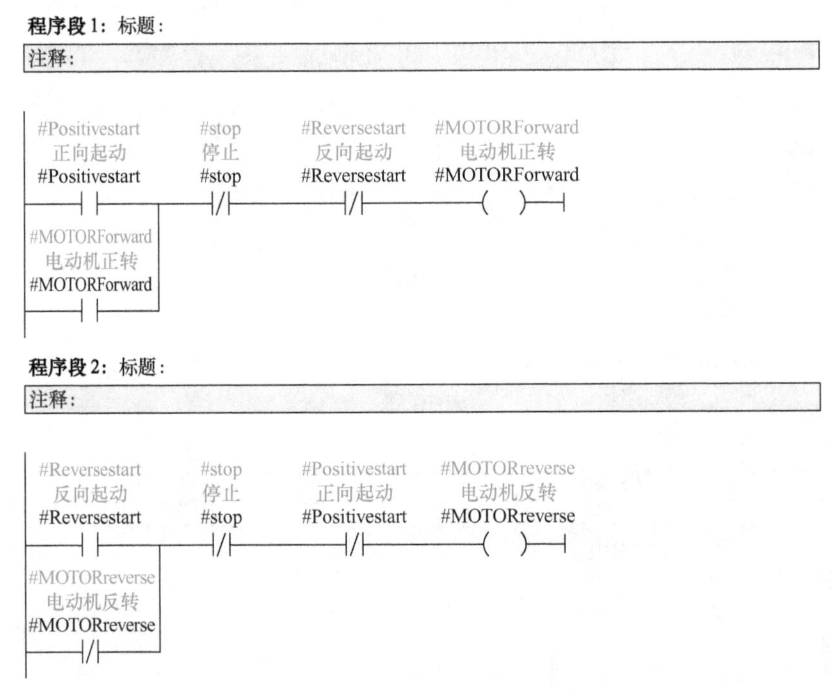

图 8-7　电动机正反转控制程序

完成程序编写后，单击工具栏中的保存按钮保存 FC1 程序。

4. 在 OB1 中调用功能 FC1

双击 SIMATIC 管理器中的 OB1 组织块，打开程序编辑器左边“总览”窗口中的文件夹 FC 块，将其中的功能 FC1 拖放至右侧程序段的编辑区中。FC1 程序如图 8-8 所示。

5. 下载与调试程序

完成硬件接线和组态、软件程序编译下载后，将 PLC 主机上的模式选择开关拨到“RUN”位置，“RUN”指示灯亮，表示程序开始运行，有关设备将显示运行结果。观察电动机运行情况是否满足控制要求。

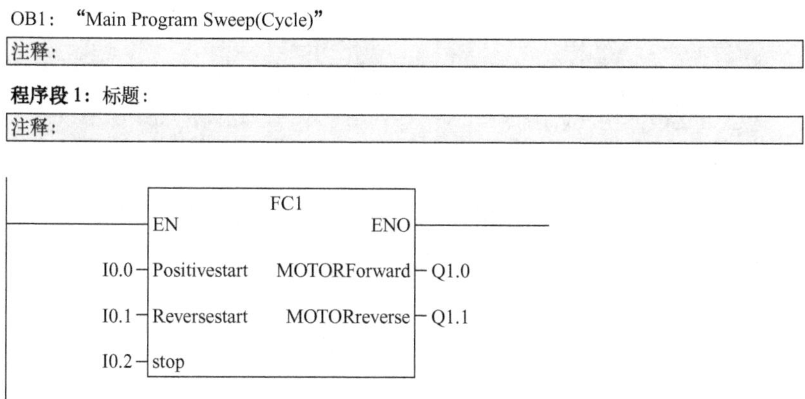

图 8-8 FC1 程序

6. 程序仿真

打开 PLCSIM，将所有的程序块下载到仿真 PLC，将 CPU 的运行模式切换到“RUN”模式，程序仿真结果如图 8-9 ~ 图 8-11 所示。其中，图 8-9 所示为按下正向起动按钮 I0.0 后程序仿真结果，图 8-10 所示为按下反向起动按钮后程序仿真结果，图 8-11 所示为按下停止按钮后程序仿真结果。

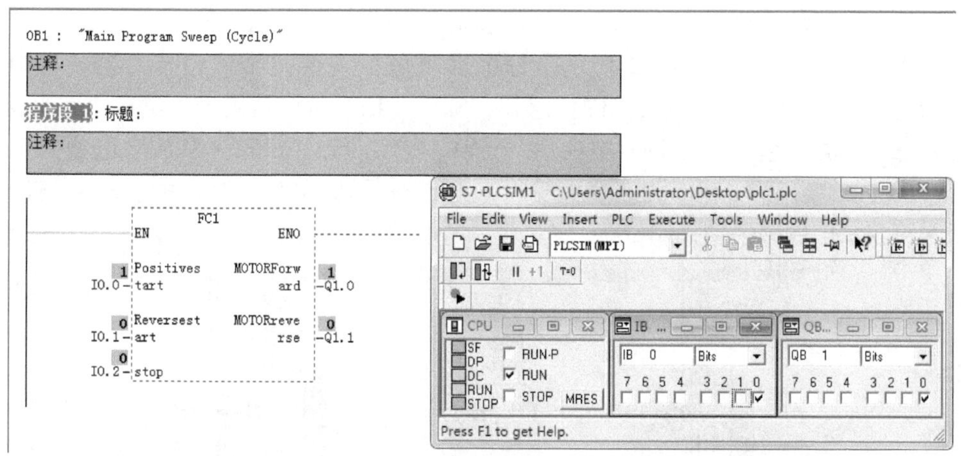

图 8-9 按下正向起动按钮后程序仿真结果

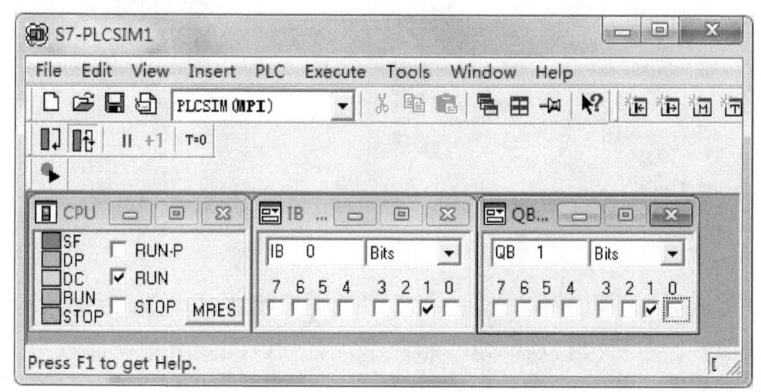

图 8-10 按下反向起动按钮后程序仿真结果

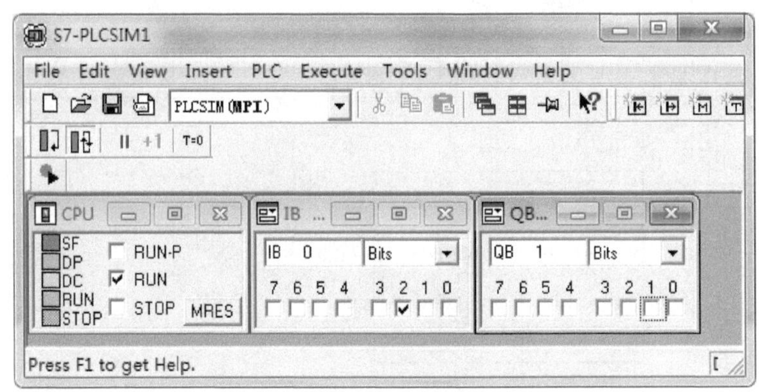

图 8-11 按下停止按钮后程序仿真结果

8.3 任务 2：生成与调用功能块

8.3.1 任务要求

通过使用调用功能块（FB）的方法实现水箱水位控制系统的设计。

水箱水位控制系统如图 8-12 所示。每个水箱包括上下两个液位传感器，其中 SL1、SL2、SL3 是用于检测各水箱高液位的传感器，SL4、SL5、SL6 是用于检测各水箱低液位的传感器，三个水箱各包括一个进水电磁阀（YV1、YV2、YV3）和一个放水电磁阀（YV4、YV5、YV6）。SB1、SB3、SB5 为三个水箱放水电磁阀手动开启按钮，SB2、SB4、SB6 分别为三个水箱放水电磁阀手动关闭按钮。

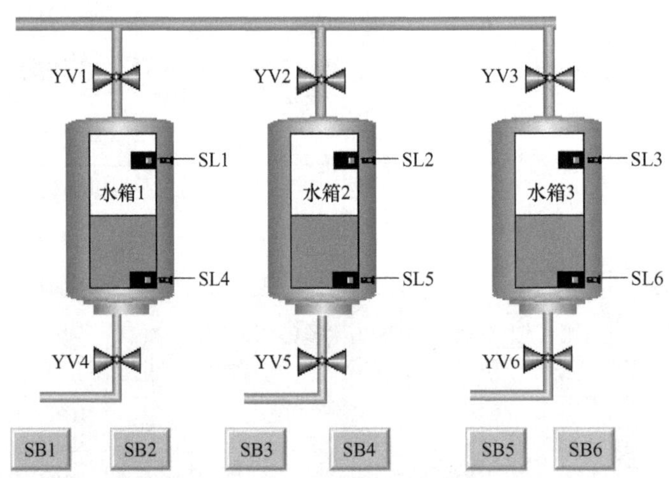

图 8-12 水箱水位控制系统

控制要求：可以通过手动控制方式，按随机的顺序将水箱放空。系统只要检测到其中任何一个水箱空的信号，系统将自动向该水箱注水，直到检测到水箱满信号为止。水箱注水的顺序与放空的顺序相同，例如，水箱放空的顺序为水箱 2、水箱 3、水箱 1，那么水箱的注水顺序也必须为水箱 2、水箱 3、水箱 1，且每次只能对一个水箱进行注水动作。

8.3.2 任务分析

由于本系统在运行过程中存在下次调用系统之前运行的中间结果、运行设定和运行模式等程序信息，故本系统的程序设计中使用了调用功能块（FB）的编程方法。

根据系统控制任务要求，由于系统中三个水箱的操作要求是一致的，所以可以采用一个功能块（FB）通过赋予不同的实参实现。本控制系统由三个逻辑块（OB100、OB1 和 FB1）以及三个背景数据块（DB1、DB2、DB3）组成。其中，OB100 为初始化程序；OB1 为主循环组织块；FB1 为水箱控制程序。背景数据块中 DB1、DB2、DB3 依次为水箱 1、水箱 2 和水箱 3 的数据块。水箱水位控制系统程序结构图如图 8-13 所示。

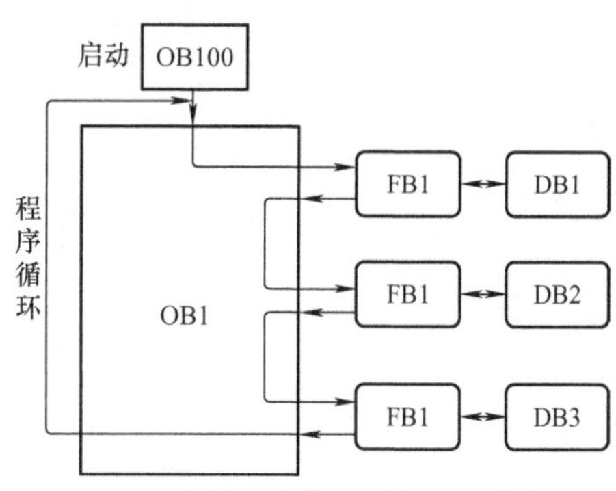

图 8-13 水箱水位控制系统程序结构图

8.3.3 任务解答

1. 功能块（FB）的生成

（1）创建项目及硬件组态　新建“水箱水位控制系统”项目，在进行硬件组态时，选择 CPU 为 CPU 314C－2DP。

（2）编写符号表　打开“水箱水位控制系统”项目，依次选择“SIMATIC 300 站点”→“CPU314C－2DP”→“S7 程序”，在右边窗口中双击“符号”图标，打开“符号编辑器”窗口，完成符号表的编辑工作，如图 8-14 和图 8-15 所示。

图 8-14 打开符号表

（3）创建功能块　用鼠标选中项目中 SIMATIC 管理器左边窗口中的“块”对象，单击鼠标右键，在弹出的快捷菜单中选择“插入新对象”→“功能块”命令，生成一个新的功能块，如图 8-16 所示。

在出现的功能块属性对话框中，采用系统自动生成的功能块名称“FB1”，在“创建语言”的下拉文本框中选择 LAD 为功能的默认编程语言。取消选中“多重背景功能”复选框（没有多重背景功能），如图 8-17 所示。单击“确定”按钮返回 SIMATIC 管理器完成功能块 FB1 的生成。

2. 定义功能块的局部变量

双击生成的功能块 FB1 图标，打开 FB1 程序编辑器，双击打开“接口”选项，在“IN”（输入变量）和“OUT”（输出变量）选项中定义本控制程序中需要的输入、输出变量，如图 8-18 所示。

符号编辑器 - [S7 程序(1) (符号) -- 水箱水位控制系统\SIMATIC 300 站点\CPU313 C-2 DP(1)]

符号表(S) 编辑(E) 插入(I) 视图(V) 选项(O) 窗口(W) 帮助(H)

全部符号

	状态	符号 /	地址		数据类型		注释
1		OB1	OB	1	OB	1	主循环组织块
2		OB100	OB	100	OB	100	启动复位组织块
3		SB1	I	1.0	BOOL		水箱1放水电磁阀开启按钮
4		SB2	I	1.1	BOOL		水箱1放水电磁阀关闭按钮
5		SB3	I	1.2	BOOL		水箱2放水电磁阀开启按钮
6		SB4	I	1.3	BOOL		水箱2放水电磁阀关闭按钮
7		SB5	I	1.4	BOOL		水箱3放水电磁阀开启按钮
8		SB6	I	1.5	BOOL		水箱3放水电磁阀关闭按钮
9		SL1	I	2.0	BOOL		水箱1高液位传感器
1		SL2	I	2.1	BOOL		水箱1低液位传感器
1		SL3	I	2.2	BOOL		水箱2高液位传感器
1		SL4	I	2.3	BOOL		水箱2低液位传感器
1		SL5	I	2.4	BOOL		水箱3高液位传感器
1		SL6	I	2.5	BOOL		水箱3低液位传感器
1		YV1	Q	0.1	BOOL		水箱1进水电磁阀
1		YV2	Q	0.2	BOOL		水箱2进水电磁阀
1		YV3	Q	0.3	BOOL		水箱3进水电磁阀
1		YV4	Q	0.4	BOOL		水箱1放水电磁阀
1		YV5	Q	0.5	BOOL		水箱2放水电磁阀
2		YV6	Q	0.6	BOOL		水箱3放水电磁阀
2		水箱控制FB	FB	1	FB	1	水箱控制功能块

按下 F1 获取帮助。 NUM

图 8-15 编辑符号表

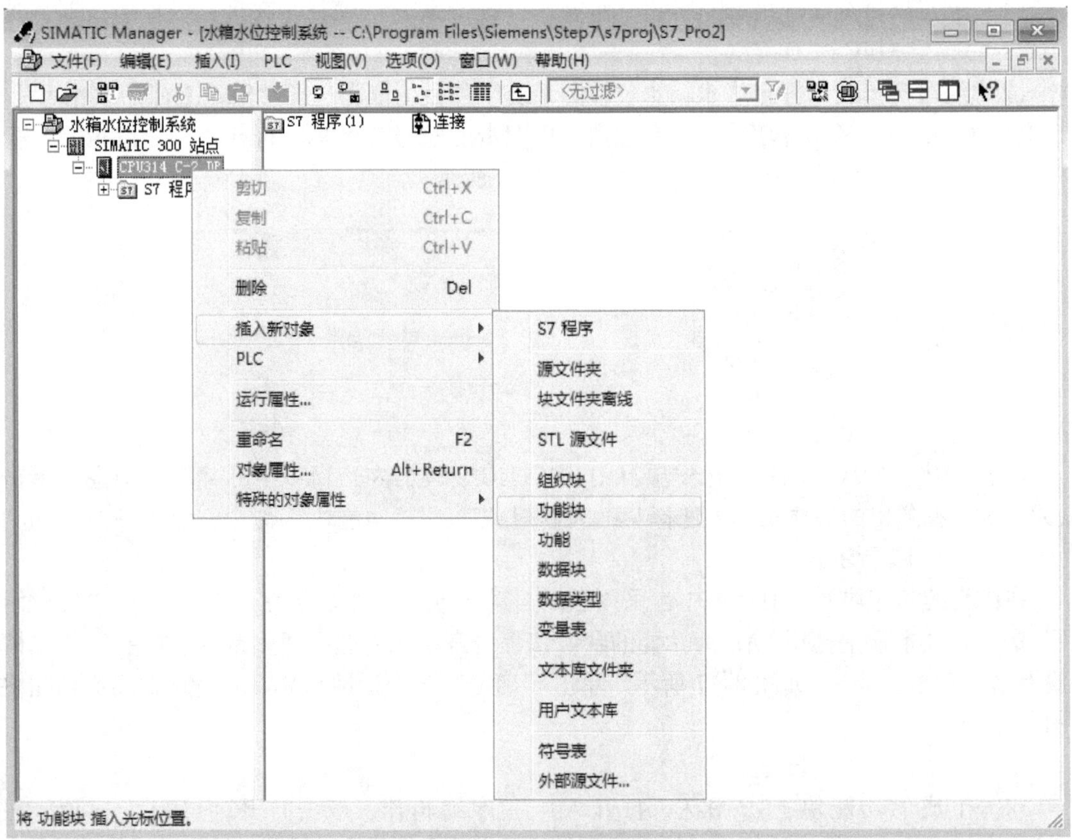

图 8-16 创建功能块 FB1

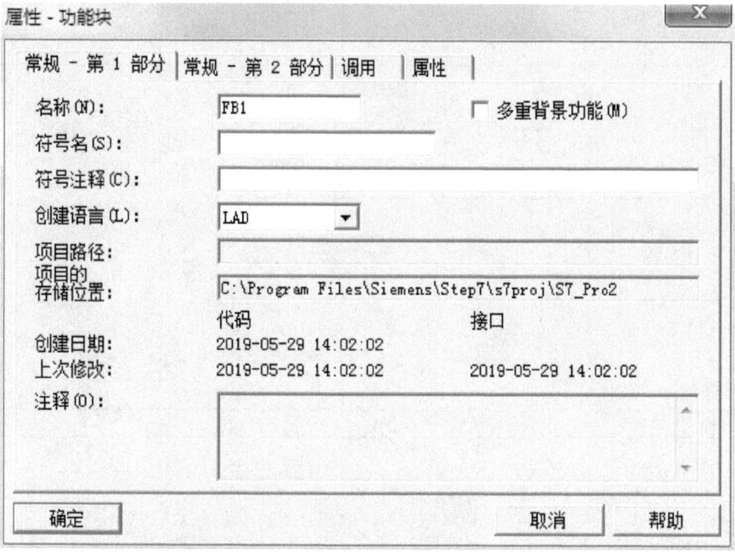

属性 - 功能块

常规 - 第 1 部分 | 常规 - 第 2 部分 | 调用 | 属性

名称(N): FB1 多重背景功能(M)
符号名(S):
符号注释(C):
创建语言(L): LAD
项目路径:
项目的存储位置: C:\Program Files\Siemens\Step7\s7proj\S7_Pro2

	代码	接口
创建日期:	2019-05-29 14:02:02	
上次修改:	2019-05-29 14:02:02	2019-05-29 14:02:02

注释(O):

确定 取消 帮助

图 8-17 生成功能块 FB1

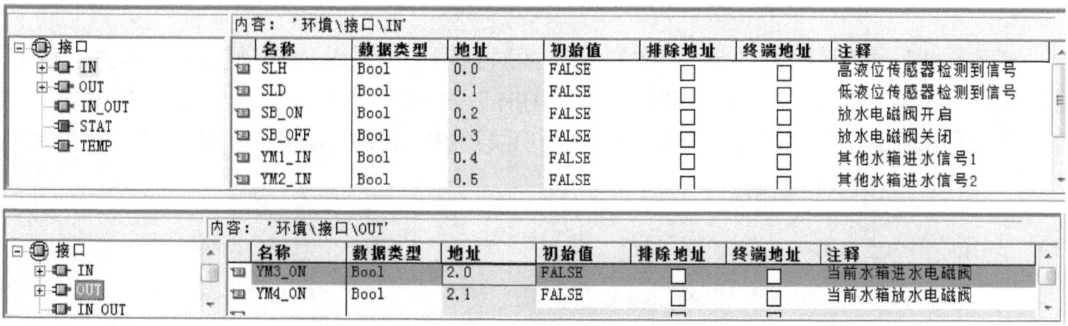

内容：'环境\接口\IN'

接口：IN、OUT、IN_OUT、STAT、TEMP

名称	数据类型	地址	初始值	排除地址	终端地址	注释
SLH	Bool	0.0	FALSE	□	□	高液位传感器检测到信号
SLD	Bool	0.1	FALSE	□	□	低液位传感器检测到信号
SB_ON	Bool	0.2	FALSE	□	□	放水电磁阀开启
SB_OFF	Bool	0.3	FALSE	□	□	放水电磁阀关闭
YM1_IN	Bool	0.4	FALSE	□	□	其他水箱进水信号1
YM2_IN	Bool	0.5	FALSE	□	□	其他水箱进水信号2

内容：'环境\接口\OUT'

名称	数据类型	地址	初始值	排除地址	终端地址	注释
YM3_ON	Bool	2.0	FALSE	□	□	当前水箱进水电磁阀
YM4_ON	Bool	2.1	FALSE	□	□	当前水箱放水电磁阀

图 8-18 FB1 局部变量表

输入变量：

1）SLH：高液位传感器检测到信号，表示水箱已满。

2）SLD：低液位传感器检测到信号，表示水箱已被放空。

3）SB_ON：放水阀开启按钮。

4）SB_OFF：放水阀关闭按钮。

5）YM1_IN：其他水箱进水信号 1。

6）YM2_IN：其他水箱进水信号 2。

输出变量：

1）YM3_ON：当前水箱进水电磁阀信号。

2）YM4_ON：当前水箱放水电磁阀信号。

3. 编写功能块 FB1 程序

FB1 程序由两个程序段组成，控制程序如图 8-19 所示。

4. 建立背景数据块

在“水箱水位控制系统”项目中选择“块”文件夹，执行菜单命令“插入”→“S7

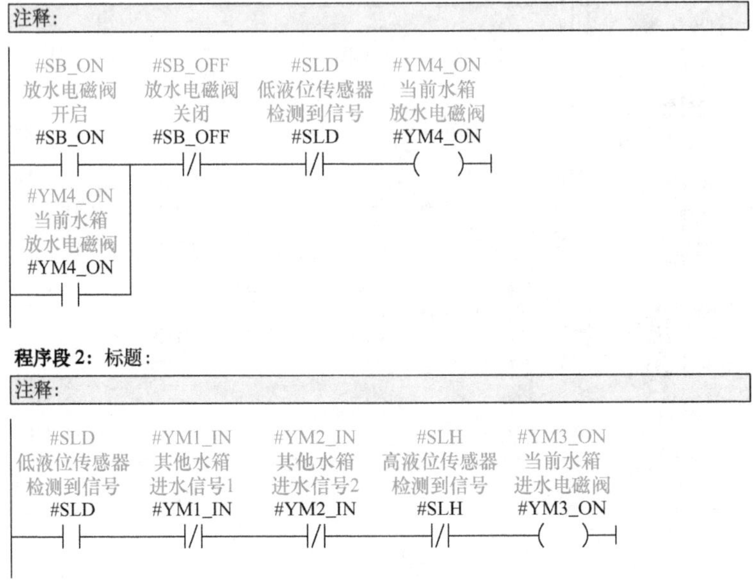

图 8-19　FB1 控制程序

块”→“数据块”，在弹出的“属性-数据块”的对话框中，系统会自动生成名称为“DB1”的数据块，如图 8-20 所示。将数据名称为“DB1”的数据类型选择为“背景数据块”和“FB1”，单击“确定”按钮完成背景数据块 DB1 与 FB1 连接的创建。用相同的方法完成背景数据块 DB2 和 DB3 的创建。

属性 - 数据块

常规 - 第 1 部分 | 常规 - 第 2 部分 | 调用 | 属性

名称和类型(N)：DB1　背景数据块　FB1

符号名(S)：

符号注释(C)：

创建语言(L)：DB

项目路径：

项目的存储位置：C:\Program Files\Siemens\Step7\s7proj\S7_Pro2

	代码	接口
创建日期：	2019-05-30 21:08:11	
上次修改：	2019-05-30 21:08:11	2019-05-30 21:08:11

注释(O)：

确定　取消　帮助

图 8-20　建立背景数据块

依次打开 DB1、DB2、DB3 背景数据块。由于在创建 DB1、DB2、DB3 之前已经完成了 FB1 局部变量的声明，所以在创建与 FB1 相关联的 DB1、DB2、DB3 时，STEP7 已自动建立了各数据块的数据结构。DB1 的数据结构如图 8-21 所示。

DB1 -- 水箱水位控制系统\SIMATIC 300 站点\CPU313 C-2 DP(1)

	地址	声明	名称	类型	初始值	实际值	备注
1	0.0	in	SLH	BOOL	FALSE	FALSE	高液位传感器检测到信号
2	0.1	in	SLD	BOOL	FALSE	FALSE	低液位传感器检测到信号
3	0.2	in	SB_ON	BOOL	FALSE	FALSE	放水电磁阀开启
4	0.3	in	SB_OFF	BOOL	FALSE	FALSE	放水电磁阀关闭
5	0.4	in	YM1_IN	BOOL	FALSE	FALSE	其他水箱进水信号1
6	0.5	in	YM2_IN	BOOL	FALSE	FALSE	其他水箱进水信号2
7	2.0	out	YM3_ON	BOOL	FALSE	FALSE	当前水箱进水电磁阀
8	2.1	out	YM4_ON	BOOL	FALSE	FALSE	当前水箱排水电磁阀

图 8-21　DB1 的数据结构

5. 调用组织块 OB100

(1) 组织块 OB100　在西门子 S7－300 PLC 中，组织块 OB100 的作用是当 CPU 的状态由停止状态转到运行状态时，操作系统都会调用 OB100。当 OB100 运行结束后，操作系统再进行 OB1 的调用。通过利用 OB100 先于 OB1 的执行特性，可以在用户进行程序编写时准备初始变量参数。

(2) 编写组织块 OB100 控制程序　在本操作系统中，考虑到需要对系统的各输入信号进行复位操作，在程序设计中需进行组织块 OB100 的调用，具体操作如下：

在“水箱水位控制系统”项目中选择“块”文件夹，执行菜单命令“插入”→“S7 块”→“组织块”，在弹出的“属性-组织块”对话框中，输入名称“OB100”。双击组织块 OB100，进行复位程序设计，组织块 OB100 中电磁阀复位程序如图 8-22 所示。

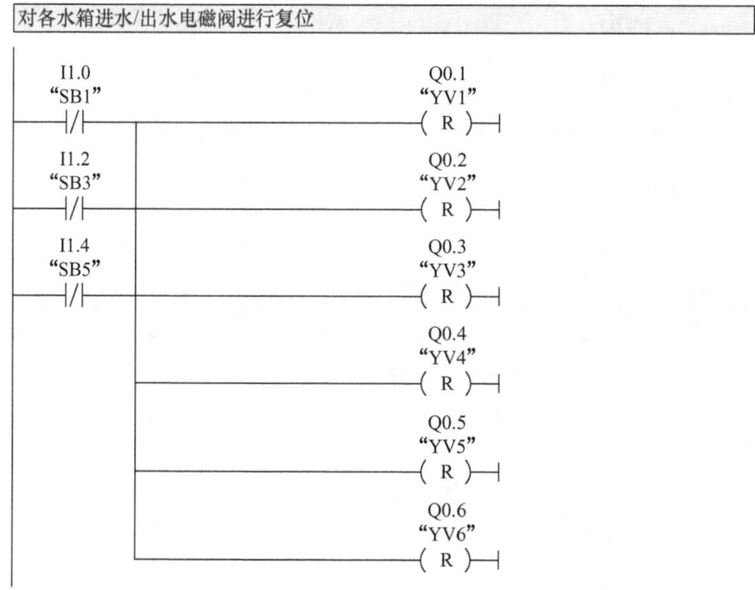

图 8-22　组织块 OB100 中电磁阀复位程序

6. 在 OB1 中调用功能块

打开组织块 OB1。在程序编写区域调用功能块 FB1。在本系统的控制程序中，需进行三次功能块 FB1 的调用。在每次调用的程序中，依次输入 1～3 号水箱的输入、输出参数，实现对三个水箱的控制。

控制程序如图 8-23 所示。

程序段 1：标题：

水箱1控制

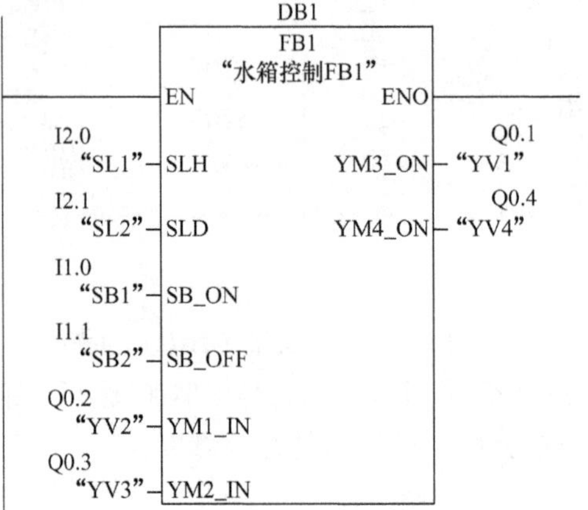

程序段 2：标题：

水箱2控制

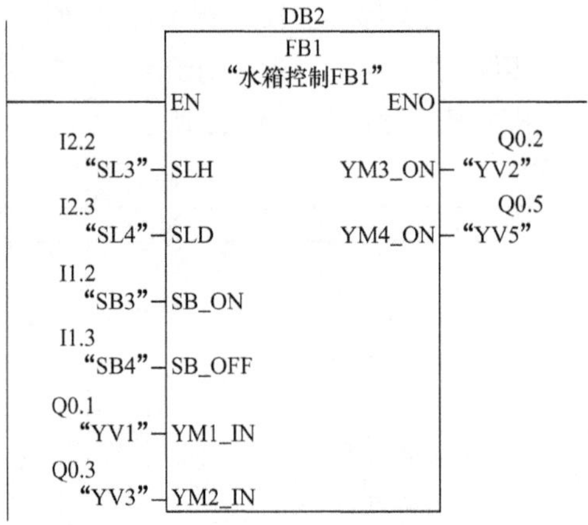

程序段 3：标题：

水箱3控制

DB3
FB1
“水箱控制FB1”
EN ENO
I2.4 “SL5” SLH — YM3_ON Q0.3 “YV3”
I2.5 “SL6” SLD — YM4_ON Q0.6 “YV6”
I1.4 “SB5” SB_ON
I1.5 “SB6” SB_OFF
Q0.1 “YV1” YM1_IN
Q0.2 “YV2” YM2_IN

图 8-23　OB1 中调用功能块 FB1 的控制程序

7. 程序仿真

打开程序仿真软件 PLCSIM，系统程序仿真结果如图 8-24 所示。

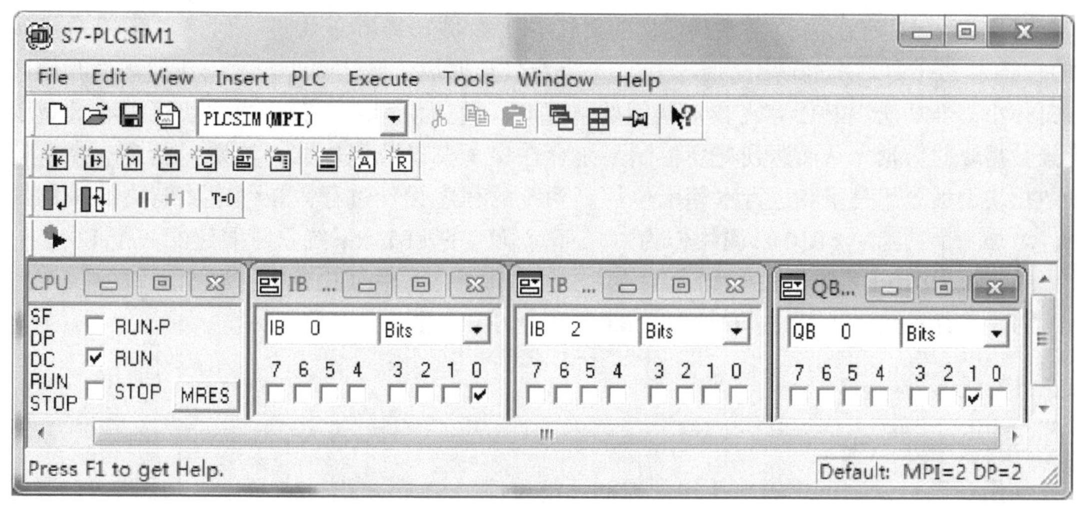

图 8-24 水箱水位控制系统程序仿真结果

8.3.4 功能与功能块的区别

FC 和 FB 均为用户编写的子程序，局部变量均有 IN、OUT、IN_OUT、TEMP，临时变量 TEMP 储存在局部数据堆栈中。功能（FC）和功能块（FB）具体区别如下：

1）FC 没有静态变量（STAT），FC 如果有执行完后需要保存的数据，只能存放在全局变量中。FB 的静态变量是通过背景数据块进行保存的。在使用 FC 和 FB 过程中，如果 FC 和 FB 内部不使用全局变量，只使用局部变量，则无须做任何修改就可以将它们移植到其他的项目中。如果 FC 或 FB 的内部使用了全局变量，在进行移植时需要重新统一分配它们内部使用的全局变量地址，以保证不会出现地址冲突。当程序复杂或者子程序和中断程序很多时，这种重新分配全局变量地址的工作量非常大，也容易出错，所以如果逻辑块有执行完成需要保存的数据，应使用 FB，而避免使用 FC。

2）FB 的输出参数不仅与来自外部的输入参数有关，还与用静态变量保存的内部状态数据有关，FC 因为没有静态变量，所以相同的输入参数产生的执行结果是相同的。

3）FB 有背景数据块（DB），FC 没有背景数据块（DB）。

4）不能给 FC 的局部变量设置初始值，但可以给 FB 的局部变量（不包含 TEMP）设置初始值。在调用 FB 时，如果没有设置某些输入参数的实参，将使用背景数据块的初始值，或上一次执行后的值；调用 FC 时，应给所有的形参指定实参。

8.4 任务3：使用多重背景数据块

8.4.1 任务要求

使用多重背景数据块实现图 8-12 所示水箱水位控制系统程序设计，具体控制要求与 8.3 节任务 2 相同。

8.4.2 任务分析

对于图 8-12 所示的控制系统，8.3 节任务 2 在进行控制程序设计时多次调用功能块 FB1，而对 FB1 每一次的调用都需要生成一个背景数据块，但这些背景数据块使用的存储区域又很小。当功能块 FB1 存在较多调用的情况时，通过使用多重背景数据块可以有效减少背景数据块的数量，从而达到避免控制系统存在多个背景数据块的“浪费”情况。多重背景数据块编程思想是指在进行水箱水位控制系统的程序设计过程，在创建功能块 FB1 的同时，增加一个功能块 FB10 来调用作为“局部背景”的 FB1。系统只需要建立一个 FB10 的背景数据块 DB10，FB1 的数据均存储在 FB10 的背景数据块 DB10 中，即原来每一次调用 FB1 需要的背景数据块 DB1、DB2 和 DB3 均被 DB10 代替。

8.4.3 任务解答

1. 规划程序结构

使用多重背景数据块的水箱水位控制系统程序结构图如图 8-25 所示。与图 8-13 所示程序结构图相比较。控制程序增加了逻辑块 FB10，FB10 作为上层功能块，通过对 FB1 三次调用分别实现了水箱 1、水箱 2 和水箱 3 的控制。系统的背景数据块仅包括了一个多重背景数据块 DB10。FB10 在对 FB1 的调用过程中将不需再占用任务 8.3 实例中数据块 DB1、DB2 和 DB3。每一次对 FB1 调用的数据均存储在体系上层功能块 FB10 的背景数据块 DB10 中。

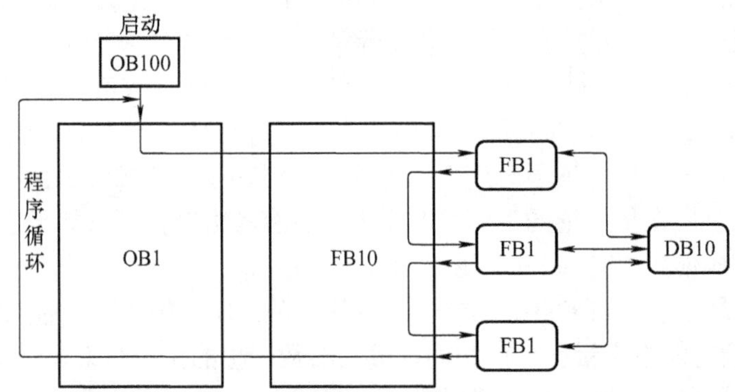

图 8-25 使用多重背景数据块的水箱水位控制系统程序结构图

2. 创建项目、硬件组态及编写符号表

新建“多重背景水箱水位控制系统”项目，在进行硬件组态时，选择 CPU 为 CPU314C－2DP。选中新建的项目，依次选择“SIMATIC 300 站点”→“CPU314C－2DP”→“S7 程序”，在弹出的对话框中双击“符号”选项，打开“符号编辑器”窗口，完成符号表的编辑工作，如图 8-26 所示。

3. 编写功能块 FB1 和 FB10

参照 8.3 节中的功能块 FB1 的创建方法，完成本任务中功能块 FB1 的创建。FB1 的变量声明表及梯形图程序如图 8-27 所示。

符号编辑器 - [S7 程序(1) (符号) -- 多重背景水箱水位控制系统\SIMATIC 300 站点\CPU314 C-2 DP(1)]

	状态	符号 /	地址		数据类型		注释
1		OB1	OB	1	OB	1	主循环组织块
2		OB100	OB	100	OB	100	启动复位组织块
3		SB1	I	1.0	BOOL		水箱1放水电磁阀开启按钮
4		SB2	I	1.1	BOOL		水箱1放水电磁阀关闭按钮
5		SB3	I	1.2	BOOL		水箱2放水电磁阀开启按钮
6		SB4	I	1.3	BOOL		水箱2放水电磁阀关闭按钮
7		SB5	I	1.4	BOOL		水箱3放水电磁阀开启按钮
8		SB6	I	1.5	BOOL		水箱3放水电磁阀关闭按钮
9		SL1	I	2.0	BOOL		水箱1高液位检测传感器
1		SL2	I	2.1	BOOL		水箱1低液位检测传感器
1		SL3	I	2.2	BOOL		水箱2高液位检测传感器
1		SL4	I	2.3	BOOL		水箱2低液位检测传感器
1		SL5	I	2.4	BOOL		水箱3高液位检测传感器
1		SL6	I	2.5	BOOL		水箱3低液位检测传感器
1		YV1	Q	0.0	BOOL		水箱1进水电磁阀
1		YV2	Q	0.1	BOOL		水箱2进水电磁阀
1		YV3	Q	0.2	BOOL		水箱3进水电磁阀
1		YV4	Q	0.3	BOOL		水箱1放水电磁阀
1		YV5	Q	0.4	BOOL		水箱2放水电磁阀
2		YV6	Q	0.5	BOOL		水箱3放水电磁阀
2		FB1	FB	1	FB	1	局部背景数据块
2		FB10	FB	10	FB	10	多重背景功能块
2		DB10	DB	10	FB	10	多重背景数据块

按下 F1 获取帮助。　NUM

图 8-26　多重背景水箱水位控制系统符号表

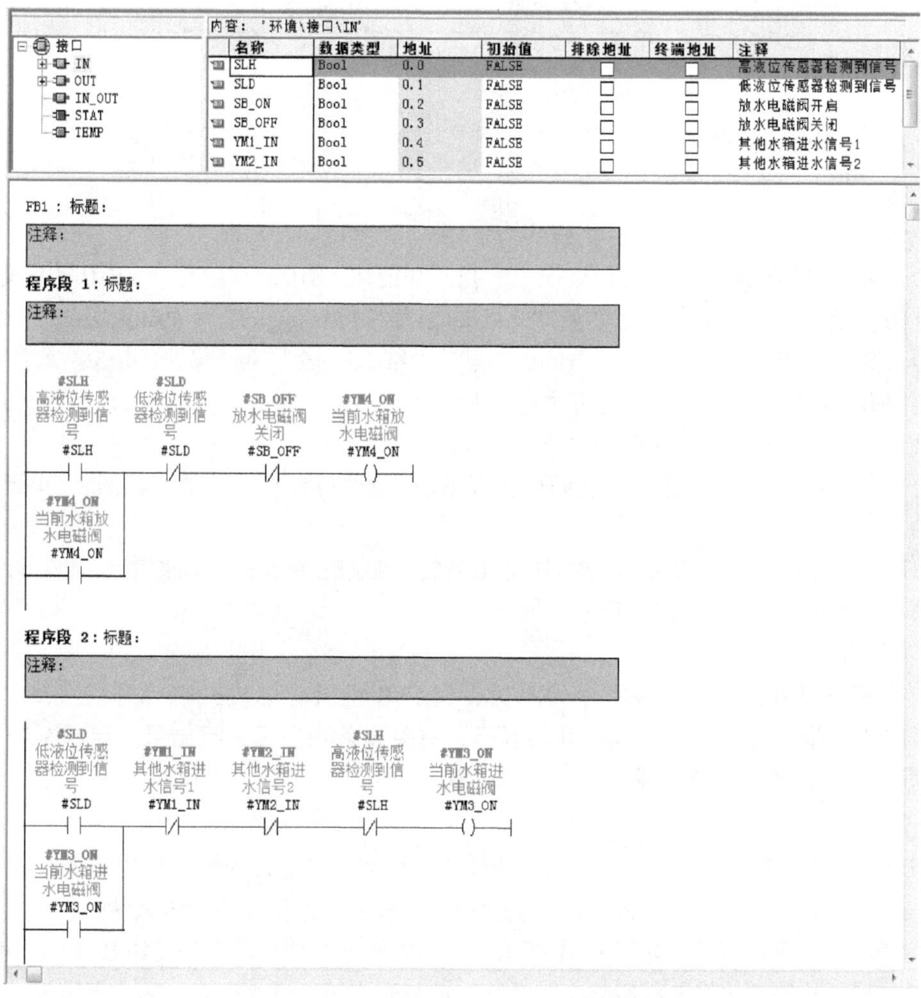

图 8-27　FB1 的变量声明表及梯形图程序

选择“多重背景水箱水位控制系统”项目内的“块”文件夹，单击鼠标右键，在弹出的快捷菜单中选择“插入新对象”→“功能块”命令。在出现的功能块属性对话框中，将功能块的名称改为 FB10，在“创建语言”的下拉文本框中选择 LAD 为功能的默认编程语言。确定“多重背景功能”复选框被选中，如图 8-28 所示。单击“确定”按钮返回 SIMATIC 管理器，完成功能块 FB10 的生成。

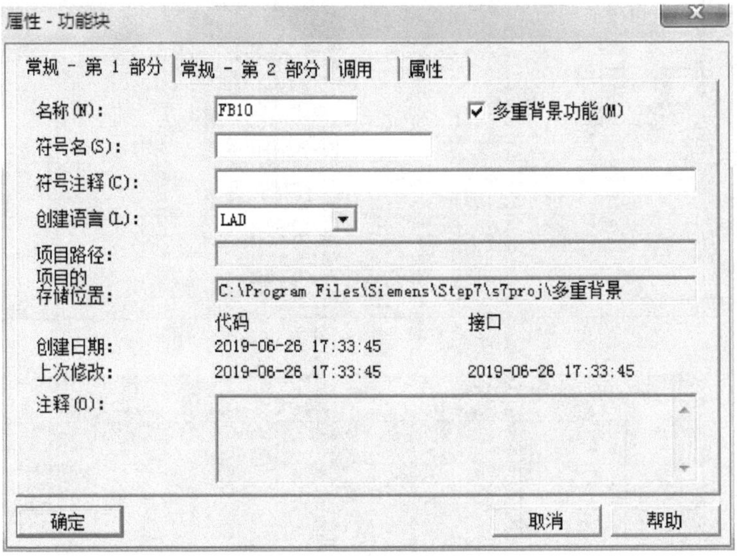

属性 - 功能块
常规 - 第 1 部分 | 常规 - 第 2 部分 | 调用 | 属性
名称(N): FB10 ☑ 多重背景功能(M)
符号名(S):
符号注释(C):
创建语言(L): LAD
项目路径:
项目的存储位置: C:\Program Files\Siemens\Step7\s7proj\多重背景
代码 接口
创建日期: 2019-06-26 17:33:45
上次修改: 2019-06-26 17:33:45 2019-06-26 17:33:45
注释(O):
确定 取消 帮助

图 8-28 生成 FB10 功能块

在 SIMATIC 管理器中的“块”选项中，找到功能块 FB10，双击打开 FB10 的编辑窗口，在 FB10 的变量声明表中定义静态变量“shuixiang1”“shuixiang2”和“shuixiang3”，其数据类型均为 FB1。**注意**：变量声明表“shuixiang1”“shuixiang2”和“shuixiang3”文件夹中的变量来自 FB1 变量声明表，而不是用户输入的。生成 FB10 后，“shuixiang1”“shuixiang2”和“shuixiang3”将出现在指令树的“多重背景”文件夹内。将它们拖拽到 FB10 的程序编辑区内，输入不同的输入和输出参数即可实现不同功能的 FB10 的编辑，如图 8-29 所示。

4. FB10 的调用

在 OB1 中调用 FB10，其背景数据块为 DB10，控制三个水箱的局部变量均存储在多重背景数据块 DB10 中，如图 8-30 所示。

5. 下载与调试程序

完成硬件接线和组态、软件程序编辑后，将 PLC 主机上的模式选择开关拨到“RUN”位置，“RUN”指示灯亮，表示程序开始运行，有关设备将显示运行结果。启动系统，观察水箱运行情况是否满足控制要求。

6. 程序仿真

单击 SIMATIC 管理器工具栏中的按钮，打开 PLCSIM。将控制程序中的各逻辑块下载到 PLCSIM 中，将仿真软件中的 PLC 切换至“RUN”模式。改变系统的输入状态，观察输出的参数变化情况，程序仿真结果如图 8-31 所示。图示为按下 2 号水箱启动按钮 SB3，同时水箱 2 的低液位传感器检测到水箱 2 已经放空，系统自动打开水箱 2 进水电磁阀的仿真结果。

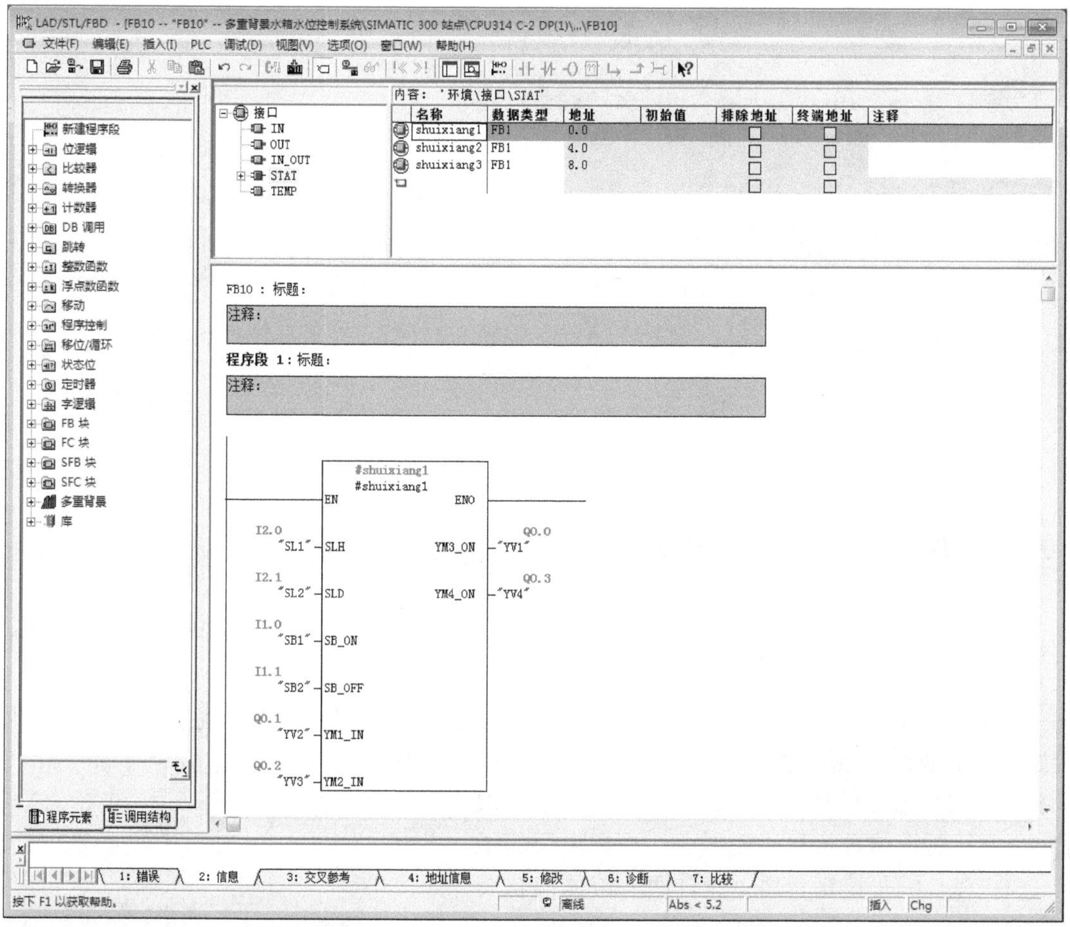

LAD/STL/FBD - [FB10 -- "FB10" -- 多重背景水箱水位控制系统\SIMATIC 300 站点\CPU314 C-2 DP(1)\...\FB10]

文件(F) 编辑(E) 插入(I) PLC 调试(D) 视图(V) 选项(O) 窗口(W) 帮助(H)

新建程序段
位逻辑
比较器
转换器
计数器
DB 调用
跳转
整数函数
浮点数函数
移动
程序控制
移位/循环
状态位
定时器
字逻辑
FB 块
FC 块
SFB 块
SFC 块
多重背景
库

接口
IN
OUT
IN_OUT
STAT
TEMP

内容：'环境\接口\STAT'

名称	数据类型	地址	初始值	排除地址	终端地址	注释
shuixiang1	FB1	0.0		□	□	
shuixiang2	FB1	4.0		□	□	
shuixiang3	FB1	8.0		□	□	
				□	□	

FB10 : 标题:

注释:

程序段 1：标题:

注释:

#shuixiang1
#shuixiang1
EN ENO
I2.0 "SL1" SLH YM3_ON Q0.0 "YV1"
I2.1 "SL2" SLD YM4_ON Q0.3 "YV4"
I1.0 "SB1" SB_ON
I1.1 "SB2" SB_OFF
Q0.1 "YV2" YM1_IN
Q0.2 "YV3" YM2_IN

程序元素 调用结构

1: 错误 2: 信息 3: 交叉参考 4: 地址信息 5: 修改 6: 诊断 7: 比较

按下 F1 以获取帮助。 离线 Abs < 5.2 插入 Chg

图 8-29 FB10 对多重应用背景的定义和调用

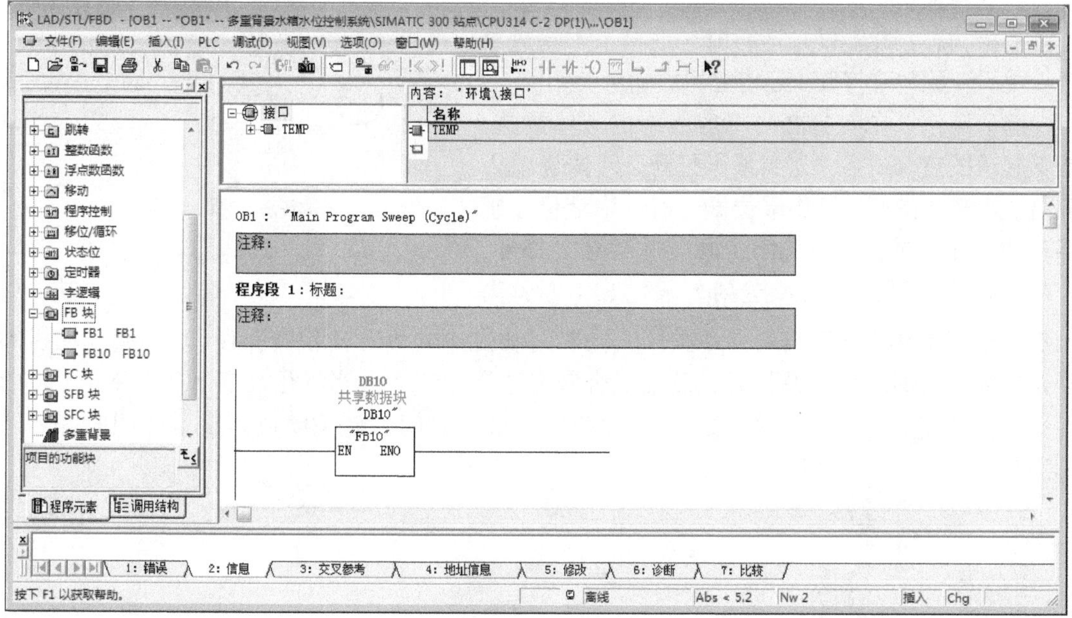

图 8-30 在 OB1 中调用 FB10

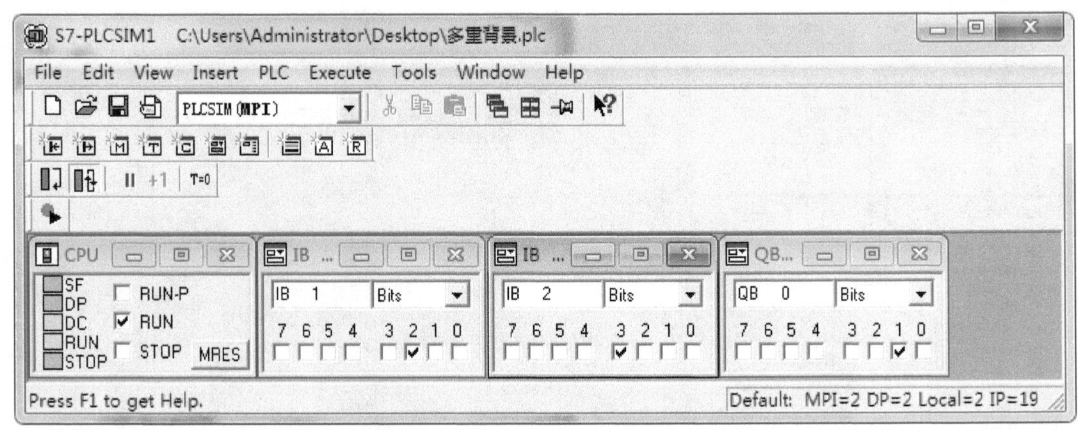

图 8-31　多重背景水箱水位控制系统程序仿真结果

8.5　任务4：液体混合装置PLC控制的设计与仿真

8.5.1　任务要求

已知液位采集的液体混合装置控制系统如图8-32所示，其中，高液位传感器、中液位传感器和低液位传感器为三个开关量信号，主要用于检测容器内液位的高、中、低三种状态。现要求将A、B两种液体进行等比例混合。请利用西门子S7-300 PLC编写控制程序，设计两种液体混合装置控制系统。

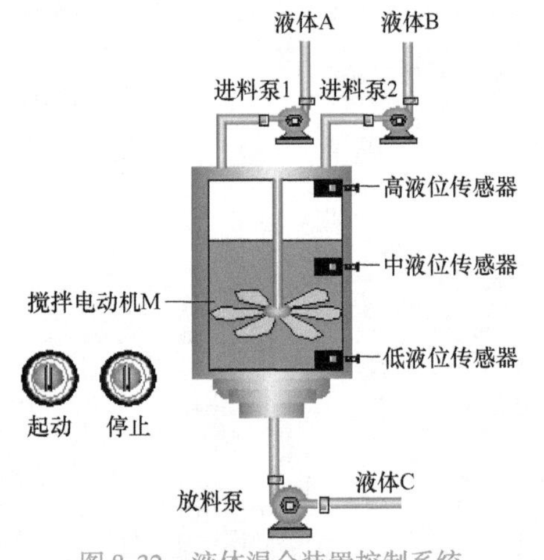

图 8-32　液体混合装置控制系统

控制要求：

初始状态：装置投入运行时，进料泵1和进料泵2关闭，放料泵打开10s将容器放空后关闭。

起动操作：在实验之前将容器中的液体放空，按下起动按钮SB1后，进料泵1打开，液体A流入容器。当液位高度达到中限位SL2时，中液位传感器动作，此时进料泵1关闭，同时进料泵2打开，液体B流入容器。当液位达到上限位SL1时，高液位传感器动作，这时进料泵2关闭，同时起动搅拌电动机M搅拌。10s后搅拌电动机M停止搅拌，这时将放料泵打开，放出混合液C去下道工序。当液位高度下降到下限位SL3后，低液位传感器动作，执行延时5s程序，待延时时间到后关闭放料泵，并同时开始新的周期。

8.5.2　任务分析

1. 硬件电路分析设计

（1）PLC控制的I/O端口分配表　液体混合装置PLC控制的I/O端口分配表见表8-3。

表 8-3 液体混合装置 PLC 控制的 I/O 端口分配表

序 号	输入信号	输入地址	序 号	输出信号	输出地址
1	起动按钮 SB1	I0.0	1	进料泵 1 电磁阀 K1	Q0.0
2	停止按钮 SB2	I0.1	2	进料泵 2 电磁阀 K2	Q0.1
3	急停按钮 SB3	I0.2	3	放料泵电磁阀 K3	Q0.2
4	高液位传感器 SL1	I0.3	4	搅拌电动机 M 接触线圈 KM	Q2.0
5	中液位传感器 SL2	I0.4			
6	低液位传感器 SL3	I0.5			

(2) PLC 控制的输入/输出电路　根据 PLC 控制的 I/O 端口分配表，设计液体混合装置 PLC 控制的输入/输出电路，如图 8-33 所示。

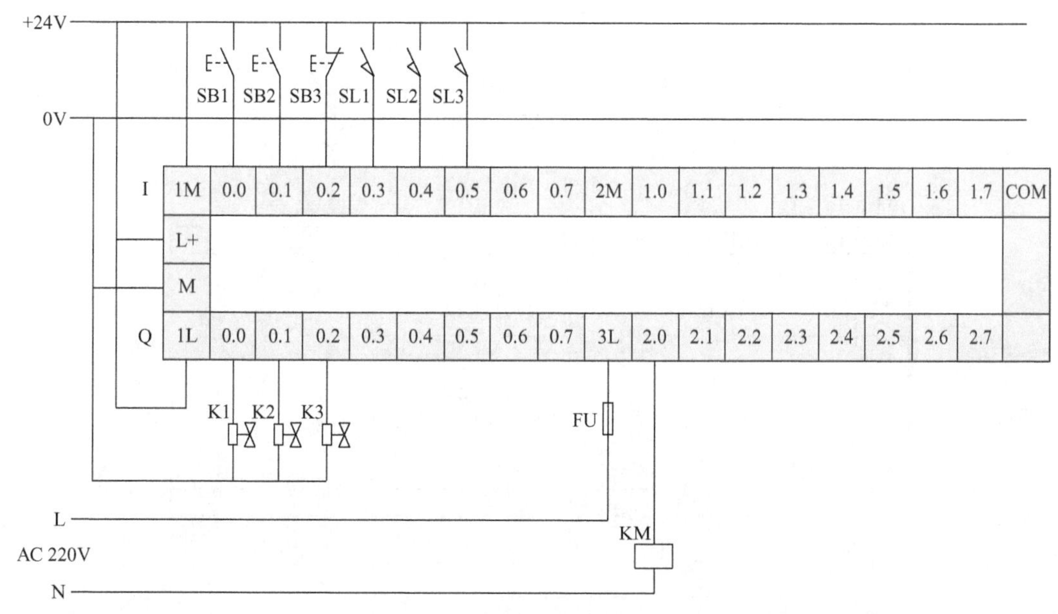

图 8-33 液体混合装置 PLC 控制的输入/输出电路

2. 软件程序设计

根据液体混合装置的控制要求，设计系统程序结构图，如图 8-34 所示。

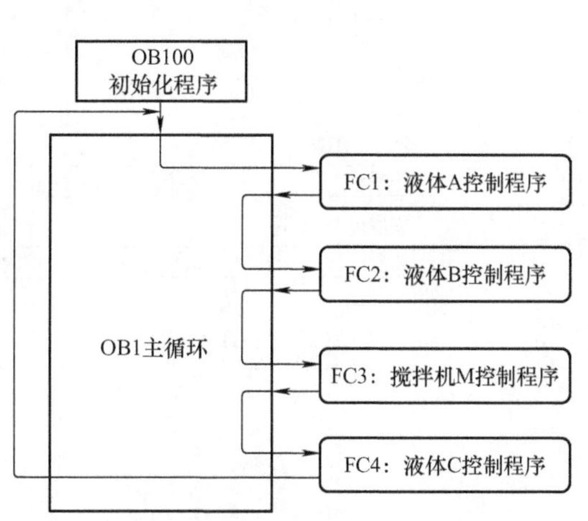

图 8-34 液体混合装置系统程序结构图

根据液体混合装置系统程序结构图，设计梯形图程序。

1）编辑 OB100。OB100 为起动组织块，主要完成系统各个输出变量的复位操作，如图 8-35 所示。

2）编辑 FC1 功能。FC1 为液体 A 控制程序，如图 8-36 所示。

3）编辑 FC2 功能。FC2 为液体 B 控制程序，如图 8-37 所示。

程序段 1： 标题：

起动上电，关闭进料泵1，进料泵2。置位M10.0，起动放料泵10s

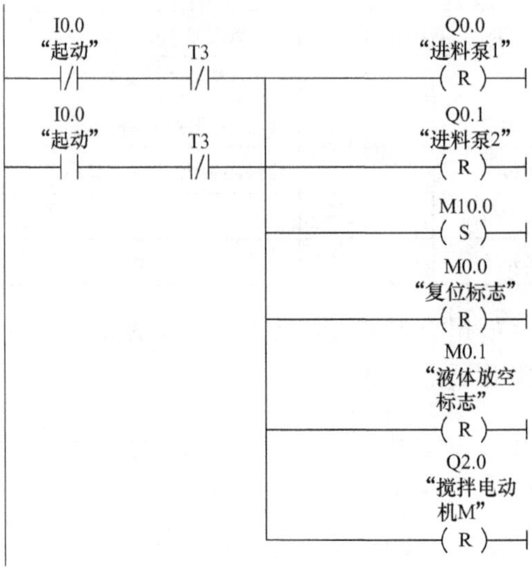

图 8-35　OB100 程序功能图

程序段 1： 标题：

当液体A加入到使得中位传感器检测到以后，关闭进料泵1，打开进料泵2

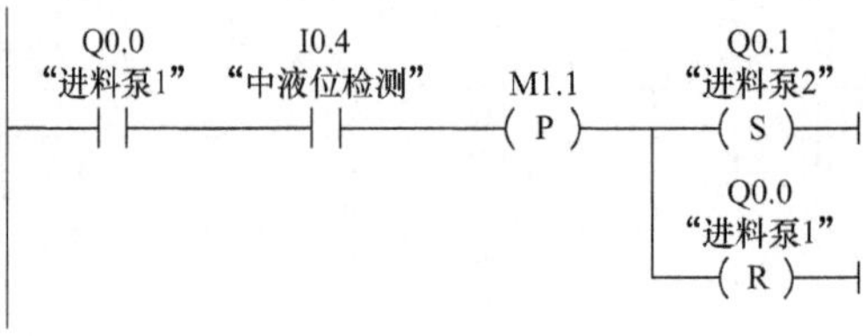

程序段 2： 标题：

注释：

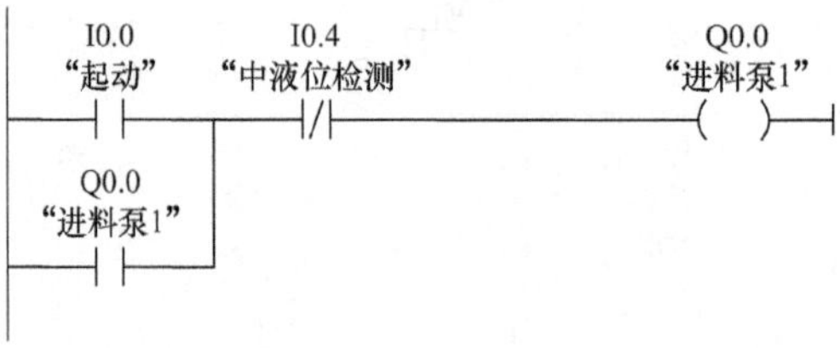

图 8-36　FC1 液体 A 控制程序

FC2：标题：

注释：

程序段 1： 标题：

在液体2进料过程中，当高液位传感器检测到信号时，关闭进料泵2，并打开搅拌电动机M

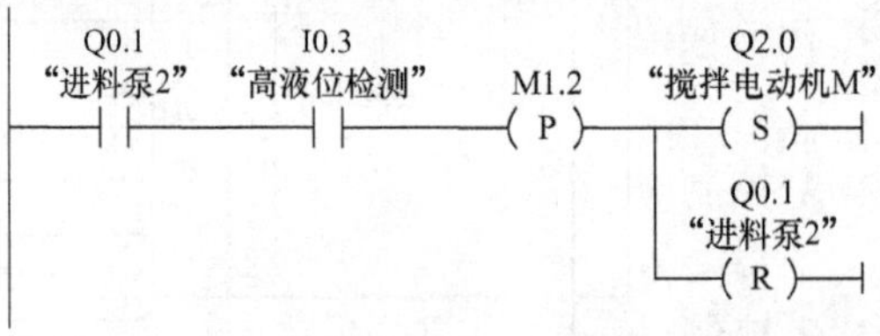

图 8-37　FC2 液体 B 控制程序

4）编辑 FC3 功能。FC3 为搅拌电动机 M 控制程序，如图 8-38 所示。

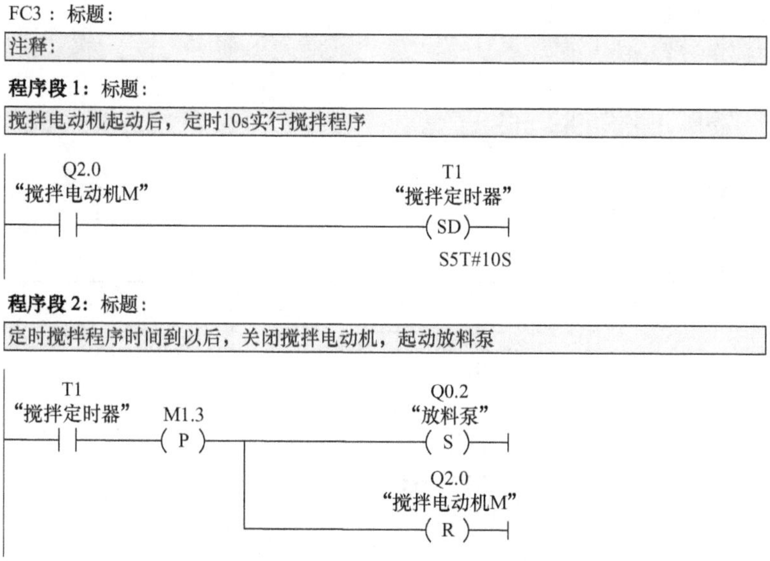

FC3：标题：

注释：

程序段 1：标题：

搅拌电动机起动后，定时10s实行搅拌程序

Q2.0
"搅拌电动机M"
T1
"搅拌定时器"
SD
S5T#10S

程序段 2：标题：

定时搅拌程序时间到以后，关闭搅拌电动机，起动放料泵

T1
"搅拌定时器"
M1.3
P
Q0.2
"放料泵"
S
Q2.0
"搅拌电动机M"
R

图 8-38 FC3 搅拌电动机 M 控制程序

5）编辑 FC4 功能。FC4 为液体 C 控制程序，如图 8-39 所示。

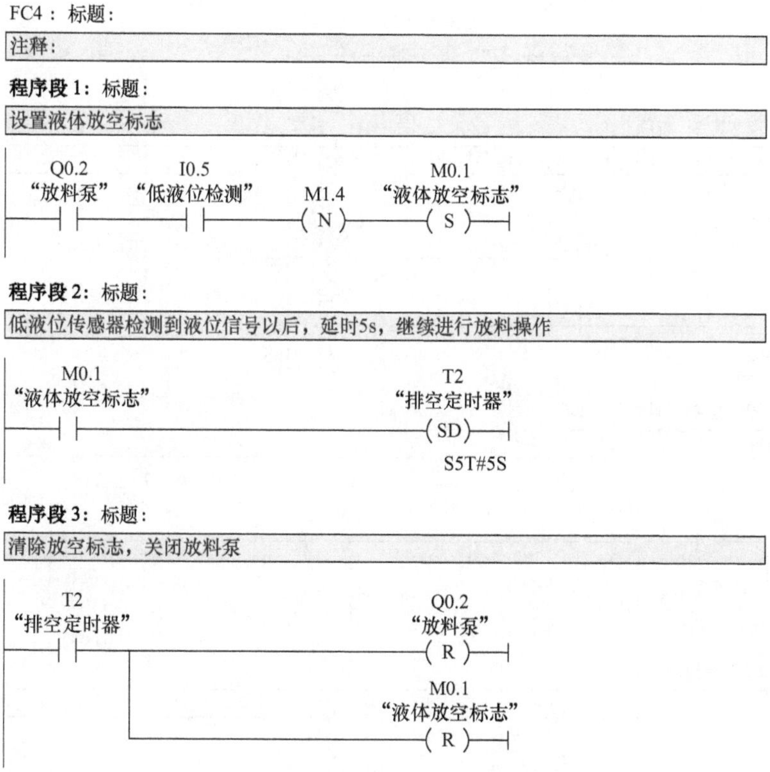

FC4：标题：

注释：

程序段 1：标题：

设置液体放空标志

Q0.2
"放料泵"
I0.5
"低液位检测"
M1.4
N
M0.1
"液体放空标志"
S

程序段 2：标题：

低液位传感器检测到液位信号以后，延时5s，继续进行放料操作

M0.1
"液体放空标志"
T2
"排空定时器"
SD
S5T#5S

程序段 3：标题：

清除放空标志，关闭放料泵

T2
"排空定时器"
Q0.2
"放料泵"
R
M0.1
"液体放空标志"
R

图 8-39 FC4 液体 C 控制程序

6）在 OB1 模块中调用各功能。当完成 FC1～FC4 各功能的程序编辑后，各功能会保存到程序指令目录的"FC 块"中，可供 OB1 组织块直接调用。OB1 调用各功能的控制程序如

图 8-40 所示。

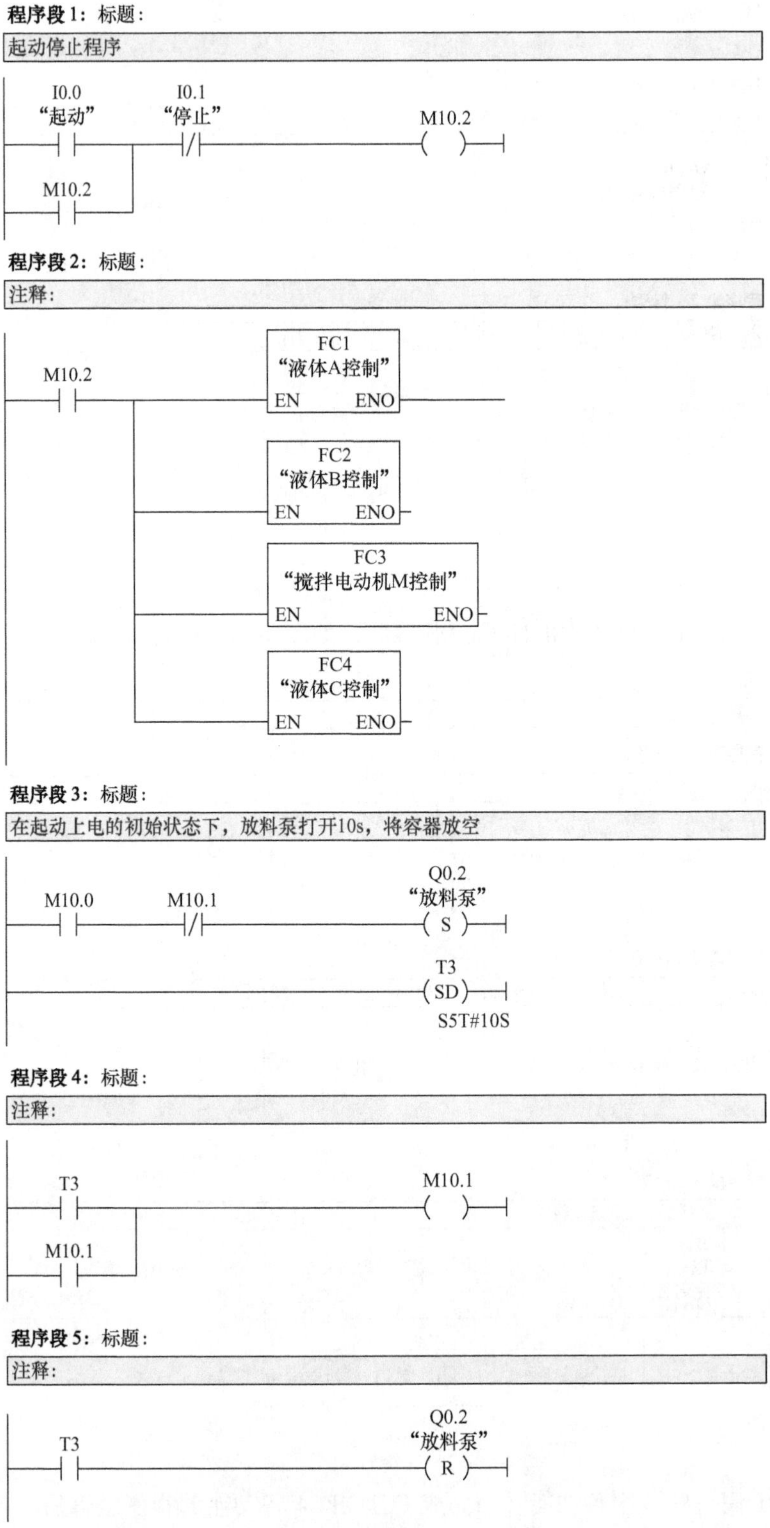

程序段 1：标题：

起动停止程序

I0.0 "起动"
I0.1 "停止"
M10.2
M10.2

程序段 2：标题：

注释：

M10.2
FC1 "液体A控制" EN ENO
FC2 "液体B控制" EN ENO
FC3 "搅拌电动机M控制" EN ENO
FC4 "液体C控制" EN ENO

程序段 3：标题：

在起动上电的初始状态下，放料泵打开10s，将容器放空

M10.0
M10.1
Q0.2 "放料泵" (S)
T3 (SD) S5T#10S

程序段 4：标题：

注释：

T3
M10.1
M10.1

程序段 5：标题：

注释：

T3
Q0.2 "放料泵" (R)

图 8-40　OB1 控制程序

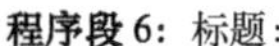

程序段 6：标题：

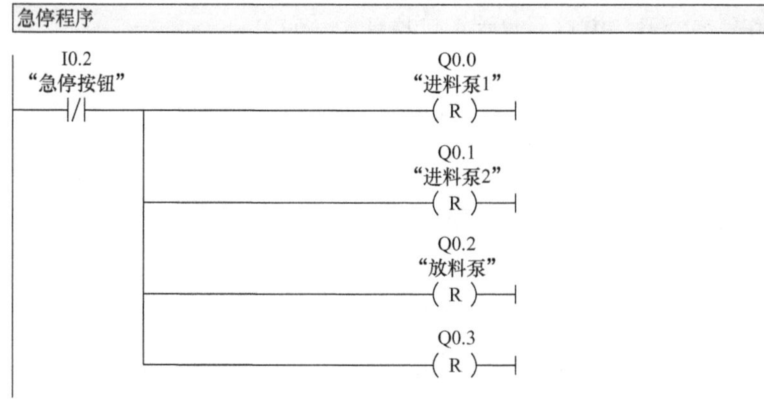

图 8-40　OB1 控制程序（续）

8.5.3　任务解答

1. 硬件电路接线

根据任务分析中的硬件电路进行接线，注意搅拌电动机 M 主电路的连接采用三相异步电动机起保停 PLC 控制电路。

2. 软件程序编制

（1）创建项目并组态硬件　系统采用 S7－300 PLC 系列产品，CPU 为 CPU314C－2DP。双击“SIMATIC 300 站点”，双击选择硬件选项，在弹出的页面中双击 CPU 的“DI16/DO16”，设置其输入/输出起始值为“0”。设置完成后，单击工具栏中的保存和编译按钮，完成硬件组态，如图 8-41 所示。

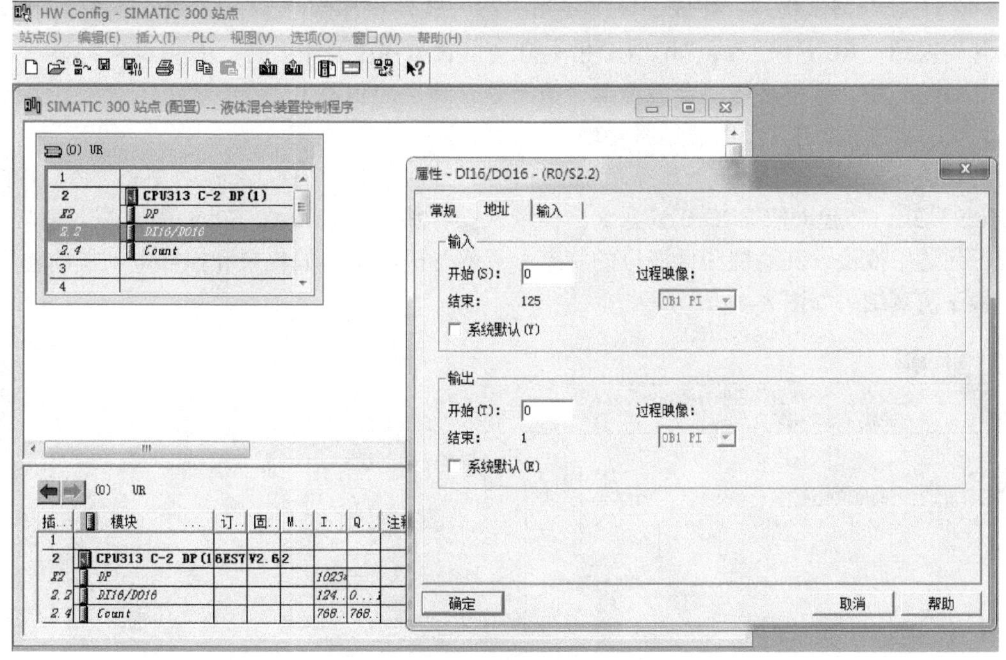

图 8-41　硬件组态

(2) 定义符号表　选择程序设计项目中的 S7 程序文件夹，双击窗口菜单中的“符号”图标，打开“符号编辑器”窗口，建立项目符号表，如图 8-42 所示。

S7 程序(1) (符号) -- 液体混合装置控制程序\SIMATIC 300 站点\CPU313 C-2 DP(1)

	状态	符号 /	地址		数据类型	注释
1		初始化组织块	OB	100	OB ...	复位所有输出变量
2		低液位检测	I	0.5	BOOL	
3		放料泵	Q	0.2	BOOL	
4		复位标志	M	0.0	BOOL	
5		高液位检测	I	0.3	BOOL	
6		急停按钮	I	0.2	BOOL	
7		搅拌电动机M	Q	2.0	BOOL	
8		搅拌电动机M控制	FC	3	FC ...	搅拌器控制程序
9		搅拌定时器	T	1	TIMER	
1		进料泵1	Q	0.0	BOOL	
1		进料泵2	Q	0.1	BOOL	
1		排空定时器	T	2	TIMER	
1		起动	I	0.0	BOOL	
1		停止	I	0.1	BOOL	
1		液体A控制	FC	1	FC ...	液体A进料控制程序
1		液体B控制	FC	2	FC ...	液体B进料控制程序
1		液体C控制	FC	4	FC ...	液体C出料控制程序
1		液体放空标志	M	0.1	BOOL	
1		中液位检测	I	0.4	BOOL	
2		主循环组织块	OB	1	OB ...	系统控制功能块
2						

图 8-42　液体混合控制系统符号表

(3) 编写液体混合控制程序　打开程序设计项目内的“块”文件夹，单击鼠标右键，在弹出的快捷菜单中选择“插入对象”→“功能”命令，依次创建功能 FC1 ~ FC4。采用同样方法完成 OB100 组织块的创建。

在程序编辑区输入 OB100、FC1、FC2、FC3、FC4 的对应程序，如图 8-35 ~ 图 8-40 所示，注意在输入程序时不要出现语法错误，程序输入完成后单击保存按钮。

(4) 下载与调试程序　完成硬件接线和组态、软件程序编译后，将 PLC 主机上的模式选择开关拨到“RUN”位置，“RUN”指示灯亮，表示程序开始运行，有关设备将显示运行结果。启动系统，观察液体混合装置运行情况是否满足控制要求。

3. 在 PLCSIM 仿真器中使用符号地址调试程序

打开仿真软件 PLCSIM，下载系统数据和所有的块以后，在仿真界面中将 CPU 切换到“RUN”模式，将起动按钮 I0.0 置为 1 后，依次操作将 I0.4、I0.3、I0.5 置为 1，模拟容器中液位到达中液位、高液位和低液位的状态，观察各进料泵、放料泵和搅拌电动机的输出状态。程序仿真结果如图 8-43 所示。

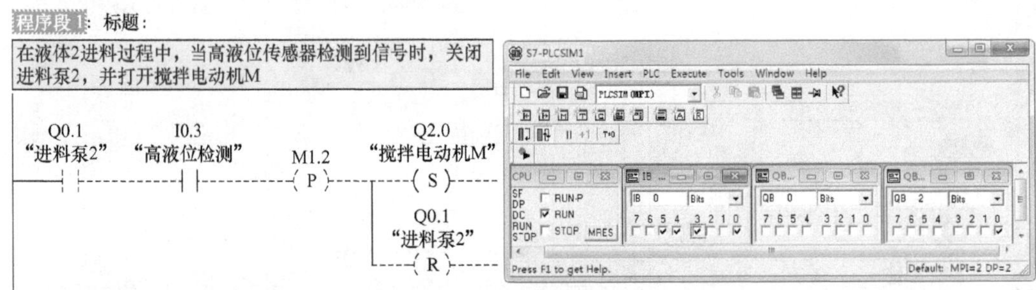

图 8-43　程序仿真结果

思考与练习

一、填空题

1. 西门子 SIMATIC S7－300 用户程序中的功能块包括逻辑块和数据块两大类，其中________、________、________、________、________统称为逻辑块。

2. ________是操作系统与用户程序的接口，由操作系统调用，用于控制扫描循环和中断程序的执行、PLC 的启动和错误处理等。

3. 堆栈是 CPU 中一块特殊的存储区，它采用________的规则存入和取出数据。

4. STEP7 为设计程序提供________、________和________三种程序结构。

5. 数据块分为________和________。

6. 功能（FC）包括________、________、________、________和________五种局部变量。

二、思考题

1. 功能和功能块有什么区别？

2. 使用多重背景数据块的好处是什么？

项目9 Chapter 9

气动机械手PLC控制

学习目标

1. 知识要求：理解机械手的控制要求；掌握PLC的顺序控制系统及顺序控制设计法；掌握PLC顺序控制设计法中将顺序功能图转换为梯形图的方法。

2. 能力目标：能进行气动机械手PLC控制的硬件电路的连接；能用顺序功能图对该系统进行分析并将其转换为梯形图；能用STEP7软件对该系统进行软件程序的编制调试。

3. 素质目标：培养学生刻苦钻研的学习精神，一丝不苟的工程意识，团结协作的团队意识和自主学习、创新的能力。

9.1 知识链接

9.1.1 顺序控制系统及顺序控制设计法

如果一个控制系统可以分解成几个独立的控制动作，且这些动作必须严格按照一定的先后次序才能保证生产过程的正常运行，这样的控制系统称为顺序控制系统。在工业控制领域，顺序控制系统的应用很广，尤其是机械行业。

顺序控制系统通常使用顺序控制设计法。顺序控制设计法的流程为：首先要根据系统的工艺过程，画出顺序功能图，再通过顺序功能图画出梯形图程序。

9.1.2 顺序功能图的基本概念

顺序功能图（Sequential Function Chart，SFC）又称状态转移图，是描述控制系统控制过程、功能和特性的一种通用技术语言，是设计PLC顺序控制程序的有力工具。S7－300/400的S7－Graph是一种顺序功能图语言。

顺序功能图用约定的几个图形、有向线段和简单的文字来描述PLC的处理过程和程序的执行步骤。顺序功能图的基本元素有步、动作、有向连线、转换和转换条件。

1. 步与动作

步（step）是顺序功能图中最基本的组成部分，它将一个工作周期分解成若干个顺序相连且清晰的阶段，并用编程元件（如位寄存器M）来表示。步是根据输出量的状态变化来划分的。在任何一步内，输出量的状态应保持不变，但当两步之间的转换条件满足时，系统就由原来的步进入新的步，同时输出量的状态发生改变。一个步可以是动作的开始，且步数划分得越多，过程描述得越精确。

步有两种状态：活动态和非活动态。当步处于活动态时称为“活动步”，与之相对应的命令或动作被执行；反之，为非活动态。初始状态一般是系统等待启动命令或相对静止的状态，系统在开始进行自动控制之前，首先应进入规定的初始状态。与系统初始状态相对应的步称为“初始步”，每一个顺序功能图至少应该有一个初始步。步的图形符号及说明见表 9-1。

表 9-1　步的图形符号及说明

图形符号	说　明
步编号	初始步用带步编号（如 M0.0）等的双线框表示
步编号	步的一般符号，矩形的长宽比任意，必须有编号
步编号	在步的图形符号中添加一个小圆，表示该步是活动步（仅用于分析时）
步编号	在步的图形符号中没有小圆，表示该步是非活动步（仅用于分析时）

一个控制系统可以分为施控系统和被控系统，施控系统发出一个或数个“命令（Command）”，而被控系统则执行相应的一个或数个“动作（Action）”，将这些命令或动作统称为动作。动作用矩形框加上文字或符号表示，矩形框应与相应的步的符号用水平短线相连，如图 9-1a 所示。如果某一步有几个动作，可以用图 9-1b、c 所示两种画法表示，但这些动作之间不存在先后顺序。与某步对应的动作分为保持型动作和非保持型动作：若为保持型动作，则该步不活动时继续执行该动作；若为非保持型动作，则该步不活动时，与其对应的动作也停止执行。

2. 有向连线

有向连线表示步与步之间进展的路线和方向，也表示各步之间的连接顺序，有向连线又称路径。由于 PLC 的扫描顺序遵循从上到下、从左到右的原则，按照此原则发展的路线可不必标出箭头，如果不遵循上述原则，应该在有向连线上用箭头注明发展方向。在可以省略箭头的有向连线上，为了更易于理解也可以加箭头。如果垂直线和水平线没有内在的联系，则允许它们交叉，否则不允许交叉。有向连线在复杂顺序功能图或几张图中使用，而使用中有向

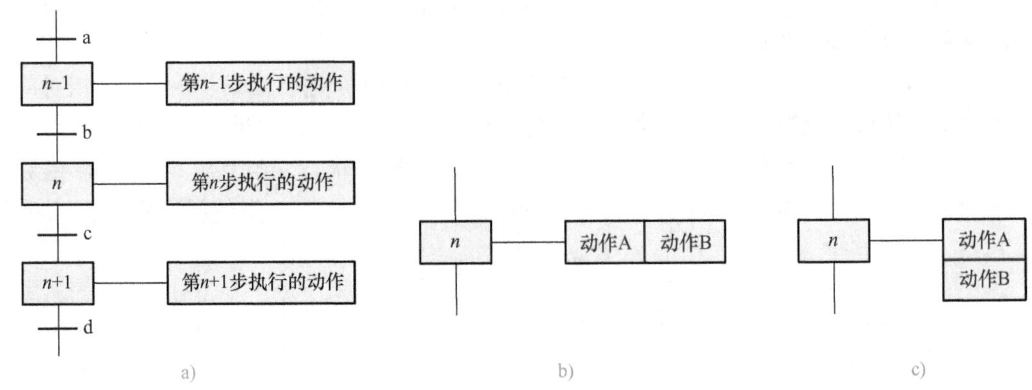

图 9-1 “动作”的表示

连线必须中断时，应在中断点处指明下一步的编号（或来自上一步的编号）和所在的页号。

3. 转换与转换条件

转换表示结束上一步的操作并启动下一步的操作。步的活动状态的进展由转换的实现来完成，并与控制过程的发展相对应。转换在顺序功能图中用与有向连线垂直的短横线表示，两个转换不能直接相连，必须用一个步隔开，而两个步之间也绝对不能直接相连，必须用一个转换隔开。

转换条件是与转换相关的逻辑命题，是使系统由当前步进入下一步的信号。转换条件可以是外部的输入信号，也可以是 PLC 内部产生的信号，还可以是若干个信号与、或、非逻辑的组合。转换条件的表达形式有文字符号、布尔代数表达式、梯形图符号和二进制逻辑图符号等，它们标注在转换的短横线旁边。使用最多的是布尔代数表达式。

4. 转换实现的基本规则

在顺序功能图中，步的活动状态的进展是由转换的实现来完成的。转换实现的基本规则是根据顺序功能图设计梯形图的基础，它适用于顺序功能图中的各种基本结构。转换的实现必须同时满足两个条件：

1）该转换所有的前级步都是活动步。

2）相应的转换条件得到满足。

转换实现时应完成两个操作，分别是：

1）使所有由有向连线与相应转换条件相连的后续步都变为活动步。

2）使所有由有向连线与相应转换条件相连的前级步都变为不活动步。

步经有向连线连接到转换，转换经有向连线连接到步。为了能在全部操作完成后返回初始状态，步和有向连线应构成一个封闭的环状结构，即循环不能够在某步被终止。

9.1.3 顺序功能图的结构类型

1. 基本结构

根据顺序功能图中序列有无分支及转换实现的不同，其基本结构有三种：单序列、选择序列和并行序列，如图 9-2 所示。

（1）单序列　如果一个序列中各步依次变为活动步，此序列称为单序列。在单序列中，每一步后面仅有一个转换，而每个转换后面也仅有一个步，如图 9-2a 所示。

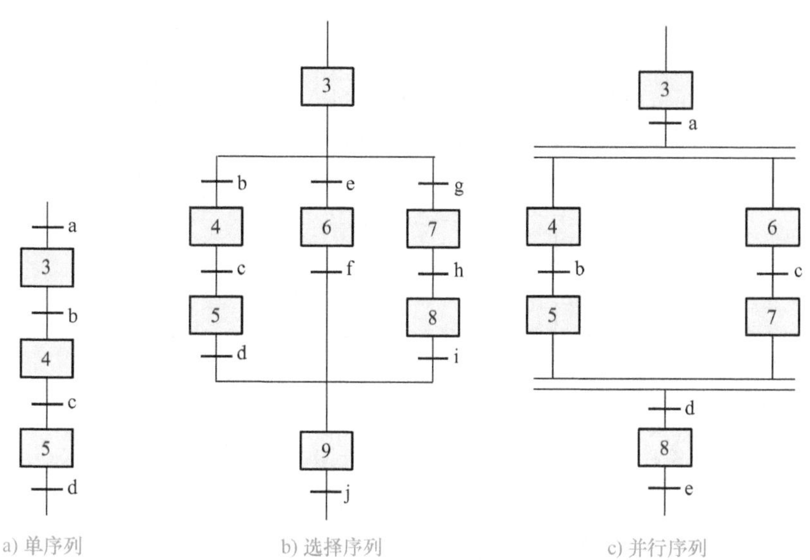

a) 单序列　　b) 选择序列　　c) 并行序列

图 9-2　顺序功能图的基本结构

（2）选择序列　选择序列是指在某一步后有若干个单序列等待选择，一次只能选择一个序列进入。选择序列的开始部分称为分支，转换条件只能标在选择序列开始的水平线之下，如图 9-2b 所示。如果步 3 是活动步，当条件 b 满足时，则从步 3 进展为步 4，与之类似，步 3 也可以进展为步 6，但是一次只能选择一个序列。

选择序列的结束称为合并。几个选择序列合并到一个公共序列上时，用一条水平线和与需要重新组合序列数量相同的转换条件表示，转换条件只能标在结束水平线的上方，如图 9-2b 所示。

（3）并行序列　并行序列是指在某一转换实现时，同时有几个序列被激活，也就是同步实现，这些同时被激活的序列称为并行序列。并行序列表示的是系统中同时工作的几个独立部分的工作状态。如图 9-2c 所示，并行序列的开始称为分支，当步 3 是活动步且转换条件 a 满足时，步 4、步 6 同时变为活动步，而步 3 变为非活动步，转换条件只允许在表示开始同步实现的双水平线上方；并行序列的结束称为合并，转换条件只允许标在表示合并同步实现的双水平线下方。在每一个分支点，最多允许 8 条支路，每条支路的步数不受限制。

2. 跳步、重复和循环

（1）跳步　在生产过程中，有时要求在一定条件下停止执行某些原定动作，可用图 9-3a 所示跳步序列实现。这是一种特殊的选择序列，当步 2 为活动步时，若转换条件 f 成立且 b 不成立，则步 3、步 4 不被激活而直接转入步 5。

（2）重复　在一定条件下，生产过程需重复执行某几个步的动作，可用图 9-3b 所示顺序功能图实现。它也是一种特殊的选择序列，当步 4 为活动步时，若转换条件 d 不成立且 f 成立，序列返回步 3，重复执行步 3、步 4，直到转换条件 d 成立才转入步 5。

（3）循环　在序列结束后，用重复的方法直接返回初始步，就形成了系统循环，如图 9-3c 所示。

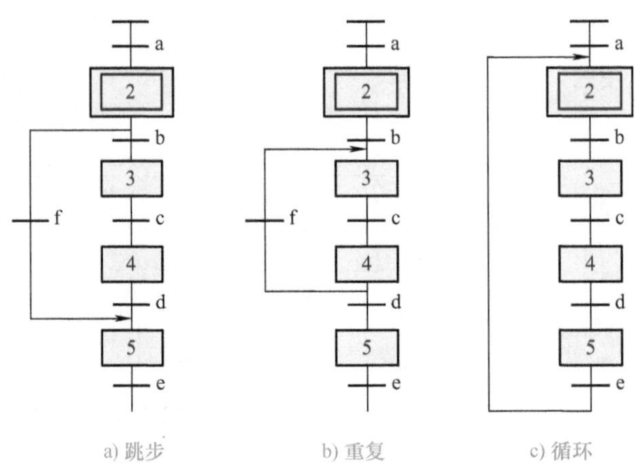

a) 跳步　　b) 重复　　c) 循环

图 9-3　跳步、重复和循环

9.1.4　顺序功能图转换为梯形图的方法

1. 通用逻辑指令转换法

（1）单序列的通用逻辑指令转换法　在顺序控制中，各步按照顺序先后接通和断开，犹如电动机按顺序接通和断开，因此可以像处理电动机起动、保持、停止那样，用典型的起保停电路解决顺序控制的问题。下面以图 9-4 所示液压滑台控制系统为例进行说明。

1）控制电路的编程方法。设计起保停电路的关键在于确定它的起动和停止条件。根据转换实现的基本规则，转换实现的条件是它的前级步为活动步，并且满足相应的转换条件。步 M0.2 变为活动步的条件是步 M0.1 为活动步，并且转换条件 I0.1 =1，在梯形图中则应将 M0.1 和 I0.1 的常开触点串联后控制 M0.2 的起动电路。又通过分析可知，起保停电路的起动电路只能接通一个扫描周期，因此必须使用有记忆功能的保持电路来代表步的存储器位，即需要将 M0.2 和 M0.1、I0.1 组成的串联电路并联。

当 M0.2 和 I0.2 均为 1 状态时，步 M0.3 变为活动步，步 M0.2 应变为非活动步，因此可以将 M0.3 =1 作为控制 M0.2 的停止条件，即将 M0.3 的常闭触点与 M0.2 的线圈串联。

由上述分析可知，M0.2 可用下述逻辑关系式表示：

$$\mathrm{M0.2} = (\mathrm{M0.1} \cdot \mathrm{I0.1} + \mathrm{M0.2}) \cdot \overline{\mathrm{M0.3}}$$

本例中可以用 I0.2 的常闭触点来代替 M0.3 的常闭触点。但是当转换条件由多个信号或与或非逻辑运算组合而成时，需要将它们的逻辑表达式求反，经过逻辑代数运算后再将对应的触点串并联电路作为起保停电路的停止电路，因此，使用后续步对应的常闭触点更简单。

2）输出电路的编程方法。因为步是根据输出状态的变化来划分的，所以梯形图中输出部分的编程极为简单，可以分为两种情况：

① 某一输出线圈仅在某一步中为“1”状态，如图 9-4 中的 Q0.0，此时可以将 Q0.0 线圈与对应步的存储器位 M0.1 线圈并联。

② 某一输出线圈在几步中都为“1”状态，如图 9-4 中的 Q0.1，此时应将代表各有关步的存储器位的常开触点并联后驱动该输出继电器的线圈。如 Q0.1 在快进、工进步均为“1”状态，将 M0.1 和 M0.2 的常开触点并联后控制 Q0.1 线圈。**注意**，为了避免出现双线

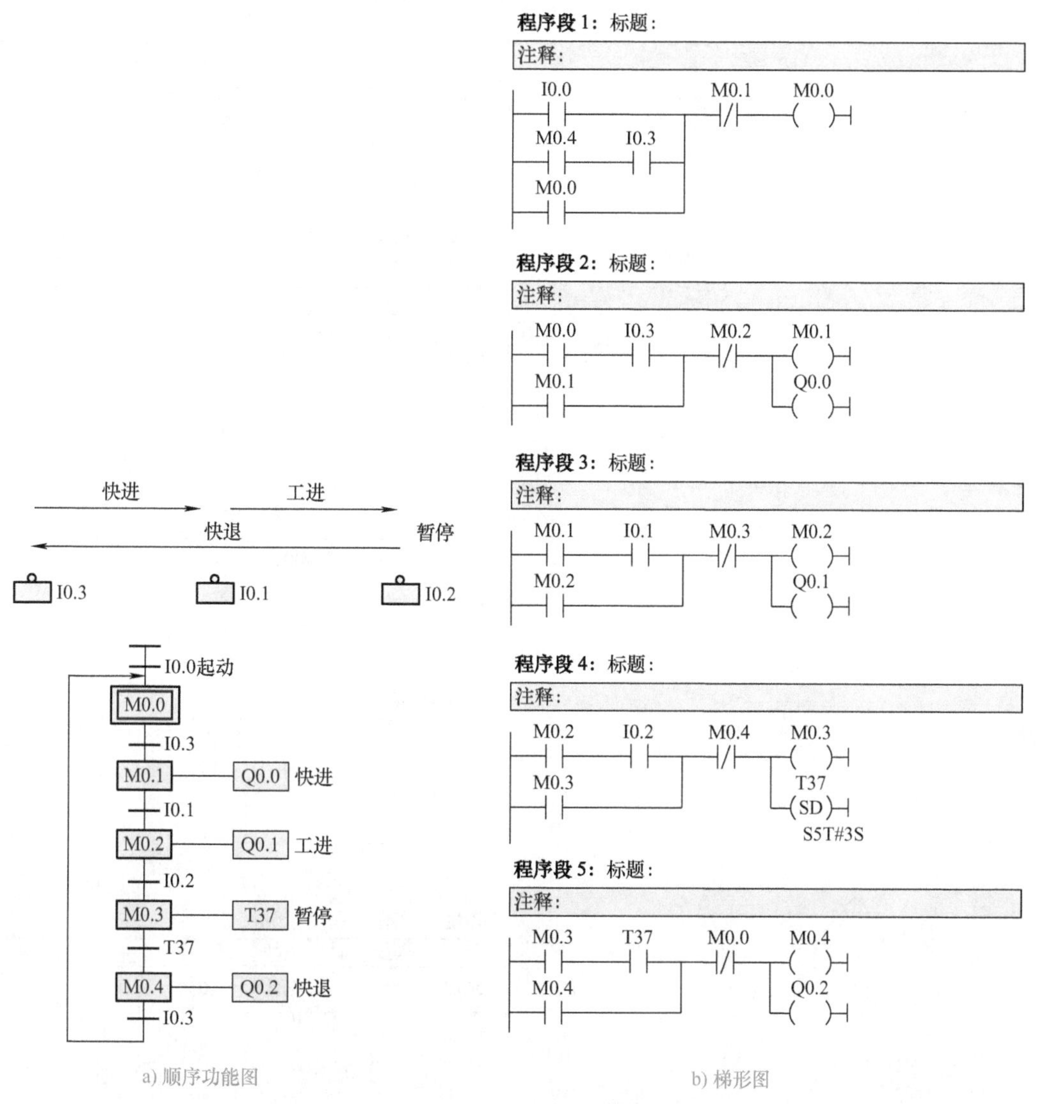

a) 顺序功能图　　b) 梯形图

图9-4　液压滑台控制系统

圈现象，不能将Q0.1线圈分别与M0.1线圈和M0.2线圈串联。

（2）选择序列的通用逻辑指令转换法　选择序列编程的关键在于对其分支和合并的正确处理，下面以图9-5所示自动门控制系统为例来讲解选择序列的编程方法。

1）选择序列分支的编程方法。如果某一步的后面是一个由N条分支组成的选择序列，该步可能转到不同的N个步去，因此应将这N个后续步对应的代表步的存储器位的常闭触点与该步的线圈串联，作为结束该步的条件，如图9-5程序段5和程序段6中的M0.4和M0.5。

2）选择序列合并的编程方法。对于选择序列的合并，如果某一步之前有N个转换（即有N条分支在该步之前合并后进入该步），则代表该步的存储器位的起动电路由N条支路并联而成，各支路由某一前级步对应的存储器位的常开触点与相应转换条件对应的触点或电路串联而成，如图9-5程序段1和程序段2中的M0.0和M0.1。

程序段 1： 标题：

注释：

I1.0　M0.1　M0.0
M0.5　I0.5
M0.0

程序段 2： 标题：

注释：

M0.0　I0.0　M0.2　M0.1
M0.6　T38　Q0.0
M0.1

程序段 3： 标题：

注释：

M0.1　I0.1　M0.3　M0.2
M0.2　Q0.1

程序段 4： 标题：

注释：

M0.2　I0.2　M0.4　M0.3
M0.3　T37
SD
S5T#3S

程序段 5： 标题：

注释：

M0.3　T37　M0.5　M0.6　M0.4
M0.4　Q0.2

程序段 6： 标题：

注释：

M0.4　I0.4　M0.0　M0.5
M0.5　Q0.3

程序段 7： 标题：

注释：

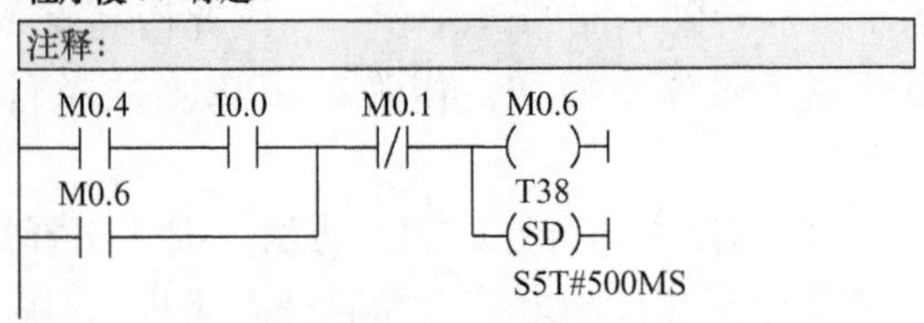

a) 顺序功能图　　b) 梯形图

图 9-5　自动门控制系统

（3）并行序列的通用逻辑指令转换法　并行序列编程的关键也在于对其分支和合并的正确处理，下面以图 9-6 所示并行序列的顺序功能图转换为梯形图为例，来讲解并行序列的编程方法。

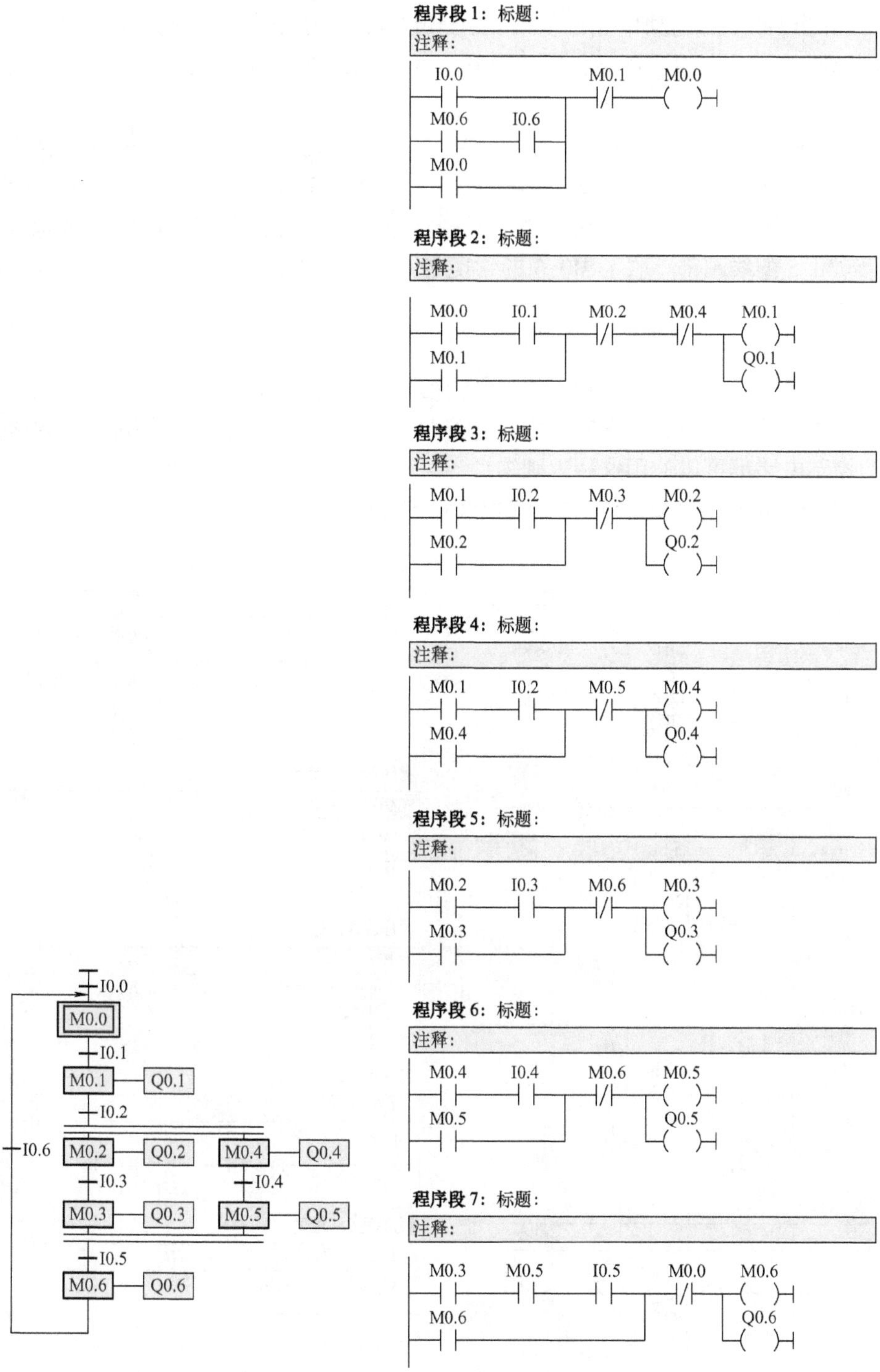

a) 顺序功能图

b) 梯形图

图 9-6　并行序列的顺序功能图转换为梯形图

1）并行序列分支的编程方法。并行序列中各单序列的第一步应同时变为活动步。图 9-6 中，步 M0.1 之后有一个并行序列的分支，当步 M0.1 是活动步且转换条件 I0.2 满足时，步 M0.2 和步 M0.4 同时变为活动步，这是通过用 M0.1 和 I0.2 的常开触点组成的串联电路分别作为步 M0.2 和步 M0.4 的起动电路来实现的；与此同时，步 M0.1 应变为非活动步，因为步 M0.2 和步 M0.4 同时变为活动步，所以只需将 M0.2 或 M0.4 常闭触点与 M0.1 的线圈串联即可。

2）并行序列合并的编程方法。图 9-6 中，步 M0.6 之前有一个并行序列的合并，该转换实现的条件是所有的前级步（即步 M0.3、步 M0.5）都是活动步且转换条件 I0.5 满足。由此可知，应将 M0.3、M0.5、I0.5 的常开触点串联，作为控制步 M0.6 的起动电路。步 M0.3、步 M0.5 的线圈都串联了 M0.6 的常闭触点，使步 M0.3 和步 M0.5 在转换实现的同时变为非活动步。

2. 置位/复位（S/R）指令转换法

（1）单序列的置位/复位（S/R）指令转换法　置位/复位（S/R）指令的顺序控制梯形图编程方法与转换实现的基本规则之间有着严格的对应关系。在任何情况下，代表步的存储器位的控制电路都可以使用这一规则来设计。图 9-7 所示为液压滑台系统（顺序功能图见图 9-4a）利用置位/复位（S/R）指令转换法得到的梯形图。

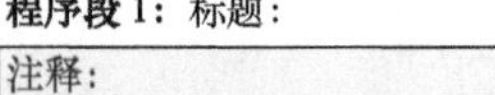

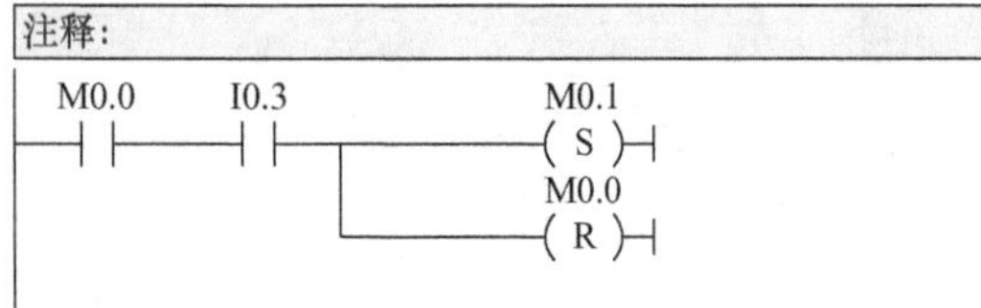

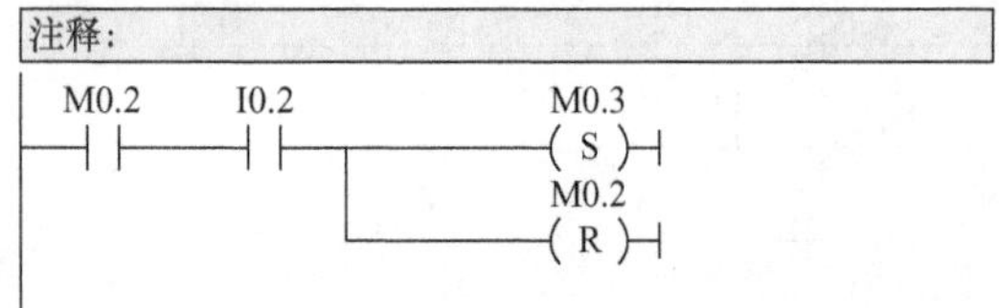

图 9-7　液压滑台系统利用置位/复位（S/R）指令转换法得到的梯形图

使用这种编程方法时一定要注意，不能将输出继电器的线圈与置位和复位指令并联，而应根据顺序功能图，用代表步的存储器的常开触点或它们的并联电路来驱动输出继电器的线圈。这是因为前级步与转换条件对应的串联电路的接通时间只有一个扫描周期，转换条件满足后，前级步马上被复位，下一个扫描周期该串联电路就会断开，而输出线圈至少应在某一步为活动步时所对应的全部时间内被接通。

（2）选择序列的置位/复位（S/R）指令转换法　如果某一转换与并行序列的分支、合并无关，那么它的前级步与后续步都只有一个，需要置位、复位的存储器也只有一个，因此对选择序列的分支和合并的编程方法实际上与单序列的编程方法完全相同。图9-8所示为自

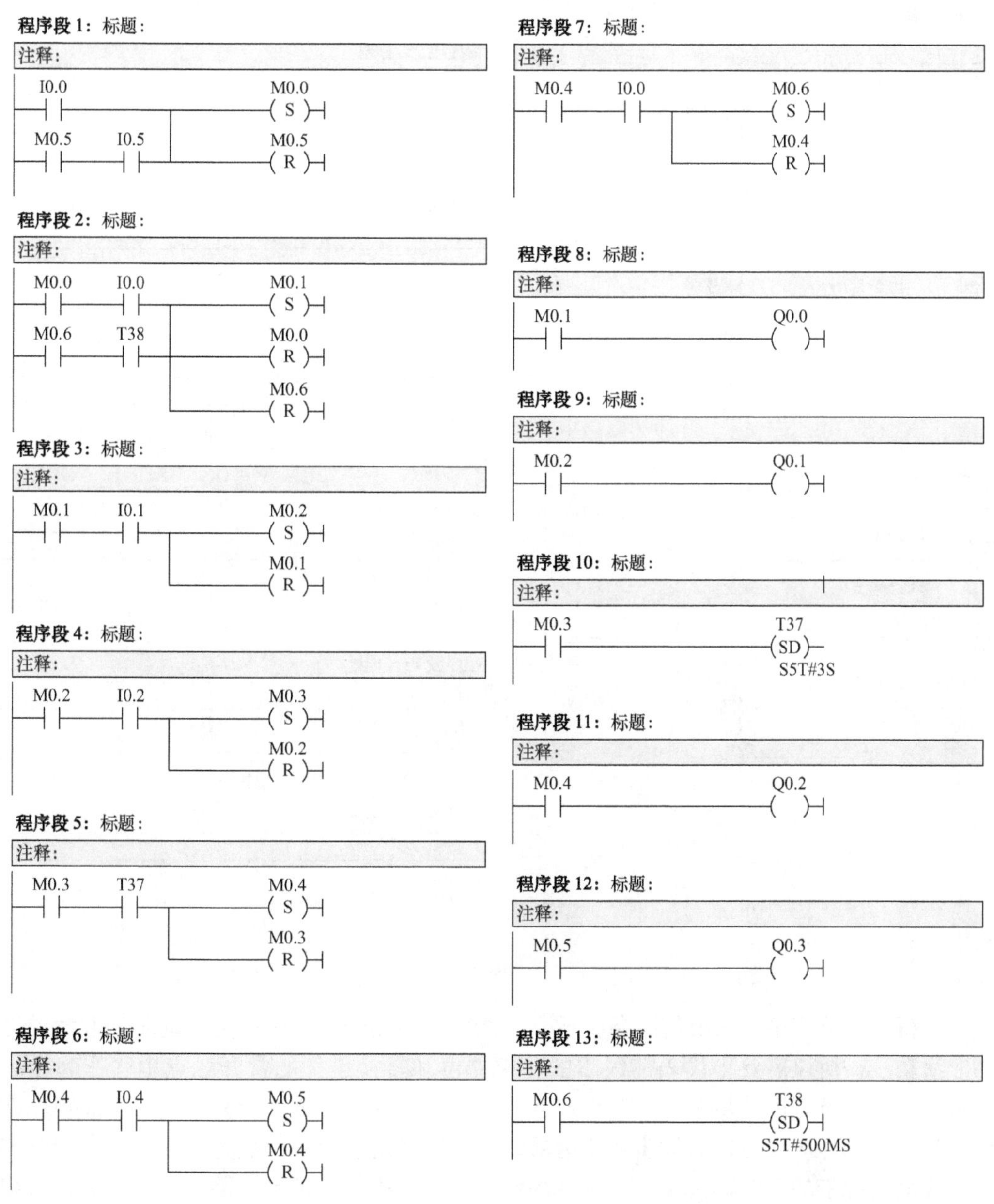

图9-8　自动门控制系统利用置位/复位（S/R）指令转换法得到的梯形图

动门控制系统（顺序功能图见图9-5a）利用置位/复位（S/R）指令转换法得到的梯形图。

（3）并行序列的置位/复位（S/R）指令转换法　图9-9所示为图9-6a所示顺序功能图利用置位/复位（S/R）指令转换法得到的梯形图。

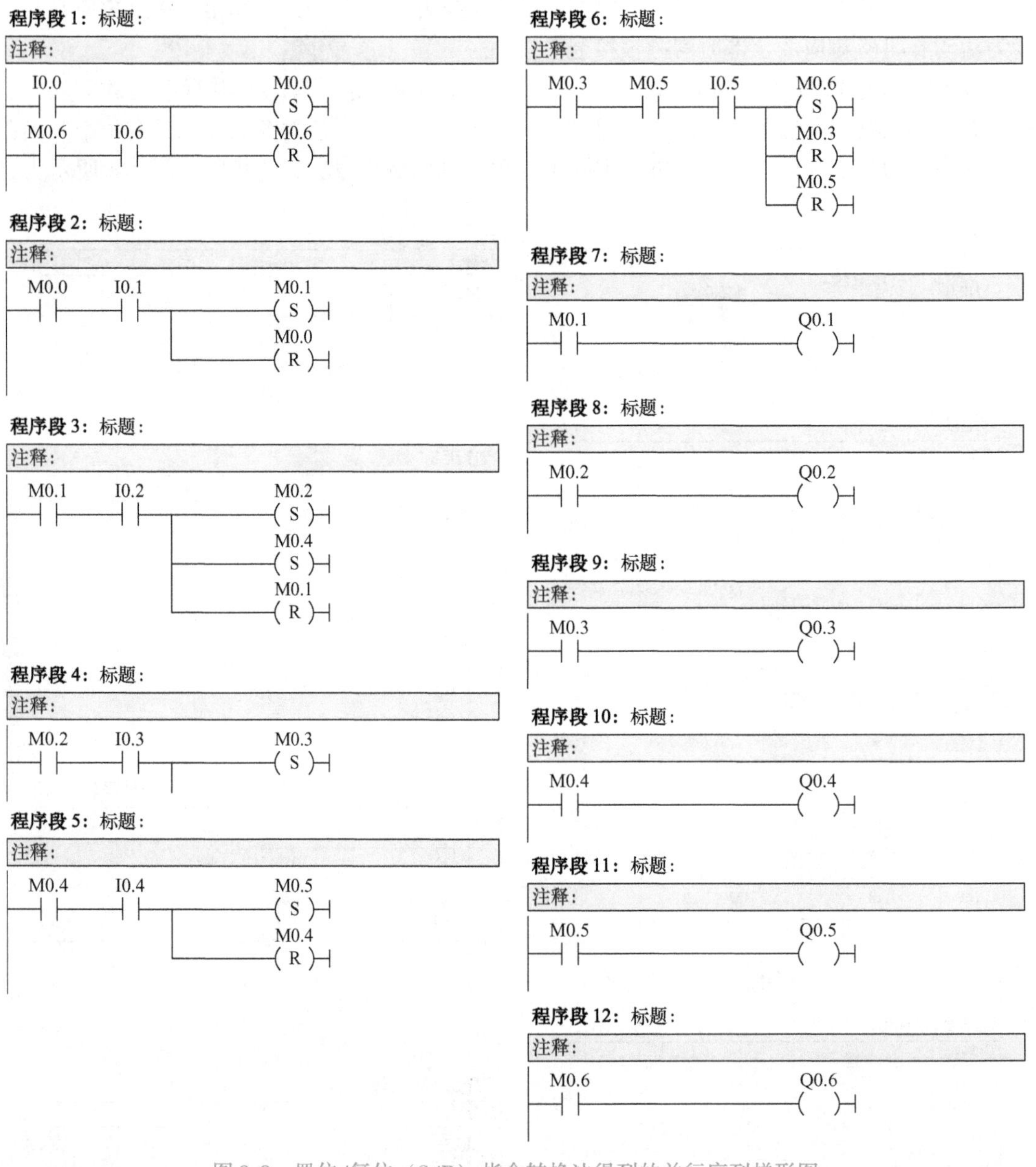

图9-9　置位/复位（S/R）指令转换法得到的并行序列梯形图

在并行序列分支中，只要转换条件成立，所有的后续步都同时成为活动步，同时前级步变为非活动步，所以需要将代表前级步的存储器位和转换条件的常开触点串联作为控制电路，在输出中将所有后续步置位、前级步复位。在并行序列合并时，只有当所有前级步都是活动步且转换条件成立时，后续步才变为活动步，同时所有前级步变为非活动步，因此需要将所有代表前级步的存储器位和转换条件的常开触点串联作为控制电路，在输出中将后续步置位、所有前级步复位。

9.2　任务：气动机械手 PLC 控制的设计与仿真

9.2.1　任务要求

气动机械手可将一个工件由 A 处传送到 B 处。按下起动按钮，气动机械手自动工作并循环，循环中按下急停按钮可紧急停止，循环完成后按下停止按钮可停止工作。气动机械手的动作分为四组：左旋/右旋、伸出/缩回、上升/下降、抓紧/放松。

气动机械手工作过程如图 9-10 所示，上升/下降、伸出/缩回、左旋/右旋和抓紧/放松的执行用双线圈双位电磁阀推动气缸完成。当某个电磁阀线圈通电时，就一直保持现有的机械动作，例如一旦下降的电磁阀线圈通电，气动机械手下降，即使线圈再断电，仍保持现有的下降动作状态，直到上升的线圈通电为止。气动机械手装有上、下限位，左、右限位，伸、缩限位和夹紧限位开关。

原点 → 右旋 → 伸出 → 下降 → 抓紧 → 上升 → 缩回

缩回 ← 上升 ← 放松 ← 下降 ← 伸出 ← 左旋

图 9-10　气动机械手工作过程

9.2.2　任务分析

1. 气动机械手的硬件电路分析

(1) 机械手的概念　机械手能模仿人手臂的某些动作，是一种按固定程序抓取、搬运物件或操作工具的自动装置。它可代替人从事繁重的体力劳动以实现生产自动化，能在有害环境中操作以保护人身安全，因此广泛应用在机械制造、冶金、轻工等部门。

机械手按驱动方式可分为液压式机械手、气动式机械手、电动式机械手和机械式机械手；按适用范围可分为专用机械手和通用机械手两种；按运动轨迹控制方式可分为点动控制机械手和连续轨迹控制机械手等。

机械手通常用作机床或其他机器的附加装置，如在自动机床或自动生产线上装卸和传递工件，在加工中心中更换刀具等，一般没有独立的控制装置。

(2) 机械手的结构　机械手的动作包括机械手的旋转、大臂的伸缩、小臂的升降、手爪的松紧。各关节均采用电磁阀作为驱动装置，在机械大臂的伸缩、小臂的升降以及手爪的松紧环节都配有传感器，并编制了能满足运动控制要求的软件程序，实现了对机械手的速度、位置以及四关节联动的控制。

机械手主要由手部和运动机构组成。手部是用来抓持工件（工具）的部位，根据被抓持物件的形状、尺寸、重量、材料和作业要求而有多种结构形式，如夹持型、托持型和吸附型等。运动机构使手部完成各种转动（摆动）、移动或复合运动以实现规定的动作，如改变被抓持物件的位置和姿势。运动机构的升降、伸缩、旋转等独立运动方式，称为机械手的自由度。为了抓取空间中任意位置和方位的物体，需要 6 个自由度。自由度是机械手设计的关键参数。自由度越多，机械手的灵活性越大，通用性越广，其结构也越复杂。一般专用机械手有 2、3 个自由度。

（3）PLC 控制的 I/O 端口分配表　气动机械手 PLC 控制的 I/O 端口分配表见表 9-2。

表 9-2　气动机械手 PLC 控制的 I/O 端口分配表

输　入	I 端	输　出	Q 端
起动按钮	I0.0	抓紧驱动电磁阀	Q0.0
停止按钮	I0.1	旋转驱动电磁阀	Q0.1
手爪抓紧限位开关	I0.2	伸缩驱动电磁阀	Q0.2
手臂右限位开关	I0.3	升降驱动电磁阀	Q0.3
手臂左限位开关	I0.4		
手臂伸出限位开关	I0.5		
手臂缩回限位开关	I0.6		
手臂上升限位开关	I0.7		
手臂下降限位开关	I1.0		
急停按钮	I1.1		

（4）PLC 控制的输入/输出电路　气动机械手 PLC 控制的输入/输出电路如图 9-11 所示。

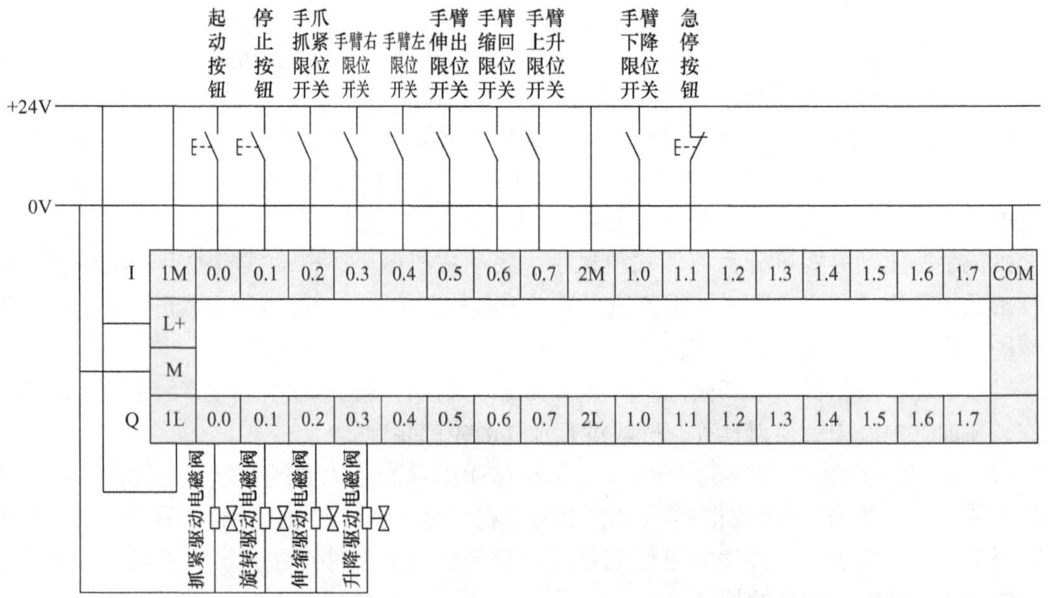

图 9-11　气动机械手 PLC 控制的输入/输出电路

2. 气动机械手的软件程序分析

（1）气动机械手工作过程分析

1）PLC 上电后，系统自动回到初始位置等待。

2）按下起动按钮，机械手臂从原点向右旋转，触碰到右限位传感器后延时 1s。

3）手臂向前伸出，触碰到伸出限位传感器后，手臂下降，降到下限位传感器位置后，手爪抓取物品，抓紧后手爪抓紧限位传感器得电，延时1s。

4）手臂上升触碰到上限位传感器后开始缩回手臂，到缩回限位传感器位置停止，延时1s。

5）机械手臂向左旋转，触碰到左限位传感器后延时1s。

6）手臂向前伸出，触碰到伸出限位传感器后开始下降，到下限位传感器位置后，手爪松开，放下物品后延时1s。

7）手臂上升触碰到上限位传感器后缩回，到缩回限位传感器位置后停止。

以上动作为一个循环周期动作。

(2) OB1中的程序分析　OB1中的程序如图9-12所示，当起动按钮I0.0与原点状态M10.1同为“1”时，调用自动程序FC1。

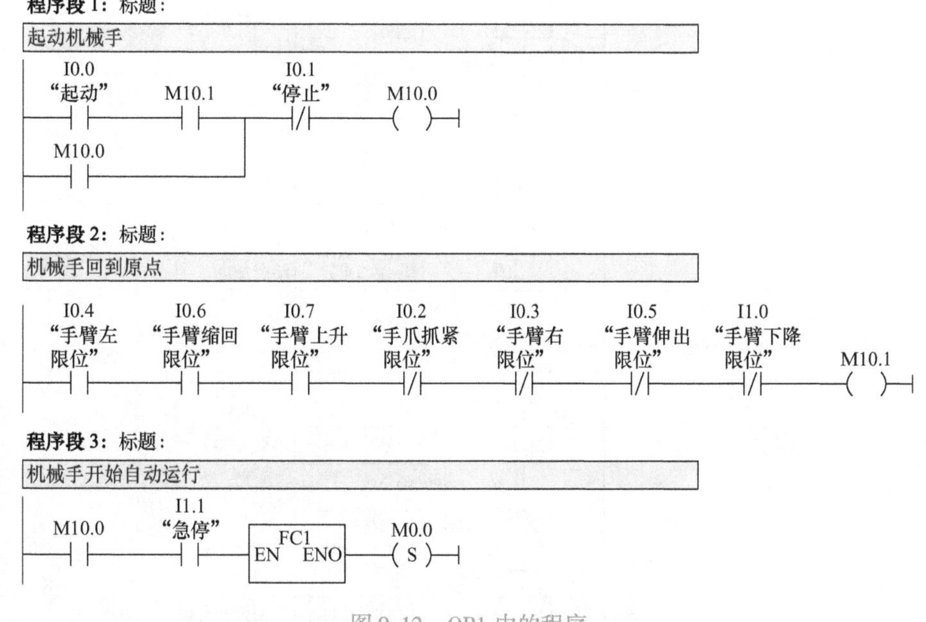

图9-12　OB1中的程序

(3) OB100中的初始化程序　OB100中的初始化程序如图9-13所示，系统上电后对机械手进行初始化，将所有动作回到原点。

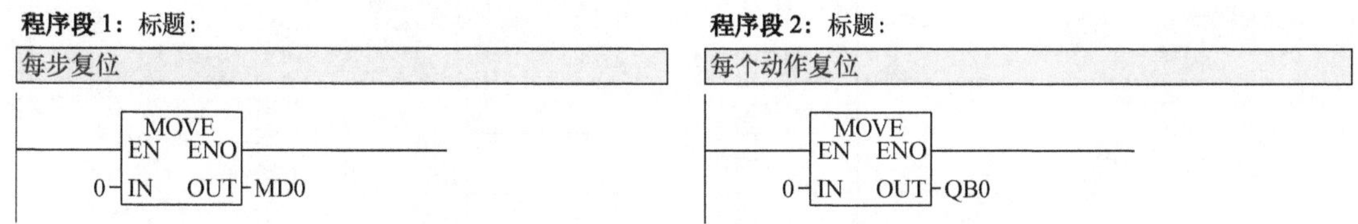

图9-13　OB100中的初始化程序

(4) 自动程序　图9-14和图9-15所示分别为气动机械手的顺序功能图和用置位复位/指令编制的顺序控制程序。

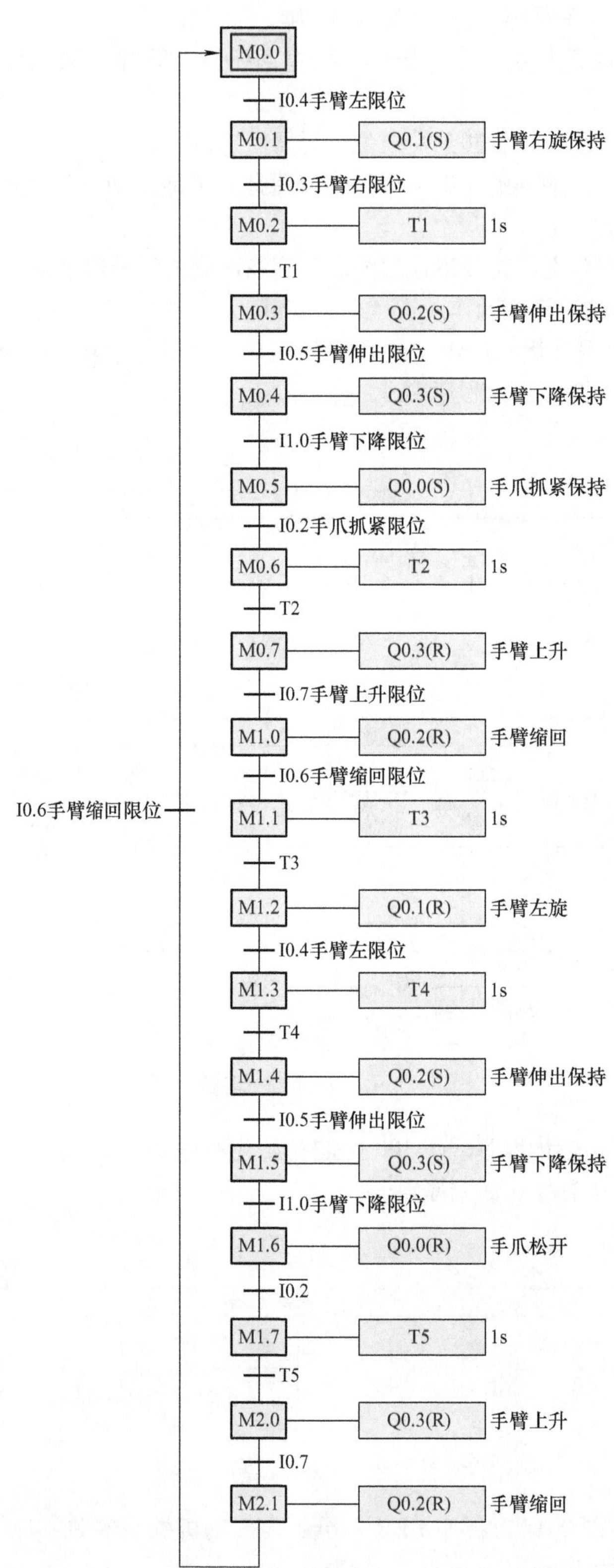

图 9-14　气动机械手顺序功能图

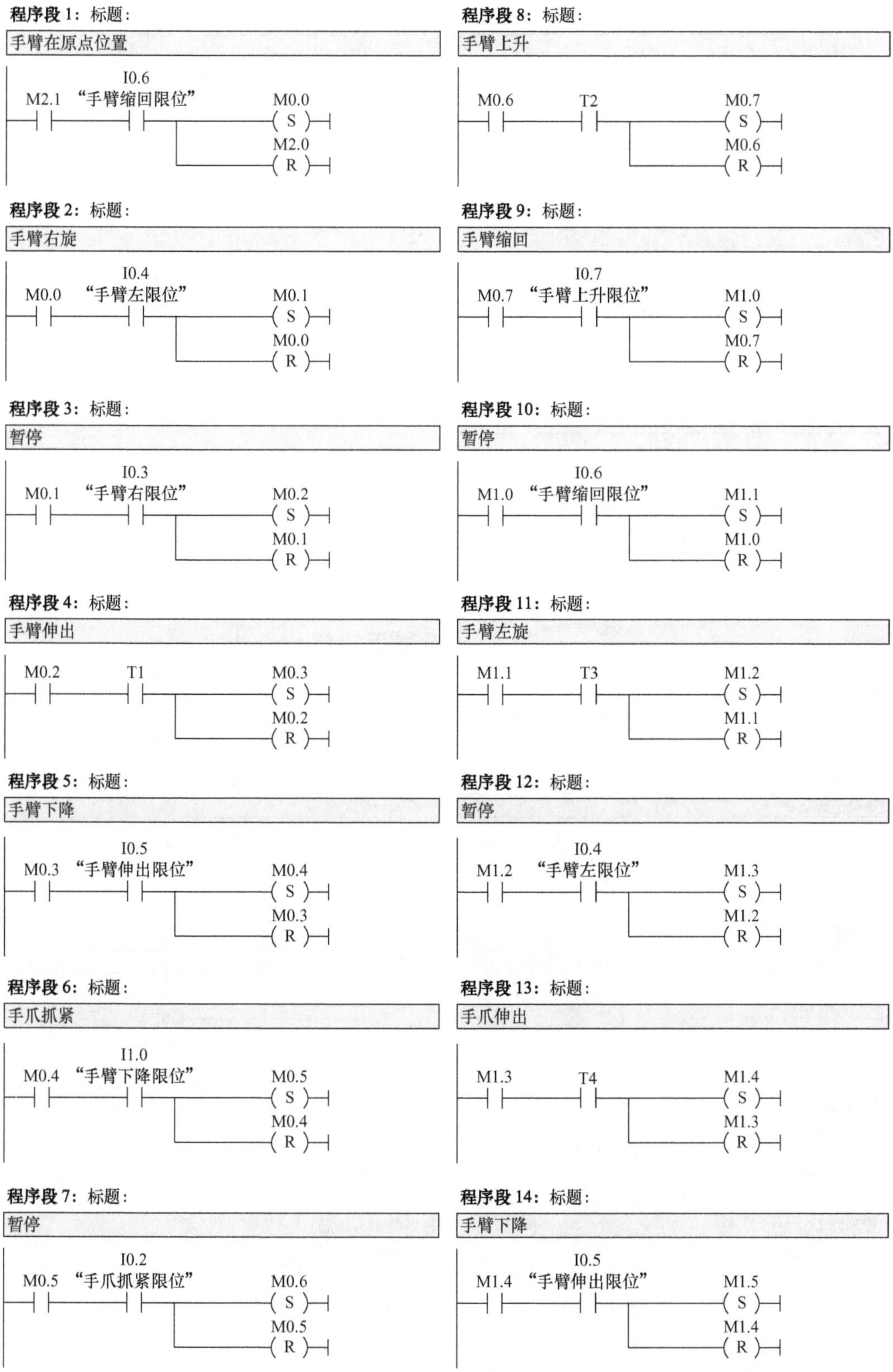

程序段 1：标题：
手臂在原点位置
M2.1 I0.6 “手臂缩回限位” M0.0 (S) M2.0 (R)

程序段 2：标题：
手臂右旋
M0.0 I0.4 “手臂左限位” M0.1 (S) M0.0 (R)

程序段 3：标题：
暂停
M0.1 I0.3 “手臂右限位” M0.2 (S) M0.1 (R)

程序段 4：标题：
手臂伸出
M0.2 T1 M0.3 (S) M0.2 (R)

程序段 5：标题：
手臂下降
M0.3 I0.5 “手臂伸出限位” M0.4 (S) M0.3 (R)

程序段 6：标题：
手爪抓紧
M0.4 I1.0 “手臂下降限位” M0.5 (S) M0.4 (R)

程序段 7：标题：
暂停
M0.5 I0.2 “手爪抓紧限位” M0.6 (S) M0.5 (R)

程序段 8：标题：
手臂上升
M0.6 T2 M0.7 (S) M0.6 (R)

程序段 9：标题：
手臂缩回
M0.7 I0.7 “手臂上升限位” M1.0 (S) M0.7 (R)

程序段 10：标题：
暂停
M1.0 I0.6 “手臂缩回限位” M1.1 (S) M1.0 (R)

程序段 11：标题：
手臂左旋
M1.1 T3 M1.2 (S) M1.1 (R)

程序段 12：标题：
暂停
M1.2 I0.4 “手臂左限位” M1.3 (S) M1.2 (R)

程序段 13：标题：
手爪伸出
M1.3 T4 M1.4 (S) M1.3 (R)

程序段 14：标题：
手臂下降
M1.4 I0.5 “手臂伸出限位” M1.5 (S) M1.4 (R)

图 9-15 气动机械手顺序控制程序

程序段 15：标题：

手臂松开

M1.5 —| |— I1.0 "手臂下降限位" —| |— M1.6 (S)；M1.5 (R)

程序段 16：标题：

暂停

M1.6 —| |— I0.2 "手爪抓紧限位" —|/|— M1.7 (S)；M1.6 (R)

程序段 17：标题：

手臂上升

M1.7 —| |— T5 —| |— M2.0 (S)；M1.7 (R)

程序段 18：标题：

手臂缩回

M2.0 —| |— I0.7 "手臂上升限位" —| |— M2.1 (S)；M2.0 (R)

程序段 19：标题：

手臂右旋驱动

M0.1 —| |— Q0.1 "旋转驱动" (S)

程序段 20：标题：

定时器驱动

M0.2 —| |— T1 (SD) S5T#1S

程序段 21：标题：

手臂伸出驱动

M0.3 —| |— Q0.2 "伸缩驱动" (S)

程序段 22：标题：

手臂下降驱动

M0.4 —| |— Q0.3 "升降驱动" (S)

程序段 23：标题：

手爪抓紧驱动

M0.5 —| |— Q0.0 "抓紧驱动" (S)

程序段 24：标题：

定时器驱动

M0.6 —| |— T2 (SD) S5T#1S

程序段 25：标题：

手臂上升驱动

M0.7 —| |— Q0.3 "升降驱动" (R)

程序段 26：标题：

手臂缩回驱动

M1.0 —| |— Q0.2 "伸缩驱动" (R)

程序段 27：标题：

定时器驱动

M1.1 —| |— T3 (SD) S5T#1S

程序段 28：标题：

手臂左旋驱动

M1.2 —| |— Q0.1 "旋转驱动" (R)

程序段 29：标题：

定时器驱动

M1.3 —| |— T4 (SD) S5T#1S

程序段 30：标题：

手臂伸出驱动

M1.4 —| |— Q0.2 "伸缩驱动" (S)

程序段 31：标题：

手臂下降驱动

M1.5 —| |— Q0.3 "升降驱动" (S)

图 9-15　气动机械手顺序控制程序（续）

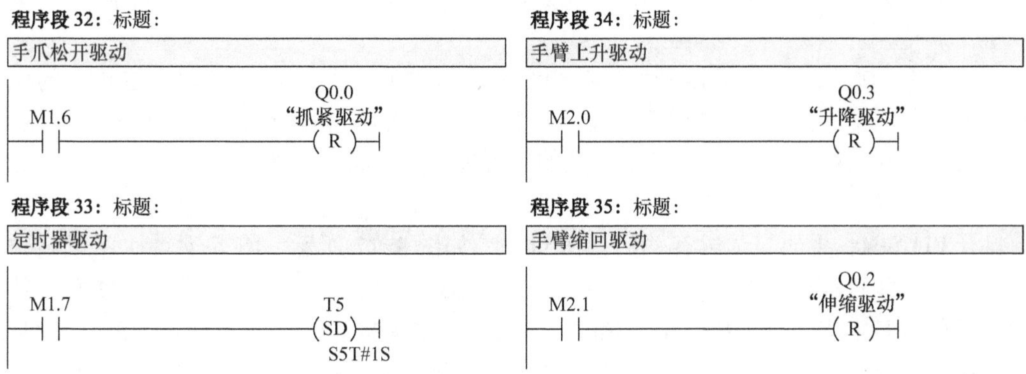

图 9-15 气动机械手顺序控制程序（续）

9.2.3 任务解答

1. 硬件电路接线

根据任务分析中图 9-11 所示 PLC 控制输入/输出电路进行接线。

2. 软件程序编制与调试

（1）创建项目并组态硬件 利用菜单栏的新建项目向导新创建一个“气动机械手控制”项目，CPU 选择与硬件型号、订货号及版本号统一的机型。本任务中选用型号为 CPU314C－2DP 模块，注意修改默认的输入、输出地址编号。

（2）定义符号表 选中 SIMATIC 管理器左边窗口的“S7 程序”文件夹，双击右边窗口中的“符号”图标，打开“符号编辑器”窗口。在“符号编辑器”窗口输入符号、地址、数据类型和注释（见图 9-16），单击保存按钮，保存已经完成的输入或修改，然后关闭“符号编辑器”窗口。

S7 程序(1) (符号) -- 气动机械手控制\SIMATIC 300 站点\CPU314 C-2 DP(1)

	状态	符号 /	地址	数据类型	注释
1		急停	I ...	BOOL	
2		起动	I ...	BOOL	
3		伸缩驱动	Q ...	BOOL	
4		升降驱动	Q ...	BOOL	
5		手臂上升限位	I ...	BOOL	
6		手臂伸出限位	I ...	BOOL	
7		手臂缩回限位	I ...	BOOL	
8		手臂下降限位	I ...	BOOL	
9		手臂右限位	I ...	BOOL	
1		手臂左限位	I ...	BOOL	
1		手爪抓紧限位	I ...	BOOL	
1		停止	I ...	BOOL	
1		旋转驱动	Q ...	BOOL	
1		抓紧驱动	Q ...	BOOL	
1					

图 9-16 气动机械手符号表

（3）在 OB1 中创建主程序 双击打开 OB1，输入图 9-12 中的程序并编译。

（4）在 OB100 中创建初始化程序 创建 OB100，双击打开 OB100，输入图 9-13 中的初始化程序并编译。

（5）在功能 FC1 中创建自动程序　创建功能 FC1，双击打开 FC1，输入图 9-15 中的自动程序并编译。

（6）下载与调试程序　完成硬件接线和组态、软件程序编辑后，将 PLC 主机上的模式选择开关拨到“RUN”位置，“RUN”指示灯亮，表示程序开始运行，有关设备将显示运行结果。启动系统，观察机械手 1、2 个周期的运行情况是否满足控制要求。

3. 程序仿真

打开 PLCSIM，生成与调试有关的视图对象，如图 9-17 所示。将各逻辑块下载到仿真 PLC 中，将仿真 PLC 切换到“RUN-P”的模式。由于执行了 OB100 中的程序，M 对应的位和 Q 对应的位被清零，气动机械手回到原点位置，M10.1 接通。按下起动按钮 I0.0，M10.0 接通（I1.1 急停按钮松开为“1”，硬件接线为常闭触点），调用自动程序 FC1，同时置位初始位 M0.0，其余各步对应的存储器位为 0 状态。进入自动程序 FC1 后，根据顺序功能图的输入位按顺序步骤调试，观察输出位的状态是否符合控制要求。

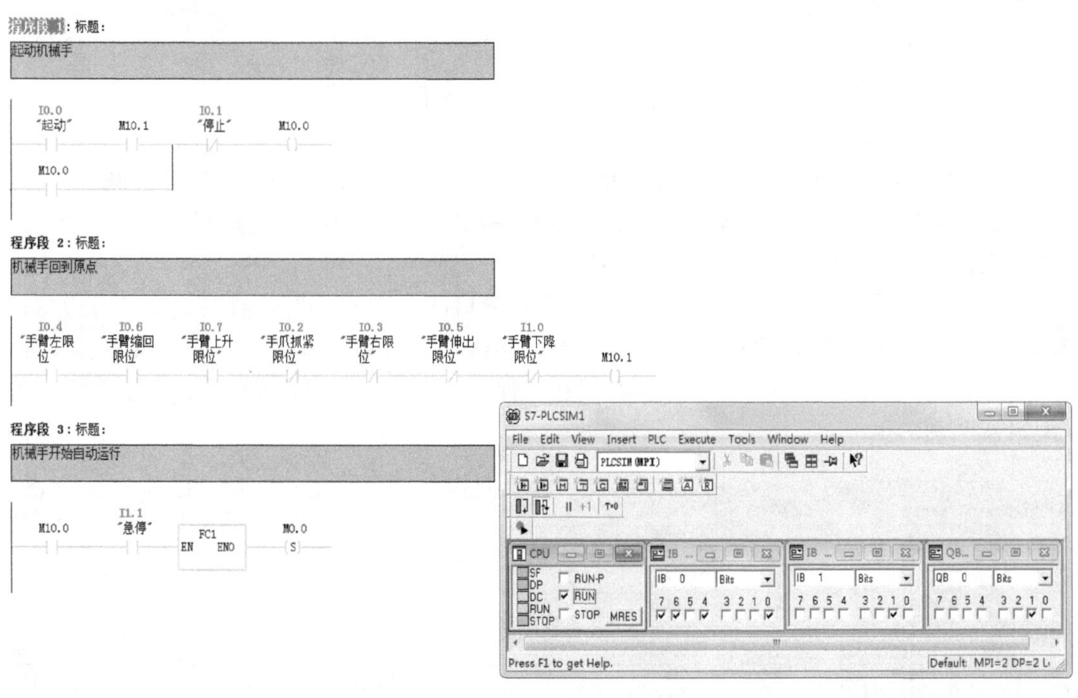

图 9-17　气动机械手 PLCSIM

思考与练习

一、填空题

1. 顺序功能图的基本元素有五个：________、________、________、________和________。

2. ________在顺序功能图中用与有向连线垂直的短横线表示，两个________不能直接相连，必须用一个步隔开，两个步之间________直接相连。

3. 根据顺序功能图中序列有无分支及转换实现的不同，其基本结构有三种：________、

________和________。

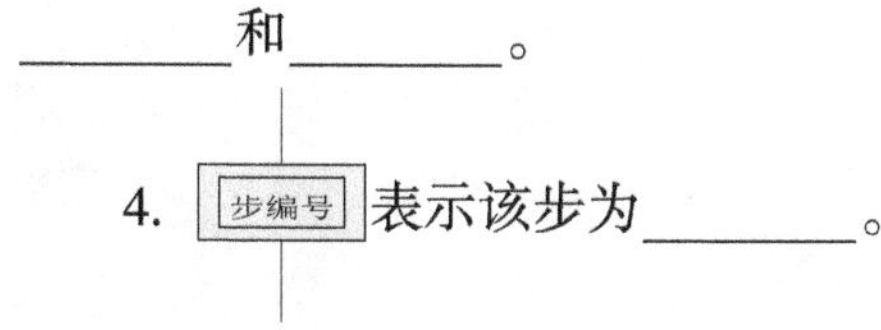

4. 表示该步为________。

二、思考题

1. 一台油泵由一台三相交流电动机拖动间歇工作，控制要求为：按下起动按钮 SB0，油泵开始工作并自动循环 20 次，前 19 次每次停止间隔时间为 10s，第 20 次停止间隔时间为 30s。在工作过程中按下急停按钮 SB1，三相异步电动机立即停止运行。请根据控制要求，画出主电路及 PLC 控制电路，写出 PLC 控制的 I/O 端口分配表，并画出顺序功能图，根据顺序功能图编写 PLC 控制程序。

2. 某车间有 6 个工作台，送料车往返于工作台之间送料，如图 9-18 所示。每个工作台设有一个到位开关（SQ）和一个呼叫按钮（SB）。具体控制要求如下：

1）送料车开始应停留在 6 个工作台中任意一个到位开关的位置上。

2）设送料车现暂停于 m 号工作台（SQm 闭合）处，若这时 n 号工作台呼叫（SBn 闭合）：

① m > n，送料车左行，直至 SQn 动作，到位停车，即送料车停车位置 SQ 的编号大于呼叫按钮 SB 的编号时，送料车向左运行至呼叫位置后停止。

② m < n，送料车右行，直至 SQn 动作，到位停车，即送料车停车位置 SQ 的编号小于呼叫按钮 SB 的编号时，送料车向右运行至呼叫位置后停止。

③ m = n，送料车原位不动，即送料车所停位置 SQ 的编号与呼叫按钮 SB 的编号相同时，送料车不动。

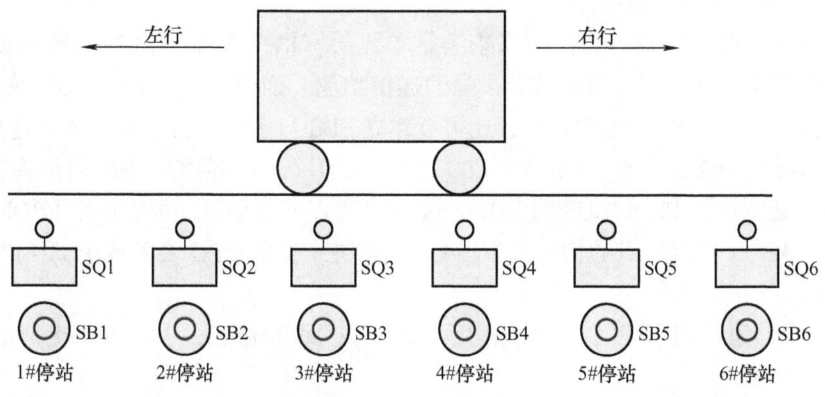

图 9-18 送料小车工作示意图

请根据控制要求，画出主电路及 PLC 控制电路，写出 PLC 控制的 I/O 端口分配表，并画出顺序功能图，根据顺序功能图编写 PLC 控制程序。

项目10 Chapter 10

网络通信

学习目标

1. 知识目标：了解西门子 S7－300 PLC 的通信网络结构；掌握 MPI、PROFIBUS 网络、工业以太网的组建。

2. 能力目标：能组建 MPI 网络；能组建 PROFIBUS－DP 的主从网络通信。

3. 素质目标：培养学生刻苦钻研的学习精神，一丝不苟的工程意识，团结协作的团队意识和自主学习、创新的能力。

10.1 知识链接

10.1.1 MPI 网络通信组建

1. 西门子 PLC 通信网络概述

工业通信网络通过不同的通信网络来满足单元层（时间要求不严格）和现场层（时间要求严格）的不同需求。S7－300 具有很强的通信功能，西门子 PLC 的 CPU 模块集成有 MPI（多点接口），其可作为 S7 的编程接口，还可以建立 PLC 与多种设备之间的通信连接，如实现 PG/PC（编程器/计算机）、S7－200/300/400 PLC、HMI（人机界面）等的通信连接。有些型号的 CPU 模块还集成了 PROFIBUS、PROFINET 或点对点通信接口，可以使用 PROFIBUS－DP、工业以太网、AS－I 和点对点通信处理器（CP）模块来实现 PLC 之间或 PLC 与其他设备之间的网络通信。

图 10-1 所示为西门子 PLC 网络结构示意图。下面介绍 S7－300/400 支持的主要通信方式。

（1）MPI　MPI 是西门子产品使用的内部协议，用于 PLC 200/300/400 之间、PLC 与 HMI 之间以及 PLC 与 PG/PC 之间的通信，可进行少量数据的传送。

（2）PROFIBUS　PROFIBUS 用于对时间要求不精确的、少量和中等数量数据的高速传送。PROFIBUS 符合国际标准 IEC61158，是目前国际上通用的现场总线标准之一。

（3）工业以太网　工业以太网符合国际标准 IEEE802.3，工业以太网在技术上与商用以太网兼容，可以高速传送大量数据，是一种功能强大的区域和单元网络。

（4）点对点　点对点通信是用于特殊协议的串行通信。西门子所使用的点对点连接是通过串口连接模块来实现的。在 SIMATIC 中，通过使用带有点对点通信功能的 CPU 或通信

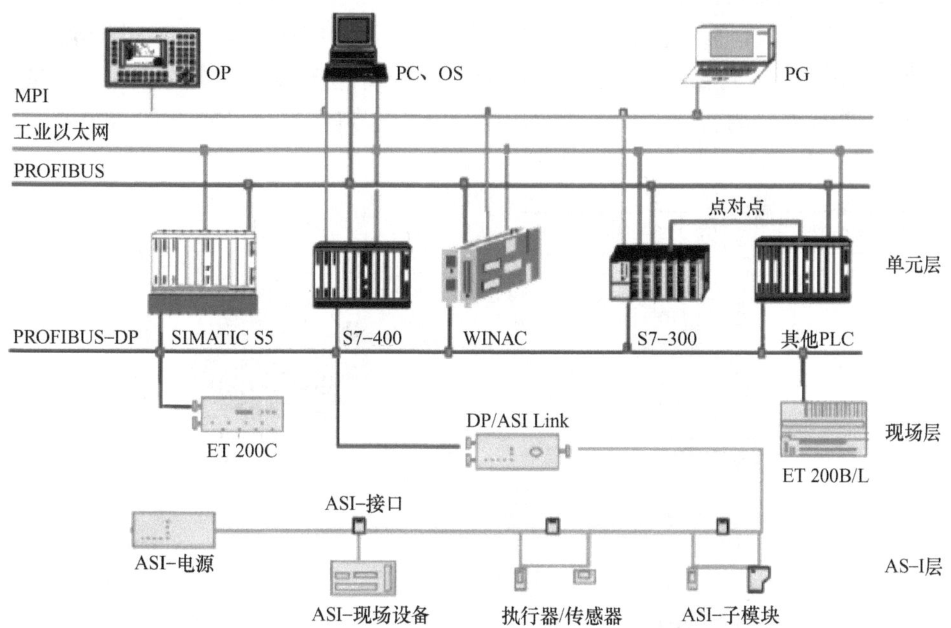

图 10-1　西门子 PLC 网络结构示意图

处理器，可以实现其与其他 PLC、计算机、打印机、机器人等控制系统之间的通信。

（5）AS-I　AS-I 是用于自动化系统中最底层的低成本网络，可以将二进制传感器和执行器数据传输到网络上。

2. MPI 网络通信

（1）MPI 网络简介　MPI（Multi Point Interface，多点接口）在 SIMATIC S7/M7/C7 上都有集成。MPI 的基本功能是作为 S7 的编程接口，同时还可以用于 S7-300 PLC 之间、S7-300/400 PLC 之间、S7-300/400 PLC 与 S7-200 PLC 之间小数据量的通信，是一种应用广泛、经济且不用制作连接组态的通信方式。

MPI 网络只能用于连接少量的 CPU，实现 PLC 与 PLC 之间、PLC 与 PG/PC 之间、PLC 与 HMI 之间的网络连接。每个 CPU 可以使用的 MPI 连接总数与 CPU 型号有关，为 6～64 个。

（2）MPI 网络组建　MPI 网络的物理接口符合 PROFIBUS RS-485（EN 50170）接口标准，凡能接入 MPI 网络的设备均称为网络的节点，可接入 MPI 网络的设备有 PG/PC、操作员界面（OP）、S7/M7 PLC，不分段的 MPI 网络最多可有 32 个网络节点。如图 10-2 所示，仅由 MPI 构成的网络称为 MPI 分支网络；两

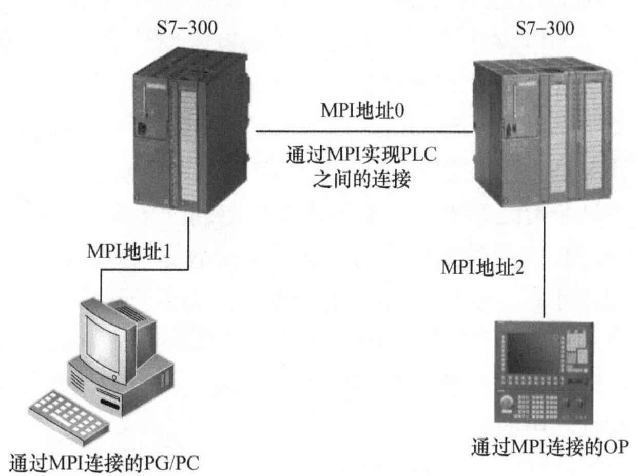

图 10-2　MPI 网络结构示意图

个或多个 MPI 分支网络由路由器或网间连接器连接，构成较复杂的网络结构。

1）MPI 网络连接部件。连接 MPI 网络的两种部件为网络连接器和网络中继器。

① 网络连接器（又称 LAN 插头、网络插头）。网络连接器是节点的 MPI 与电缆之间的连接器。网络连接器分为两种，一种带 PG 接口，一种无 PG 接口，如图 10-3 所示。

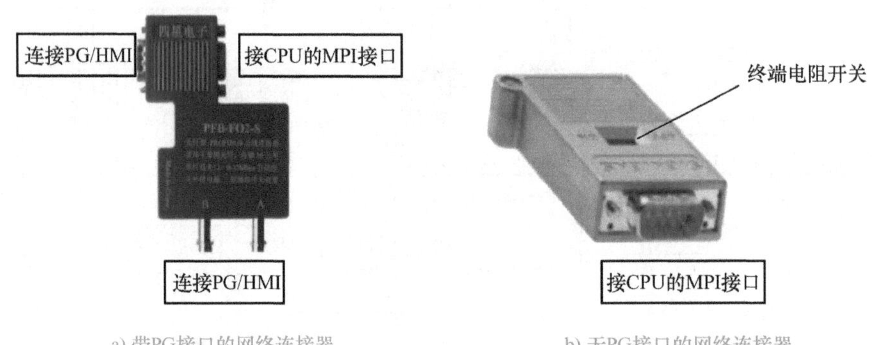

a) 带PG接口的网络连接器　　b) 无PG接口的网络连接器

图 10-3　网络连接器

编程装置 PG 与 MPI 网络节点有两种工作方式：一种是 PG 固定连接在 MPI 网上，这种情况用带有出入双电缆的双口网络连接器（不带 PG 接口），PG 主板上则插上 MPI/PROFIBUS 通信卡（如 CP5512/CP5611）；另一种是 PG 在网络启动和维护时才接入，这种情况采用带 PG 插座的网络连接器，PG 则需要 PC/MPI 适配器。

② 网络中继器（RS-485）。网络中继器（又称转发器、重复器）有放大信号及光电隔离的作用，因此可用于扩展节点间的连接距离（最大 20 倍），也可以用于抗干扰隔离。对于 MPI 网络系统，当接地设备与不接地设备之间连接时，应该注意 RS-485 中继器的连接和使用。

为了保证网络通信质量，总线连接器和网络中继器上都设计有终端匹配电阻。组建通信网络时，网络拓扑分支的末端节点需要介入浪涌匹配电阻。

2）MPI 网络连接规则：

MPI 网络通信网络连接示意图如图 10-4 所示。

① MPI 网络节点间的连接距离有限，从第一个节点到最后一个节点的最长距离为 50m。

② 对于较大距离的信号传输或分散控制系统，可采用两个网络中继器，将两个节点的距离增大为 1000m（最大）。如果两个网络中继器之间有 MPI 站，那么每个网络中继器只能扩展 50m，MPI 接口为 RS-485 接口，连接电缆为 PROFIBUS 电缆，网络连接器（PROFIBUS 接头）带有终端电阻。如果用其他电缆和接头，则不能保证通信距离和通信速率。

（3）全局数据通信的组态　全局数据（Global Data，GD）通信方式是以 MPI 分支网为基础设计的。在 S7－300 中，同一个 MPI 子网中最多可以实现 15 个 CPU 之间建立全局数据通信。利用全局数据通信方式可以实现分布式 PLC 间的通信联系。每一个 CPU 都可以通过全局数据通信访问其他 CPU 的过程输入、过程输出、存储器标志位（M）、定时器、计数器和数据块中的数据。

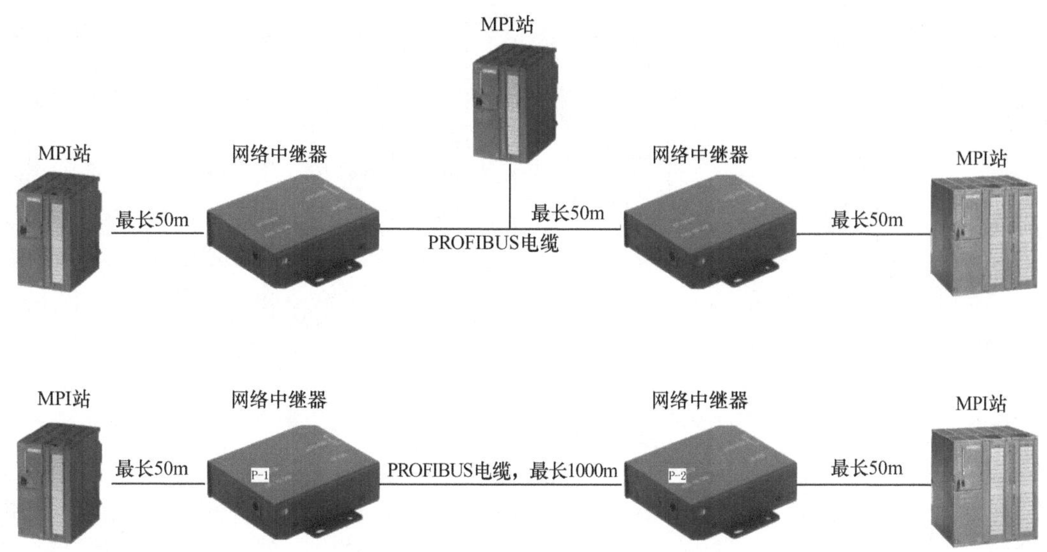

图 10-4 MPI 网络通信网络连接示意图

10.1.2 无组态连接的 MPI 通信

通过使用系统功能 SFC65 ~ SFC69，可以实现在无组态的情况下建立 PLC 之间的 MPI 通信，在西门子 S7 - 300/400 中，通过调用 SFC 来实现 MPI 的通信方式分为两种：双向通信和单向通信。

1. 双向通信

双向通信方式适用于 S7 - 200、S7 - 300 和 S7 - 400 之间的通信。在这种方式下，通信的双方都需要调用通信块，若一方调用发送块来发送数据，则另一方就要调用接收块来接收数据。下面通过使用系统功能 SFC65（发送块）和 SFC66（接收块）来实现两个 S7 - 300 之间无组态连接的 MPI 通信。

1）打开 STEP7 软件，新建名为“MPI 双向通信”项目，在项目中插入两个 S7 - 300 PLC 工作站。在进行硬件组态过程中，CPU 分别选择为 CPU313C - 2DP 和 CPU314C - 2DP。

2）完成项目的 CPU 选型后，需对各工作站的 MPI 地址和通信速率进行配置。在本项目中，设置 CPU313C - 2DP 和 CPU314C - 2DP 的 MPI 地址分别为 2 和 4，通信速率都选择为 187.5kbit/s。完成后单击编译按钮，保存并编译硬件组态，最后将硬件组态下载到 CPU 中。

3）程序编写：

① 发送站的通信程序。OB35 作为 S7 - 300 循环中断组织块，通过在 CPU313C - 2DP 工作站的 OB35 组织块中调用 SFC65 和 SFC69 实现将 I0.0 ~ I1.7 发送到 CPU314C - 2DP 工作站中。OB35 中的发送通信程序如图 10-5 所示。

在图 10-5 所示发送程序的程序段 1 中，当 M1.0 为“1”时，请求被激活，连续发送第一个数据包，数据区为从 I0.0 开始的共 2B 的区域；在程序段 2 中，当 M1.3 为“1”时，断开发送站与接收站的通信连接。

SFC65 各端口的含义如下：

EN：使能输入端，“1”有效。

OB35: "Cyclic Interrupt"

注释:

程序段 1: 标题:

注释:

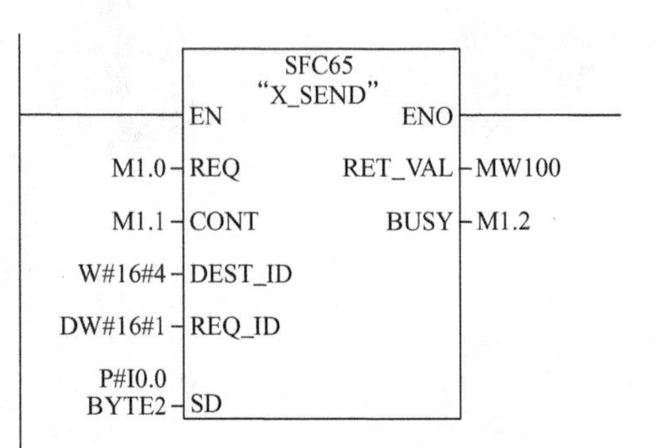

程序段 2: 标题:

注释:

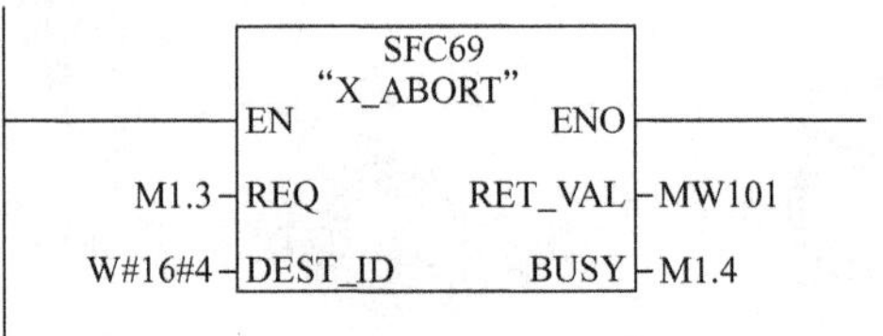

图 10-5　OB35 中的发送通信程序

REQ：请求激活输入信号，"1" 有效。

CONT："继续" 信号，该信号端为 "1" 时表示发送数据是一个连续的整体。

DEST_ID：目的站的 MPI 地址，采用字格式。

REQ_ID：发送数据包的标识符，采用双字格式。

SD：发送数据区，以指针的格式表示，发送区最大为 76B。其格式如下：

P#起始位地址　数据类型　长度

该数据格式中，数据类型包括 BOOL、BYTE、CHAR、WORD、INT、DWORD、DINT、REAL、DATE、TOD、TIME、S5TIME、ARRAY 等多种。

如本程序示例中的 P#I0.0 BYTE2，表示的是从 I0.0 开始共 2B 的数据区。

RET_VAL：返回故障代码信息参数，采用字格式。

BUSY：返回发送完成参数信息，采用 BOOL 格式，"1" 表示发送未完成，"0" 表示发送完成。

SFC69 为中断一个外部连接的系统功能，其各端口的含义同 SFC65。

② 接收站的通信程序。在接收站的主循环组织块 OB1 中调用 SFC66，接收发送站发送过来的数据。接收站 OB1 中的接收通信程序如图 10-6 所示。

图 10-6 所示程序中，当 M0.0 为 "1" 时，将接收到的数据保存到 M10.0 的 2B 数据区中。

SFC66 各端口的含义如下：

EN：使能输入端，"1" 有效。

EN_DT：接收使能信号输入端，"1"

OB1: "Main Program Sweep(Cycle)"

注释:

程序段 1: 标题:

注释:

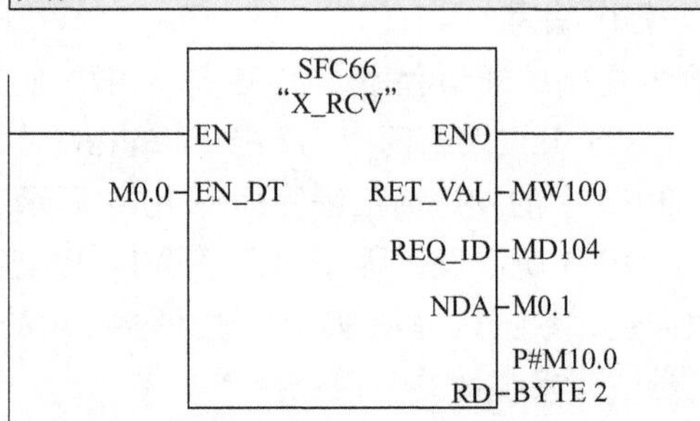

图 10-6　OB1 中的接收通信程序

有效。

RET_VAL：返回接收状态信息，采用字格式。

REQ_ID：接收数据包的标识符，采用双字格式。

NDA：为“1”时表示有新的数据包，为“0”时表示没有新的数据包。

RD：数据接收区，以指针的格式表示，最大为76B。

2. 单向通信

与双向通信中接收方和发送方都需要编写程序不同，MPI的单向通信方式只需要一方编写通信程序。编写程序一方的CPU被定义为客户机，未编写程序一方的CPU被定义为服务器。在程序运行时，客户机通过调用SFC来实现对服务器数据的读写操作。下面将举例说明无组态单向通信的实现过程。

与双向通信项目建立类似，新建名为“MPI单向通信”项目，插入两个S7－300 PLC工作站，CPU型号分别为CPU313C－2DP（作为客户机）和CPU314C－2DP（作为服务器），设置其MPI地址分别为2和3，通信速率都为187.5kbit/s。保存并编译硬件组态，最后将硬件组态数据下载到CPU中。在程序编程中，MPI单向通信只需要编写客户机CPU313C－2DP的程序，客户机CPU313C－2DP工作站通过调用系统功能SFC68，将本地数据区的数据MB10以后的20B存储到服务器CPU314C－2DP的MB100以后的20B中；同时调用SFC67，从服务器CPU314C－2DP读取数据MB10以后的20B，放到MB100以后的20B中。客户机CPU313C－2DP工作站的通信程序如图10-7所示。

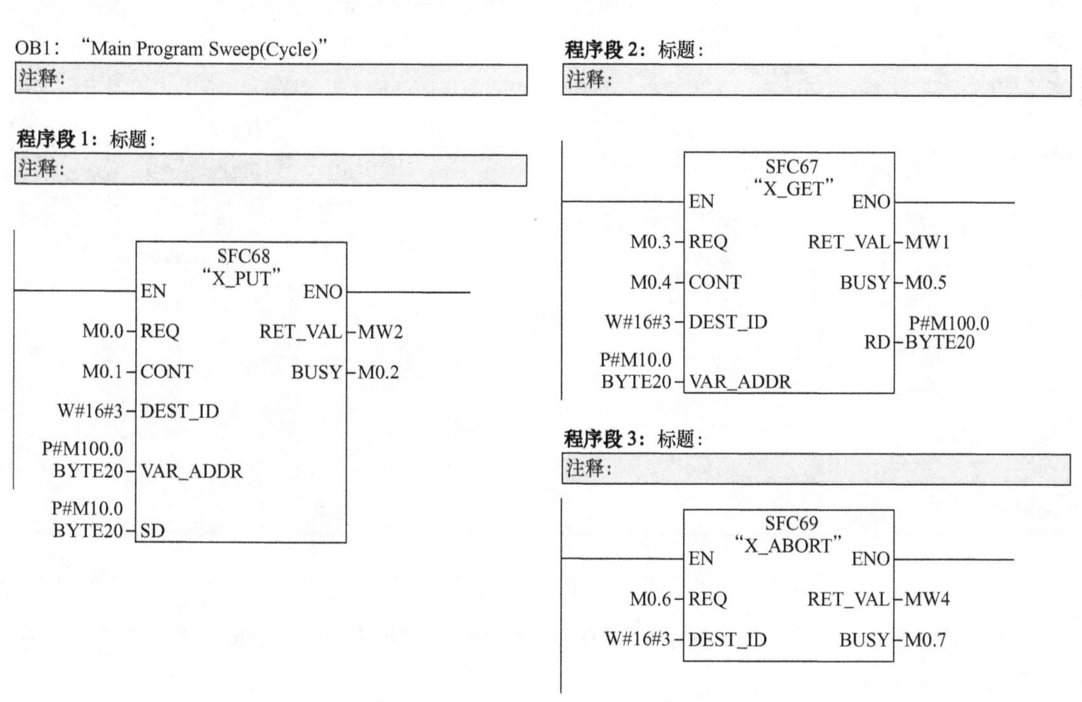

图10-7 客户机的通信程序

10.1.3 有组态连接的MPI通信

对于MPI网络，通过调用系统功能块SFB来实现PLC站之间的通信方式称为有组态连接的 MPI 通信。在西门子的网络通信中，有组态连接的 MPI 通信只适用于 S7－300/400，以及 S7－300/400 之间的通信。在进行 S7－300 和 S7－400 间通信时，S7－300 PLC 只能作为一个数据服务器，只能接收和发送数据，不能进行编程；S7－400 作为客户机对 S7－300 PLC 数据进行读写操作。在进行 S7－400 与 S7－400 间通信时，既可以实现 S7－400 分别作为数据服务器和客户机的单向通信，也可以实现 S7－400 之间的数据接收与发送的双向通信。

下面以 S7－300 和 S7－400 的 MPI 通信为例，介绍 S7－300 与 S7－400 之间的单向通信，组态过程如下：建立一个 S7－300 与 S7－400 之间的有组态的 MPI 单向通信，其中 S7－400 PLC 作为客户机，S7－300 PLC 作为服务器。要求实现的功能是作为客户机的 S7－400 PLC 发送一个数据包，被作为服务器的 S7－300 PLC 读取。

1）打开 STEP7，创建一个命名为“有组态单向通信”S7 项目，插入两个 PLC 工作站。其中，一个 CPU 为 CPU314C－2DP，MPI 地址为 2；另一个 CPU 为 CPU416－2DP，MPI 地址为 3。

2）在 SIMATIC 管理器，对 S7－300 PLC 客户机和服务器分别进行硬件组态，单击 SIMATIC 管理器工具栏中的图标，进入 NetPro 网络组态窗口，进行 MPI 的组态，如图 10-8 所示。

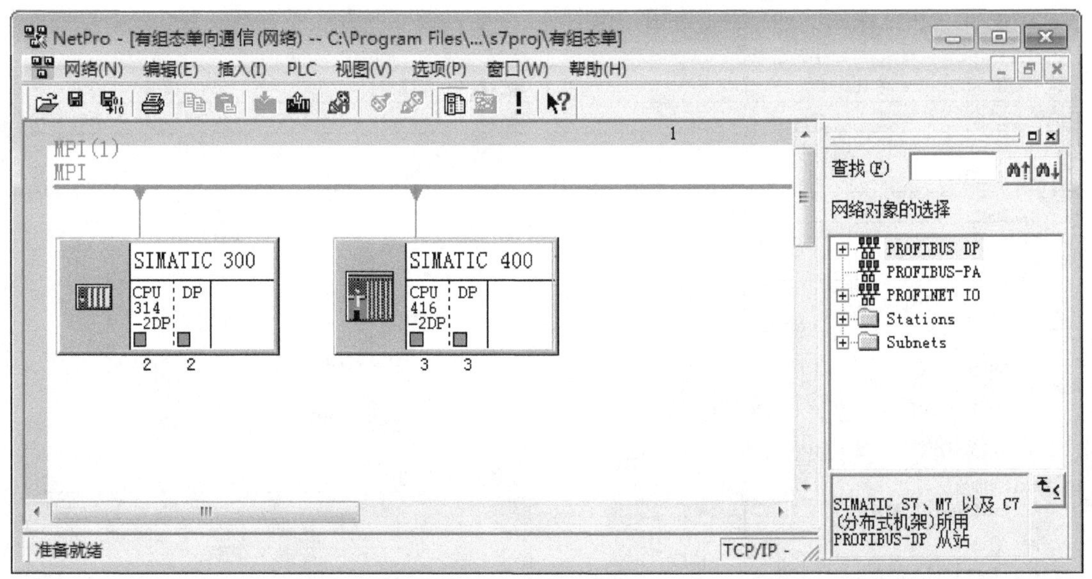

图 10-8 NetPro 网络组态窗口

单击 SIMATIC 400 站点的 CPU416－2DP，从弹出的快捷菜单中选择“插入新连接”命令，如图 10-9 所示。

在弹出的“插入新连接”对话框（见图 10-10）中选中“SIMATIC 300”工作站的“CPU314－2DP”，在“连接”选项组中选择“类型”为“S7 连接”，单击“应用”按钮完成连接表的建立。

3）客户机程序编写。在本工作示例中，S7－400 PLC 作为客户机，S7－300 作为服务

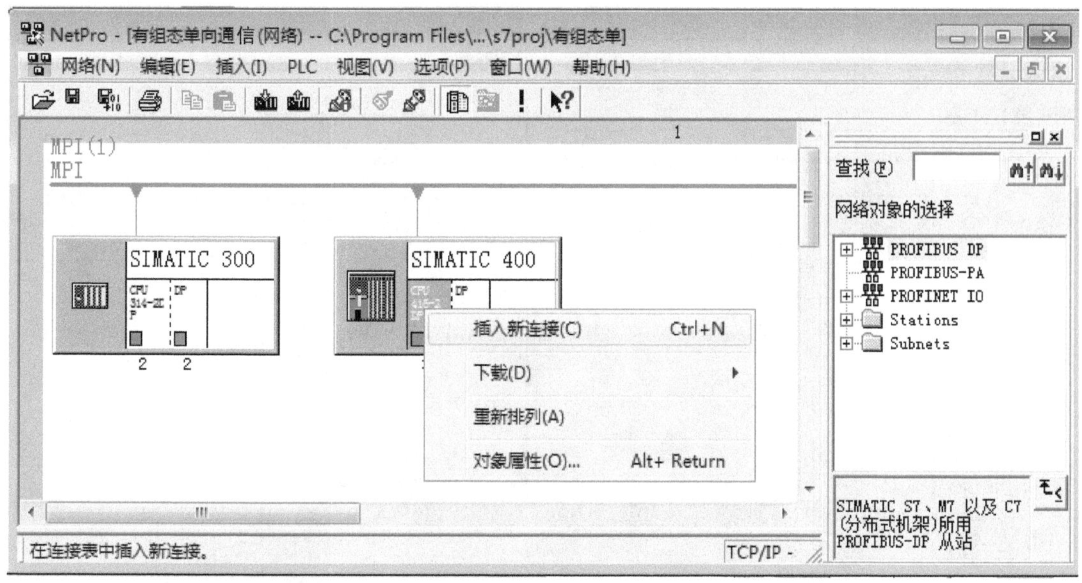

图 10-9 插入新的 MPI 站点连接

器，实现的是数据的单向通信。客户机 S7-400 PLC 通过调用 SFB15 将数据发送到服务器 S7-300 PLC 中，MPI 通信程序如图 10-11 所示。

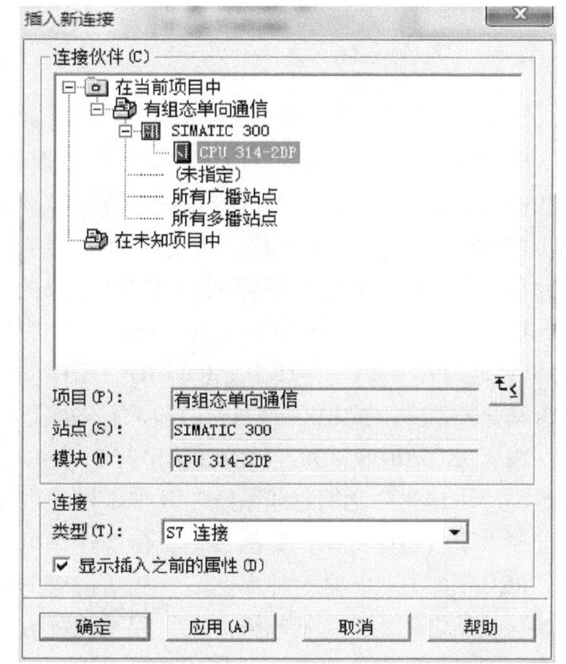

图 10-10 “插入新连接”对话框

在图 10-11 所示程序段 1 中，当 M0.0 出现上升沿时，激活对 SFB15 的调用，将客户机发送的数据区 MB10 开始的 20B 数据发送到服务器接收区 MB100 开始的 20B 数据区中；在程序段 2 中，当 M0.0 出现上升沿时，激活对 SFB14 的调用，将服务器数据区 MB10 开始的 20B 数据读取到客户机接收区 MB100 开始的 20B 数据区中。

系统功能块 SFB14 和 SFB15 的主要端子含义如下：

REQ：请求信号，上升沿有效。

ID：连接寻址参数，采用字格式。

ADDR_1 ~ ADDR_4：远端 CPU 数据区地址。

SD_1 ~ SD_4：本地数据发送区地址。

RD_1 ~ RD_4：本地数据接收区地址。

DONE：数据交换状态参数，“1”表示作业被无误执行，“0”表示作业未开始或仍在执行。

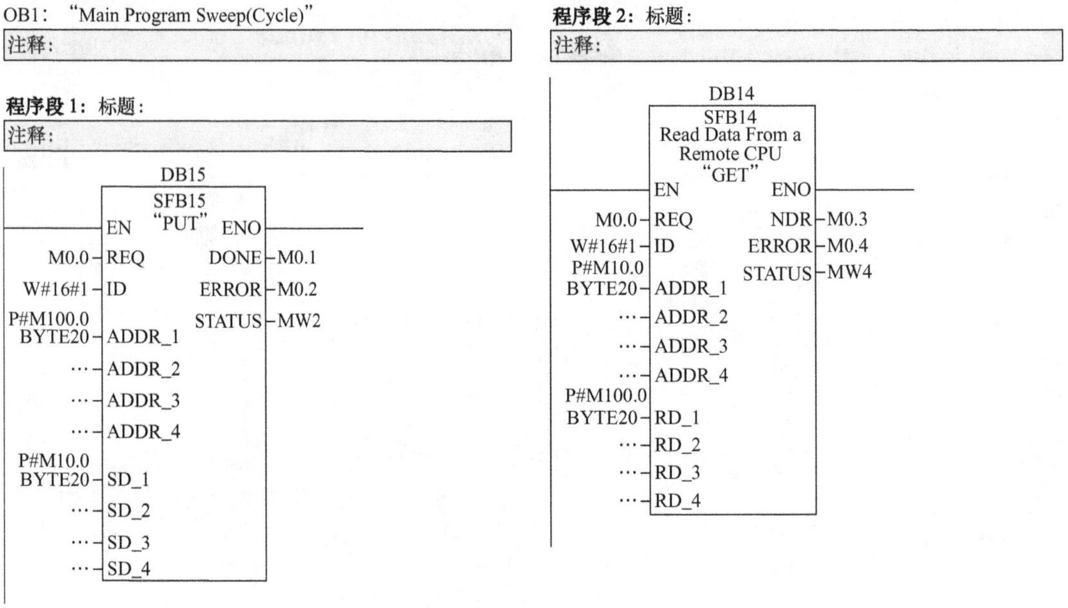

OB1: "Main Program Sweep(Cycle)"
注释:

程序段 1: 标题:
注释:

DB15
SFB15
"PUT"
EN ENO
M0.0 - REQ DONE - M0.1
W#16#1 - ID ERROR - M0.2
P#M100.0 BYTE20 - ADDR_1 STATUS - MW2
… - ADDR_2
… - ADDR_3
… - ADDR_4
P#M10.0 BYTE20 - SD_1
… - SD_2
… - SD_3
… - SD_4

程序段 2: 标题:
注释:

DB14
SFB14
Read Data From a Remote CPU
"GET"
EN ENO
M0.0 - REQ NDR - M0.3
W#16#1 - ID ERROR - M0.4
P#M10.0 BYTE20 - ADDR_1 STATUS - MW4
… - ADDR_2
… - ADDR_3
… - ADDR_4
P#M100.0 BYTE20 - RD_1
… - RD_2
… - RD_3
… - RD_4

图 10-11 MPI 通信程序

10.1.4 PROFIBUS 网络

1. PROFIBUS 通信简介

PROFIBUS（Process Fieldbus）作为众多现场总线家族的成员之一，是一种国际化的、开放的、不依赖于设备生产商的现场总线标准。它广泛应用于楼宇、交通、电力等自动化领域。PROFIBUS 是一种单元级、现场级的 SIMATIC 网络，适用于传输中、小量数据。其开放性允许众多厂商开发各自符合 PROFIBUS 协议的产品，这些产品可以连接到同一个 PROFIBUS 网络上。PROFIBUS 是一种电气网络，物理传输介质可以是双绞线、光纤，也可以进行无线传输。PROFIBUS 主要由 PROFIBUS－DP（分布式外围设备）、PROFIBUS－PA（过程控制自动化）和 PROFIBUS－FMS（现场总线报文）三个部分组成。

（1）PROFIBUS－DP　PROFIBUS－DP 是一种经过优化的高速、低成本通信，是目前全球范围应用最为广泛的总线系统，其主要用于现场设备级分散 I/O 之间的通信，可实现分布式控制系统设备间的高速数据传输，传输速率可选范围为 9.6kbit/s～12Mbit/s。

PROFIBUS－DP 是一种由主站、从站构成的总线系统。主站间的通信方式为令牌方式，主站与从站之间为主－从轮询方式，以及两种方式的混合。主站功能由控制系统中的主控制器来实现。主站在完成自身功能的同时，通过循环及非循环的报文与控制系统中的各个从站进行通信。

（2）PROFIBUS－PA　PROFIBUS－PA 专为过程自动化设计，PROFIBUS－PA 总线技术将自动化系统和过程控制系统与现场设备（如压力、温度和液位变送器等）连接起来，代替了 4～20mA 模拟信号传输技术，因此 PROFIBUS－PA 通信技术在石油、化工、冶金等行业的过程自动化控制中被广泛使用。

（3）PROFIBUS－FMS　PROFIBUS－FMS 主要用于车间级的监控网络，常用于解决车间级通用性通信任务。PROFIBUS－FMS 提供有大量的通信服务，用以完成以中等级传输速率进行的循环和非循环通信服务。PROFIBUS－FMS 是一个令牌结构的实时多层网络。

2. PROFIBUS 协议

PROFIBUS 协议符合 ISO/OSI 参考模型，其协议结构如图 10-12 所示，第 1 层为物理层，定义了物理的传输特性；第 2 层为数据链路层；第 3～6 层 PROFIBUS 未使用；第 7 层为应用层。

	PROFIBUS-DP	PROFIBUS-FMS	PROFIBUS-PA
用户层	DP设备行规 基本功能与扩展功能 DP用户接口	FMS设备行规	PA设备行规 基本功能与扩展功能 DP用户接口
第7层(应用层)	未使用	现场总线信息规范	未使用
第3～6层		未使用	
第2层(数据链路层)	现场总线数据链路		IEC接口
第1层(物理层)	RS-485/光纤		IEC1158-2

图 10-12 PROFIBUS 协议结构

PROFIBUS－FMS 定义了物理层、数据链路层、应用层和用户层，第 3～6 层未加描述。

PROFIBUS－DP 定义了物理层、数据链路层和用户层，第 3～7 层未加描述。PROFIBUS－DP 的这种协议结构是为了确保数据传输的快速有效进行。

PROFIBUS－DP 中的物理层和数据链路层与 PROFIBUS－FMS 中的定义完全相同，两者采用相同的传输技术（光纤或 RS-485 传输）和统一的总线控制协议，直接数据链路映像（DDLM）为用户层与数据链路层之间的信息交换提供了方便。

PROFIBUS－PA 数据传输采用扩展的 DP 协议，只是在上层增加了描述现场设备行为的 PA 设备行规。简单来说，PA 相当于在 DP 协议上加上最合适现场设备传输协议 IEC1158－2。根据 IEC1158－2 标准，PA 可通过现场总线给现场设备供电，并确保数据传输的本质安全性。当使用分段耦合器时，PROFIBUS－PA 装置能很方便地连接到 PROFIBUS－DP 网络中。

3. PROFIBUS－DP

在 PROFIBUS 现场总线中，PROFIBUS－DP 的应用最广。PROFIBUS－DP 是一种由主站、从站构成的总线系统，典型的 DP 配置是单主站结构，也可以是多主站结构。

在单主站系统结构中，在总线系统的运行阶段，只有一个活动主站，可以连接 1～125 个 DP 从站，如图 10-13 所示。

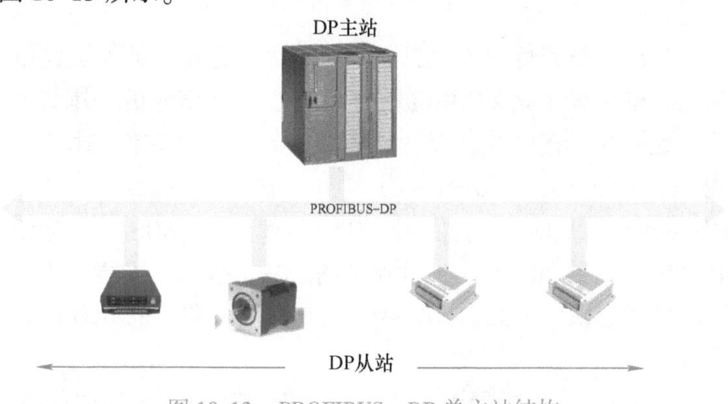

图 10-13 PROFIBUS－DP 单主站结构

在多主站系统中，总线上连有多个主站，这些主站与各自从站构成相互独立的子系统。每个子系统包括一个 DPM1 设备、若干指定的从站及可能的 DPM2 设备。任何一个主站均可读取 DP 从站的输入/输出映象，但只有一个 DP 主站允许对 DP 从站写入数据。PROFIBUS - DP 多主站结构如图 10-14 所示。

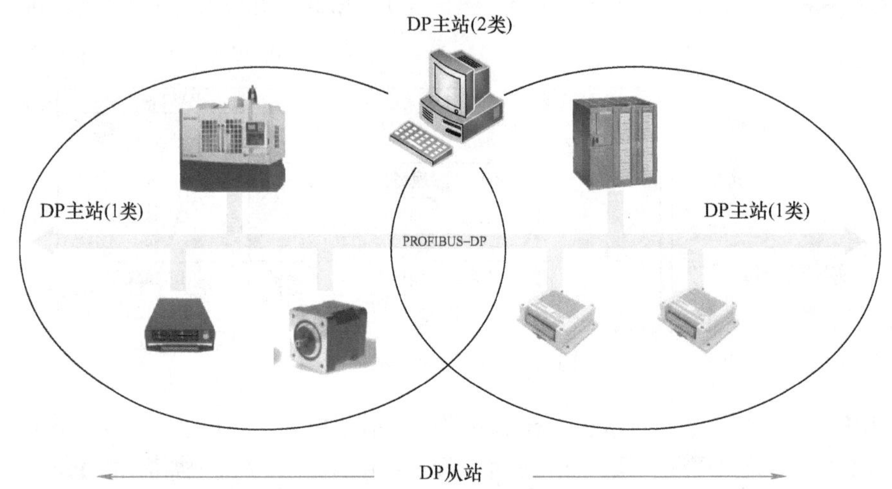

图 10-14　PROFIBUS - DP 多主站结构

4. PROFIBUS - DP 设备

PROFIBUS - DP 设备可以分为三种不同类型的设备。

(1) 1 类 DP 主站　1 类 DP 主站（DPM1）是系统的中央控制器，这类设备是一种在给定的信息循环中与分布式站点（DP 从站）交换信息，并对总线通信进行控制和管理的中央控制器。DPM1 可以发送参数给从站，读取从站的诊断信息，还可以用 Global Control（全局控制）命令将它的运行状态告知给各 DP 从站。典型的设备有 PLC、微机数值控制（CNC）或计算机（PC）等。

(2) 2 类 DP 主站　2 类 DP 主站（DPM2）是 DP 网络中的编程诊断和管理设备。这类设备在 DP 系统初始化时用来生成系统配置，是 DP 系统中组态或监视工程的工具。除了具有 1 类主站的功能外，其还可以读取 DP 从站的输入/输出数据以及当前的组态数据，可以给 DP 从站分配新的总线地址。属于这一类的装置有编程器、组态装置、诊断装置和上位机等。

(3) DP 从站　DP 从站是进行输入信息采集和输出信息发送的外围设备，它只与组态它的主站进行数据交互，这类设备是 DP 系统中直接连接 I/O 信号的外围设备。典型 DP 从站设备有分布式 I/O、变频器、驱动器、阀、操作面板等。根据它们的用途和配置，可将 SIMATIC S7 的 DP 从站设备分为以下几种：

1）分布式 I/O。分布式 I/O（非智能型 I/O）具有 PROFIBUS - DP 通信接口，但没有程序存储和程序执行功能，通信适配器用来接收主站命令，按照主站指令来驱动 I/O，并将 I/O 输入及故障等诊断信息返回给主站。ET200 系列是西门子典型的分布式 I/O，包括 ET200/B/L/S/B 等多种类型。

2）PLC 智能从站。PLC（智能型 I/O）可以作为 PROFIBUS 的智能从站。PLC 的 CPU

通过用户程序驱动 I/O，PLC 的存储器中有一块特定区域作为与主站通信的共享数据区，主站通过通信间接控制从站 PLC 的 I/O。

3）具有 PROFIBUS－DP 接口的其他现场设备。西门子的 SINUMERIK 数控系统、SITRANS 现场仪表、MicroMaster 变频器、SIMOREG DC MASTER 支流传动装置以及 SIMOVERT 交流传动装置均具有 PROFIBUS－DP 接口或可选的 DP 接口，可以作为 DP 从站。其他公司支持 DP 接口的输入/输出、传感器、执行器或其他智能设备，也可以接入 PROFIBUS－DP 网络。

10.1.5 工业以太网

1. 工业以太网简介

随着信息技术的不断发展，信息交换技术覆盖了各行各业。在自动化领域，越来越多的企业需要建立包含从工厂现场设备层到控制层、管理层等各个层次的综合自动化网络管理平台，建立以工业控制网络技术为基础的企业信息化系统。

工业以太网（Industrial Ethernet）是为工业应用专门设计的基于 IEEE 802.3（Ethernet）的强大的区域和单元网络。其传输介质为光缆和双绞线。在目前的工业应用中，工业以太网采用的 TCP/IP 协议，可以通过以太网将自动化系统连接到企业内部互联网（Intranet）、外部互联网（Extranet）和因特网（Internet）。不需要额外的硬件设备，就可以实现管理网络与控制网络的数据共享，实现“管控一体化”。

2. 西门子工业以太网通信技术

西门子公司在工业以太网领域有着非常丰富的经验和领先的解决发方案。其中，SIMATIC NET 工业以太网基于经过现场验证的技术，符合 IEEE802.3 标准并提供 10Mbit/s 以及 100Mbit/s 快速以太网技术。利用工业以太网，SIMATIC NET 提供了一个无缝集成到新的多媒体世界的途径。经过多年的实践，SIMATIC NET 工业以太网已经被广泛应用于现有工业应用环境中。

西门子工业以太网中采用的交换技术具有以下几种模式：

（1）全双工模式　西门子工业以太网采用全双工模式的交换技术，能够实现一个站点同时发送和接收数据，避免了报文竞争，数据吞吐量明显增加，在两个节点之间可同时发送和接收数据，全双工快速以太网链路的数据传输速率可增加到 200Mbit/s。

（2）交换技术（Switching）　交换技术用开关将一个网络分成若干段，降低了网络通信的负载。在每个独立的段中，本地数据的通信独立于其他段，因此可以在不同的段内同时发送数据。利用交换技术易于扩展网络的规模，通信范围实际上没有限制。

（3）自适应网络站点（数据终端和网络组件）　具有自适应的网络站点可自动识别信号传输速率（10Mbit/s 或 100Mbit/s），能够实现所有以太网部件之间的无缝互操作性。

3. 西门子 S7－300/400 工业以太网的通信组态

西门子工业以太网通信方式较多，此处以基于以太网的 TCP 通信组态与编程为例进行说明。

新建一个名称为“工业以太网通信组态与编程”的项目，插一个 S7－300 工作站，CPU 选型为 CPU314C－2DP。在硬件组态环节，将 CP343－1 插入机架中，此时会自动弹出图 10-15 所示“属性- Ethernet 接口”对话框。在对话框参数选项卡中完成 MAC 地址、IP 地址和子网掩码等参数设置，其中 IP 地址和子网掩码可以使用默认值，MAC 地址可以在 CP 模块外壳上找到。若不使用 ISO 和 ISO-on-TCP 通信服务，可以不进行 MAC 地址的设置。

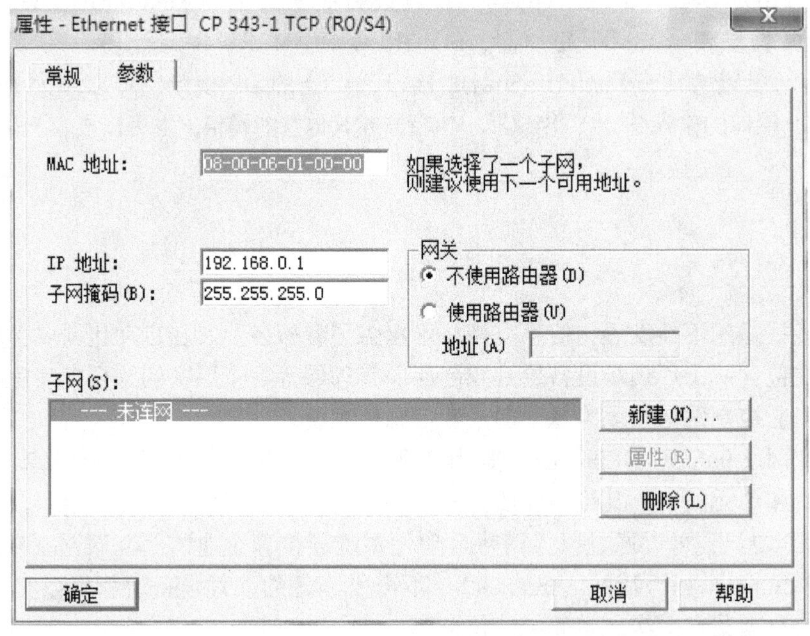

图 10-15 “属性- Ethernet 接口”对话框 1

完成上述的参数设置后，单击“新建”选项，将会生成一条名为“Ethernet(1)”的以太网，如图 10-16 所示。单击“确定”按钮，将 S7－300 第一个站点连接到 Ethernet(1) 网络上。

图 10-16 工业以太网新建子网属性框

插入第二个 S7－300 工作站对话框，采用与创建第一个 S7－300 工作站相同的操作方式，完成硬件组态及 MAC 地址、IP 地址和子网掩码参数的设置。**注意，项目中两个 CP 的 IP 地址必须在同一个网段内**，如图 10-17 所示。然后将第二个 S7－300 工作站的 CP 连接到前面已经生成“Ethernet(1)”上。

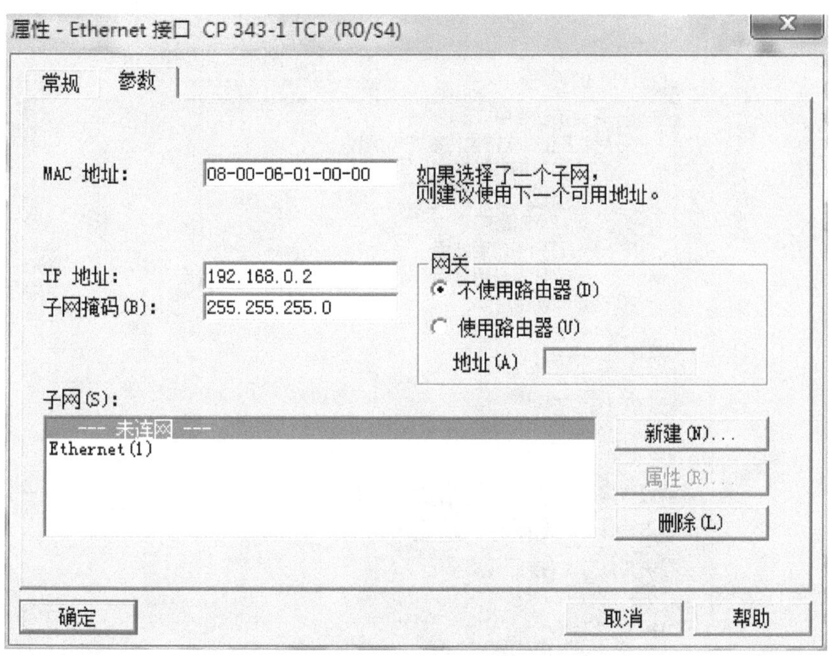

图 10-17 “属性- Ethernet 接口”对话框 2

组态好两个 S7－300 工作站后，在 SIMATIC 管理器中双击“Ethernet(1)”选项，打开网络组态编辑器界面（见图 10-18），编辑器界面中显示两个 S7－300 工作站均已经连接到工业以太网上。选中任意一个站点的 CPU 图框，系统会在图示的下方弹出连接表。双击连接表第一行空白处，会弹出“插入新连接”对话框（见图 10-19），选择连接伙伴为 CPU313C－2DP，连接类型为“TCP 连接”，单击“应用”按钮系统将弹出“属性- TCP 连

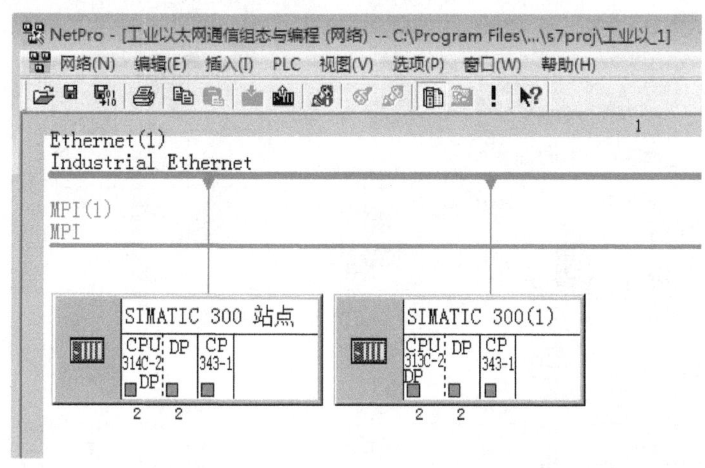

图 10-18 网络组态编辑器界面

接”对话框，如图10-20所示。单击图10-20中的“路由”按钮能查看完成后本地及远程站点情况，如图10-21所示。单击工具栏中的“保存”编辑按钮，完成S7－300工业以太网通信组态。

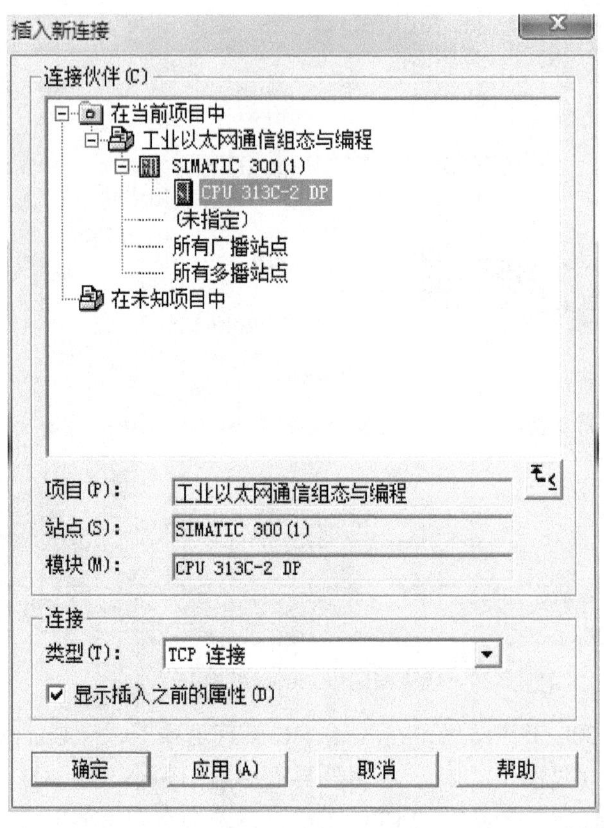

图10-19 “插入新连接”对话框

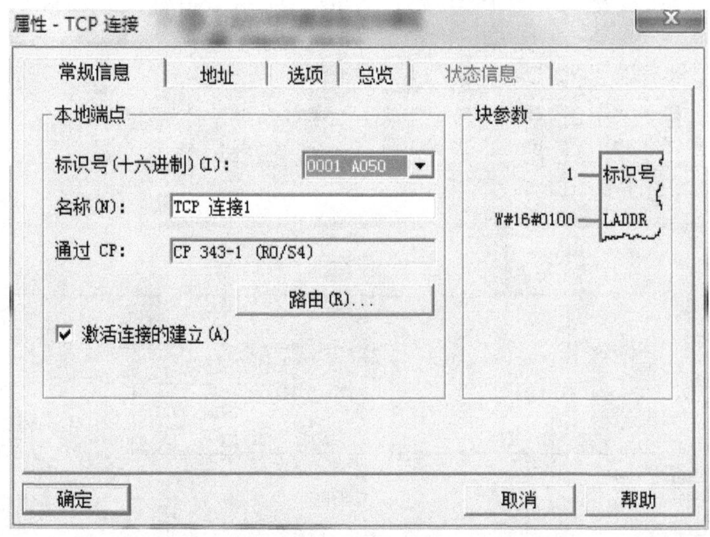

图10-20 “属性-TCP连接”对话框

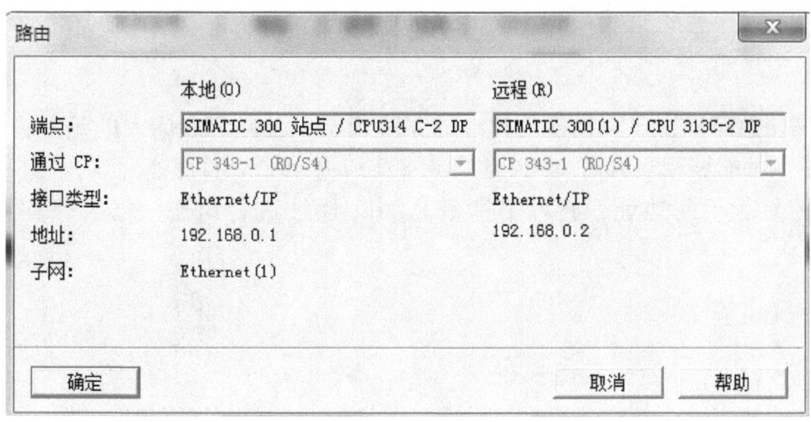

图 10-21 “TCP 连接”本地及远程站点路由

完成系统的硬件和网络组态后，用户便可进行基于以太网的 TCP 通信编程，在程序编辑的项目树列表的指令库中找到 SIMATIC_NET_CP 下的 FC5 AG_SEND 和 FC6 AG_RECV 程序块，分别在两个站点程序块中编写发送和接收程序，如图 10-22 和图 10-23 所示。

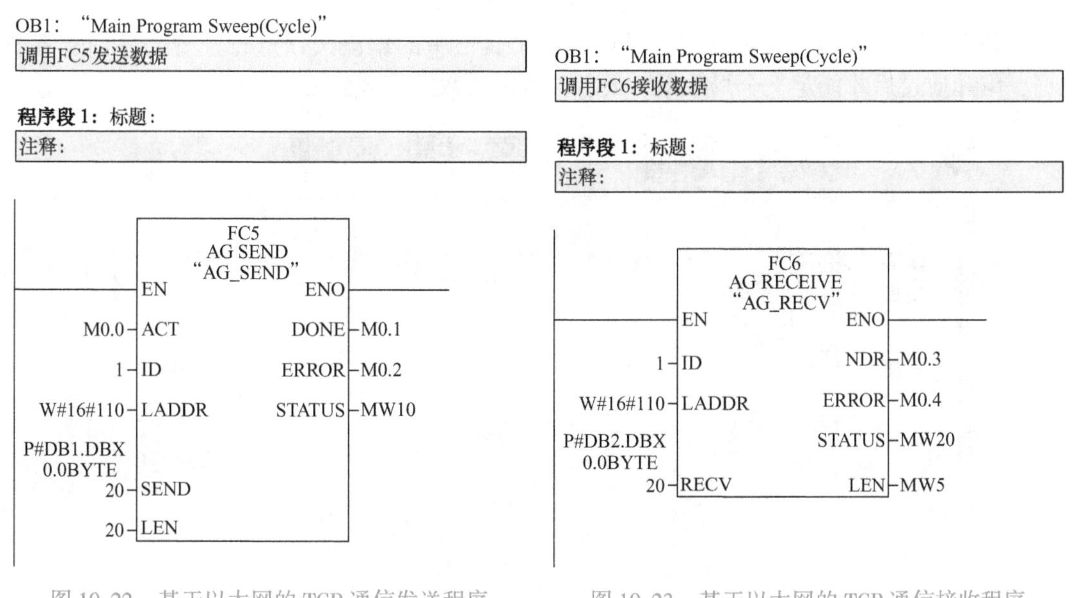

图 10-22 基于以太网的 TCP 通信发送程序　　图 10-23 基于以太网的 TCP 通信接收程序

完成上述程序的编写以后，选中 SIMATIC 管理器中的站，单击工具栏中的下载按钮 ，进行硬件和程序的下载。

10.2 任务1：组建 MPI 网络通信

10.2.1 任务要求

已知系统包括两个 S7 -300 PLC，通过 MPI 网络组态方式了解 PLC 的 MPI 通信结构，并完成两个 PLC 之间的 MPI 网络通信。

10.2.2 任务分析

在 MPI 网络组态前，要完成各台 PLC 的 MPI 组态、设置 PLC 的 MPI 地址，使所有通过 MPI 连接的节点都能够相互通信。MPI 组态在 STEP7 中通过硬件组态完成，用户可以对 MPI 在网络中的地址、子网地址、波特率和最高 MPI 地址进行组态，把组态配置下载到各 PLC 中。

10.2.3 任务解答

1. 新建 MPI 项目并设置 MPI 地址

在 SIMATIC 管理器中新建一个项目，项目名称为“MPI 网络组建”，选中“MPI 网络组建”项目，在此项目下插入两个站点，并对它们进行硬件组态，CPU 分别选择为 CPU313C-2DP 和 CPU314C-2DP，分别对其进行硬件组态和编译，如图 10-24 所示。在对上述 CPU 的硬件进行组态过程中，双击 CPU313C-2DP 和 CPU314C-2DP 或选中需要编辑的 CPU，单击鼠标右键选择“对象属性”命令打开 CPU 属性对话框，在 CPU 属性对话框中的常规选项卡中单击“属性”按钮，在弹出的界面中依次设置各 CPU 的地址和通信速率，如图 10-25 所示。如果 MPI 地址设置存在冲突，可以单击工具栏中的编译按钮进行检查，并创建系统数据，编译通过后才能定义全局数据。最后，将配置数据下载到 CPU 中。

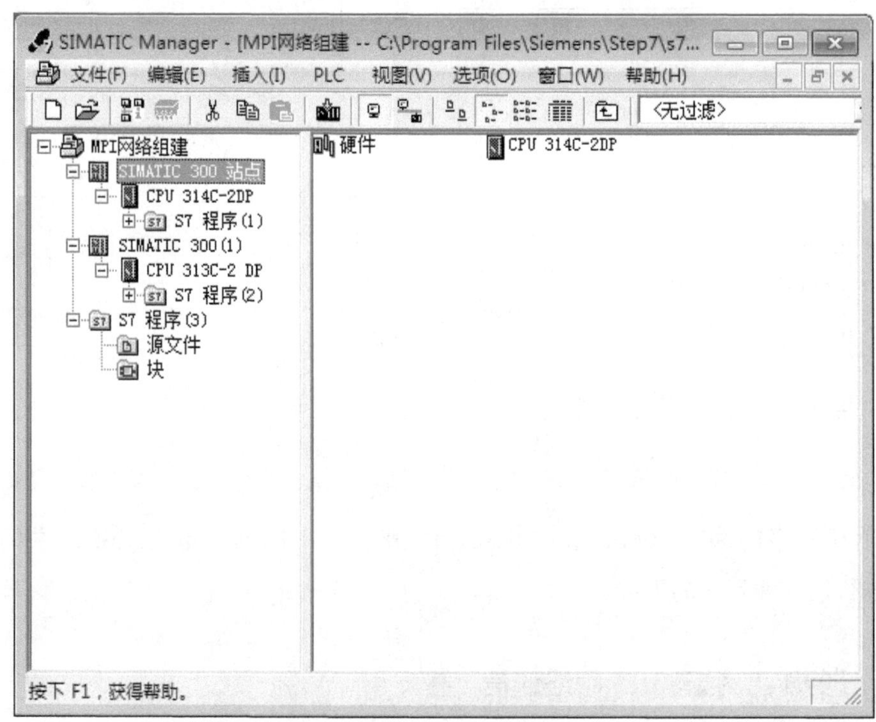

图 10-24 MPI 网络组建

完成硬件组态和编译工作后，单击 SIMATIC 管理器工具栏上的 按钮，打开网络组态“NetPro”窗口，将两个工作站依次连接到 MPI(1) 网络上，如图 10-26 所示。

图 10-25　配置 MPI 站点

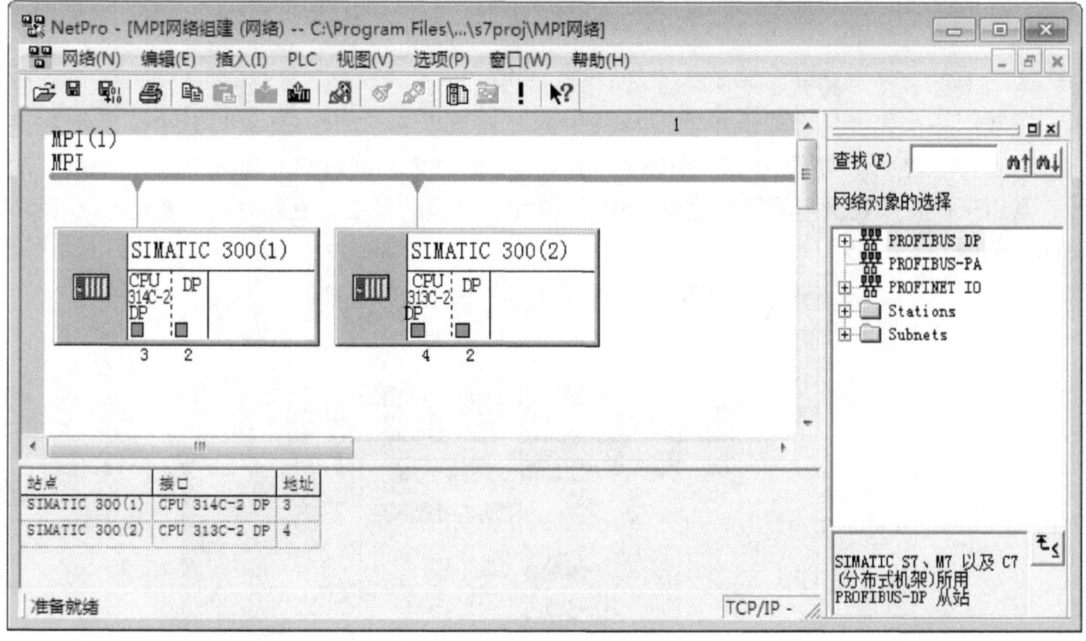

图 10-26　组态 MPI 网络

2. 生成全局数据表

用鼠标右键单击“NetPro”窗口中的 MPI 网络线，在弹出的快捷菜单中选择“定义全局数据”命令，在出现的全局数据中，对全局数据进行组态。

在打开的全局数据组态界面（见图 10-27）中，双击全局数据（GD）ID 右侧的灰色区域，依次在弹出的对话框中选择需要通信的 CPU313C－2DP 和 CPU314C－2DP。例如，若 SIMATIC 300 站点 \ CPU313C－2DP 的发送区为 DB1. DBB0 ~ DB1. DBB19，可以填写地址“DB1. DBB0：20”，然后单击工具栏中 按钮，将 CPU313C－2DP 设置为发送站。而 SIMATIC 300 站点 \ CPU314C－2DP 的接收区为 DB1. DBB0 ~ DB1. DBB19，可以填写地址“DB1. DBB0：20”，将 CPU314C－2DP 设置为接收站。

单击工具栏中的编译按钮 ，完成对组态的编译存盘，这样就可以实现数据的交换。完成编译操作以后，每行通信区都会生成（GD）ID，GD 1. 1. 1 即为产生的（GD）ID。

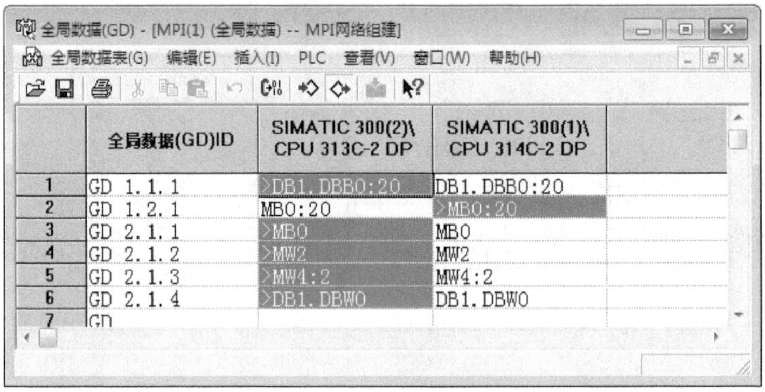

全局数据(GD) - [MPI(1) (全局数据) -- MPI网络组建]

全局数据表(G) 编辑(E) 插入(I) PLC 查看(V) 窗口(W) 帮助(H)

	全局数据(GD)ID	SIMATIC 300(2)\ CPU 313C-2 DP	SIMATIC 300(1)\ CPU 314C-2 DP
1	GD 1.1.1	>DB1.DBB0:20	DB1.DBB0:20
2	GD 1.2.1	MB0:20	>MB0:20
3	GD 2.1.1	>MB0	MB0
4	GD 2.1.2	>MW2	MW2
5	GD 2.1.3	>MW4:2	MW4:2
6	GD 2.1.4	>DB1.DBW0	DB1.DBW0
7	GD		

图 10-27　全局数据组态界面

3. 设置扫描速率和状态字的地址

完成第一次编译后，依次单击菜单栏中的“查看”→“扫描速率”命令。系统弹出图 10-28 所示界面。与图 10-27 相比较，图 10-28 中每个数据包都增加一个标有“SR”的行，其用来设置该数据包的扫描速率。SR1. 1 为 8，代表的是发送更新时间为 8 倍 CPU 循环时间，范围为 1 ~255。

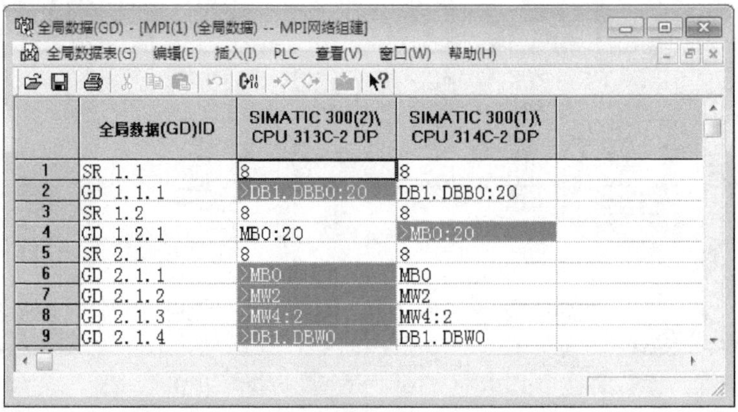

全局数据(GD) - [MPI(1) (全局数据) -- MPI网络组建]

全局数据表(G) 编辑(E) 插入(I) PLC 查看(V) 窗口(W) 帮助(H)

	全局数据(GD)ID	SIMATIC 300(2)\ CPU 313C-2 DP	SIMATIC 300(1)\ CPU 314C-2 DP
1	SR 1.1	8	8
2	GD 1.1.1	>DB1.DBB0:20	DB1.DBB0:20
3	SR 1.2	8	8
4	GD 1.2.1	MB0:20	>MB0:20
5	SR 2.1	8	8
6	GD 2.1.1	>MB0	MB0
7	GD 2.1.2	>MW2	MW2
8	GD 2.1.3	>MW4:2	MW4:2
9	GD 2.1.4	>DB1.DBW0	DB1.DBW0

图 10-28　设置扫描地址和状态字的地址

设置好扫描速率和状态字地址后，应对全局数据表进行第二次编译，使扫描速率和状态字地址包含在配置数据中。第二次编辑完成后，需要将配置数据下载到 CPU 中。下载完成后将 CPU 由“STOP”模式切换到“RUN”模式，各 CPU 之间将开始自动进行数据交换。

4. 编写程序

下面将使用系统功能（SFC）实现全局数据的发送和接收，在下述程序语句中，使用 SFC60 发送全局数据 GD2.1，使用 SFC61 接收全局数据 GD2.2，功能程序图如图 10-29 所示。在本程序中，当 M1.0 为“1”时，发送全局数据 GD2.1；当 M1.2 为“1”时，接收全局数据 GD2.2。具体功能如下：在程序段 1 中，调用 SFC41，关闭延时中断，返回信息存入 MW100；在程序段 2 中，若 M1.0 = 1，则发送全局数据，同时通过调用程序段 3 中的 SFC60 来实现发送全局数据 GD2.1，返回信息存入 MW102 的功能。在程序运行过程中，若 M1.0 = 1 且 M1.2 = 1，则接收全局数据，接收全局数据到 GD2.2，返回信息存入 MW108。开放延时中断，返回信息存入 MW110。

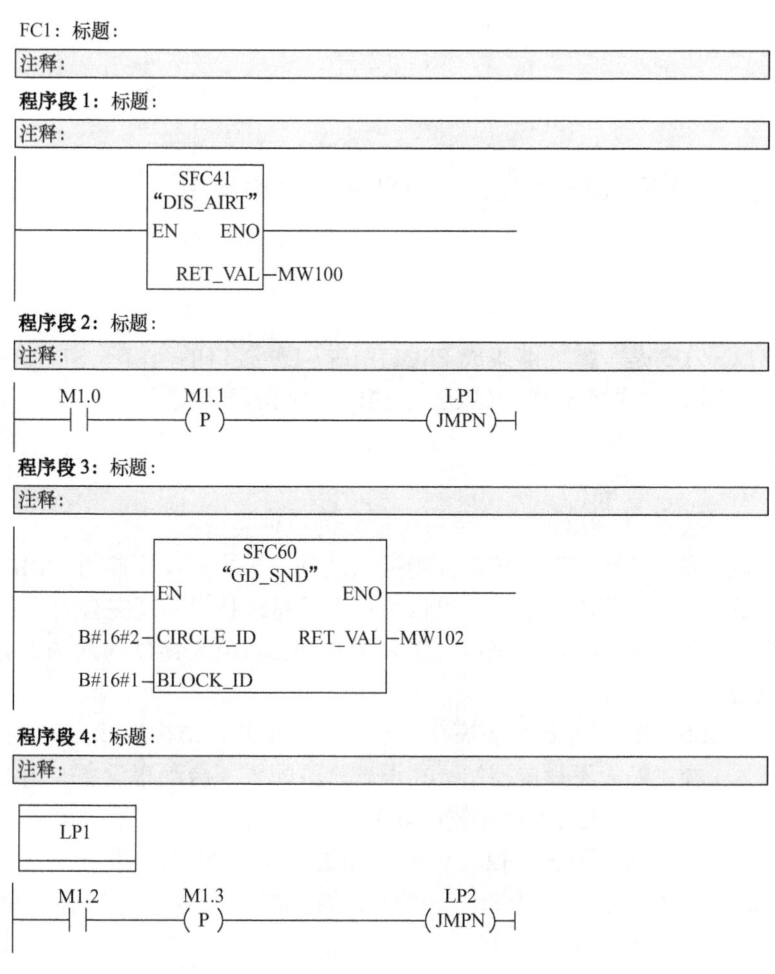

图 10-29　使用 SFC60、SFC61 接收并发送数据

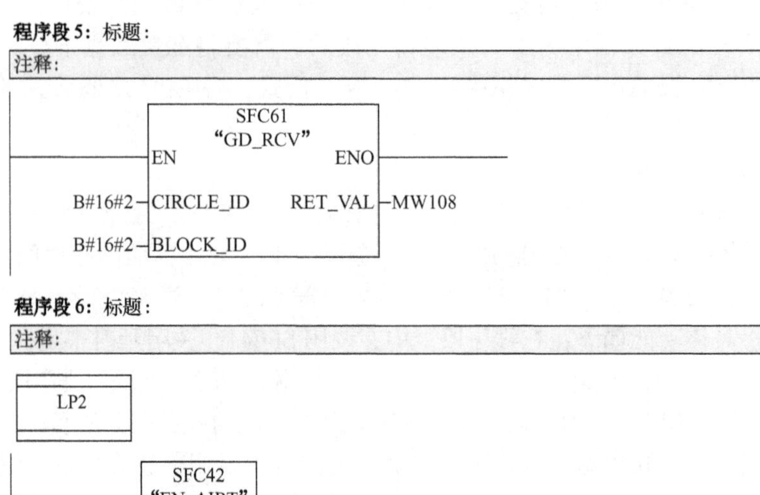

图 10-29　使用 SFC60、SFC61 接收并发送数据（续）

10.3　任务 2：组建 PROFIBUS - DP 的主从网络通信

10.3.1　任务要求

已知 CPU31x - 2DP 是一款能够集成 PROFIBUS - DP 接口的西门子 S7 - 300 CPU。本任务通过 PROFIBUS 通信方式组建两个 CPU314 - 2DP 之间的主从通信。

10.3.2　任务分析

现场设备根据是否具有 PROFIBUS 接口可以分为三种类型：

1）现场设备不具备 PROFIBUS 接口，则可以通过分布式 I/O 连接到 PROFIBUS 上。

2）现场设备都有 PROFIBUS 接口，可以通过现场总线技术实现完全的分布式结构。

3）只有部分设备有 PROFIBUS 接口，应采用有 PROFIBUS 接口的现场设备与分布式 I/O 混合使用的方法。

综上，PROFIBUS - DP 网络配置方案中一般包括以下几种结构类型：

1）PLC 作为 1 类主站，不设监控站，在调试阶段配置一台编程设备，由 PLC 完成总线通信管理、从站数据读写、从站远程参数设置工作。

2）PLC 作为 1 类主站，设置监控站，监控站通过串口与 PLC 进行一对一连接。由于监控站既不是 2 类主站，也不连接 PROFIBUS 总线，所有监控站的数据只能通过串口从 PLC 读取。

3）PLC 作为 1 类主站，监控站（2 类主站）连接在 PROFIBUS 总线上，其可以完成远程编程、组态和在线监控等功能。

10.3.3 任务解答

1. PROFIBUS－DP 主站网络组态

新建一个项目，打开 SIMATIC 管理器，创建一个命名为“PROFIBUS－DP 主站网络组态”的新项目，插入一个 S7－300 工作站：CPU314C－2DP。进入硬件组态窗口，按照硬件安装顺序依次完成机架、电源、CPU 等硬件组态，如图 10-30 所示。

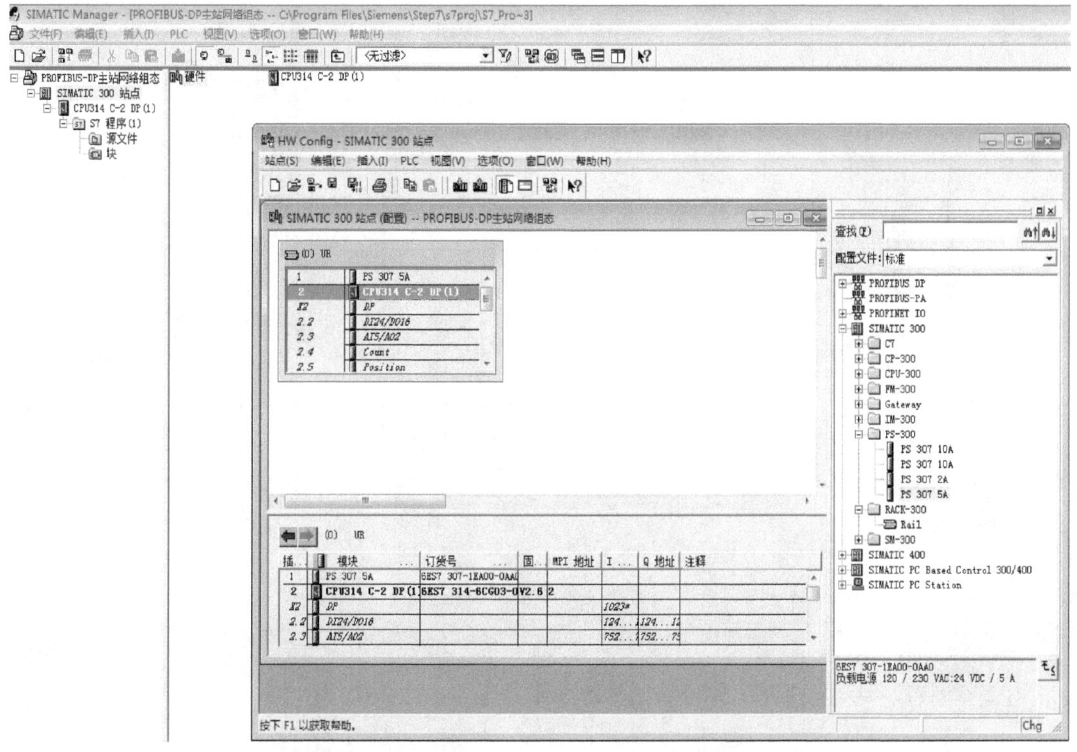

图 10-30 PROFIBUS－DP 主站网络组态项目创建

如图 10-31 所示，在硬件组态编辑器中，选中数据表格中的“DP”项，右键单击选择“添加主站系统”命令（见图 10-31），打开 PROFIBUS 接口属性对话框，在地址栏中设置本站的 PROFIBUS 地址，单击“新建”按钮，在打开的“属性-新建子网 PROFIBOS”对话框的“网络设置”选项卡中设置网络参数，如图 10-32 所示。

选中新建的 PROFIBUS 网络，则在硬件组态编辑器对应组态窗口 DP 后面出现 PROFIBUS 网络示意图。DP 主站系统如图 10-33 所示。

2. 非智能从站的组态

选中图 10-33 中的 DP 主站系统（1），单击鼠标右键选择插入对象，选择 ET200M，在弹出的对话框中选择 IM153，并设置 IM153 模块的地址和子网属性，如图 10-34 所示。上述操作即可完成将 ET200M 的 I/O 从站连接至 PROFIBUS－DP 网络上。

在 PROFIBUS 系统图上单击 IM153－2 图标，下面的视图中显示 IM153－2 机架。然后按照与组态中央机架相同的方法，从第 4 槽开始，依次将接口模块 IM153－2 目录下的 DI8/DO8 ×24V/0.5A、AI2 ×12bit 和 AO2 ×12bit 插入 IM153－2 的机架，如图 10-35 所示。

图 10-31 组态 PROFIBUS 接口 DP

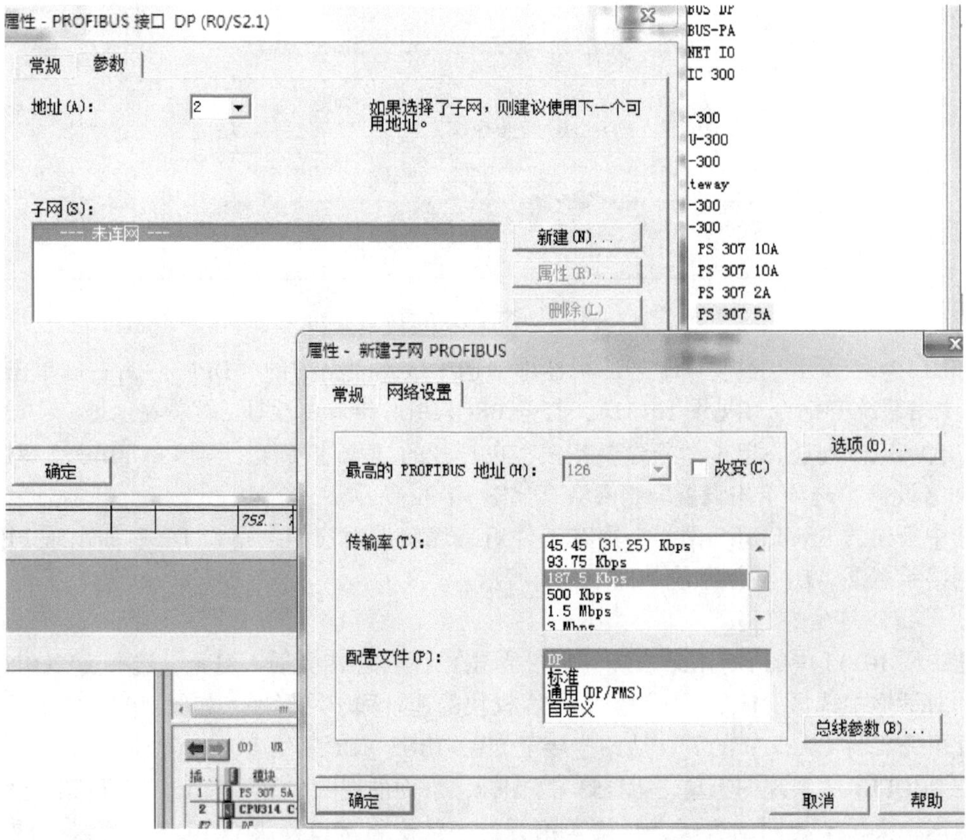

图 10-32 设置 PROFIBUS 接口 DP 网络参数

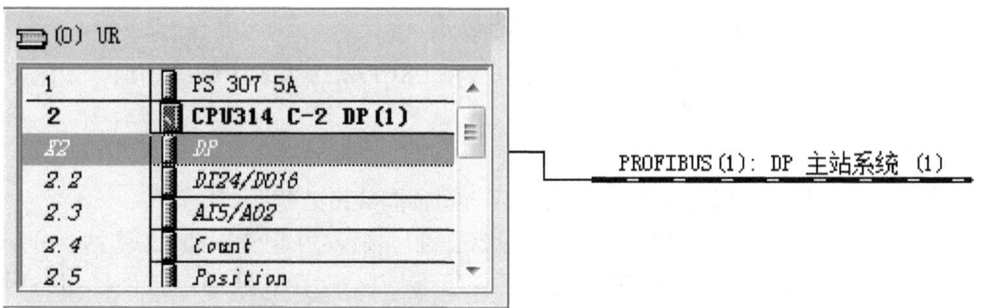

图 10-33 DP 主站系统

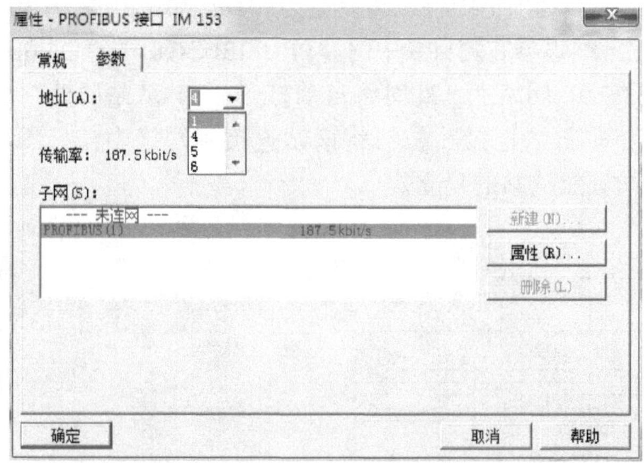

图 10-34 设置 IM153 模块的地址和子网属性

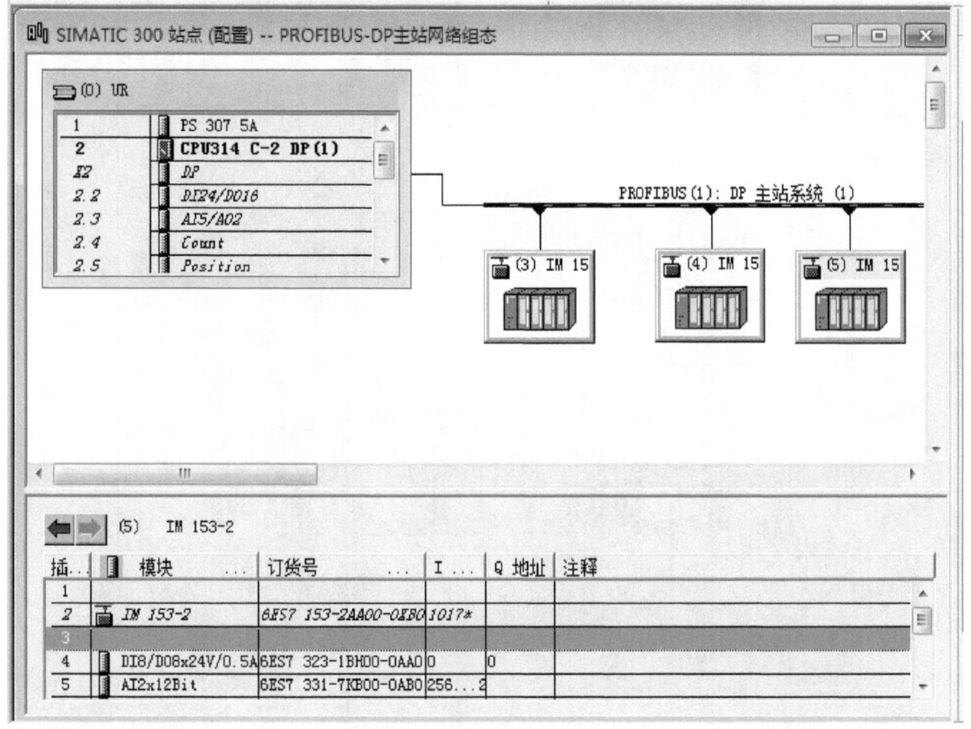

图 10-35 组态 ET200M 从站

组态完成后单击 按钮，编译并保存组态数据。

若有更多的从站，可以根据上述的组态方法在 PROFIBUS 系统上继续添加，系统所能支持的从站个数与选定的 CPU 类型有关。

3. 智能从站的组态

下面通过一个实例介绍两个 CPU314C－2DP 间智能从站的建立。

新建一个项目，命名为“CPU314 双 DP 智能通信”。插入两个 S7－300 工作站，分别命名为 S7_300 主站和 S7_300 从站，并对其进行硬件组态。对 S7_300 从站进行硬件组态时，在 PROFIBUS 接口 DP 对话框中将其地址设置为 4，但不连接到任何网络上。在 DP 的“对象属性”对话框的“工作模式”选项卡中将该站设置为“DP 从站”，如图 10-36 所示。对 S7_300 主站进行组态时，将组态编辑器右侧目录中的“PROFIBUS-DP”→“Configured Stations”→“CPU 31x”拖至已经建立好的 DP 网络上，此时将自动打开“DP 从站属性”对话框，选中列表中的“CPU314C－2DP”，单击“连接”按钮将该站连接到网络中，如图 10-37 所示，即完成两个 CPU314C－2DP 间智能从站的建立。

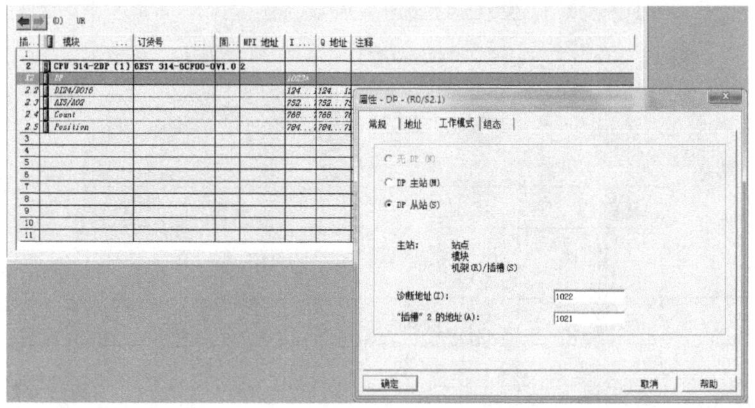

图 10-36　CPU314C－2DP 间智能从站组态

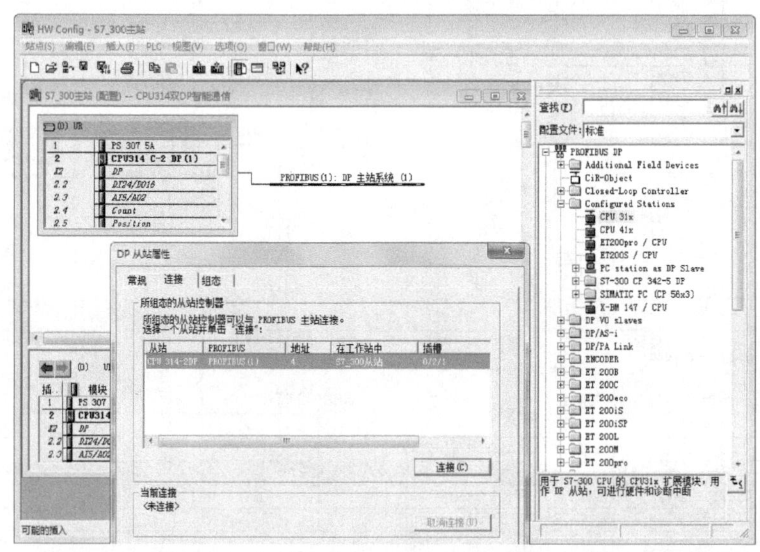

图 10-37　CPU314C－2DP 间智能从站网络连接图

思考与练习

一、填空题

1. 西门子 MPI 网络只能用于连接少量的 CPU，实现________、________、________的网络连接。

2. MPI 的物理接口符合________接口标准，凡能接入 MPI 网络的设备均称为网络的节点。

3. 在西门子 S7－300/400 中，通过调用 SFC 来实现 MPI 的通信方式分为两种：________和________。

4. PROFIBUS 主要由________、________和________三个部分组成。

5. 西门子工业以太网中采用的交换技术包括________、________、________。

二、思考题

1. 进行 MPI 网络设置，实现两个 S7－300 PLC 间的全局数据通信。

2. 建立一个 S7－300 与 S7－400 间的有组态的 MPI 单向通信。

3. 如何进行 PROFIBUS－DP 主站网络组态来实现两套 S7－300 的通信连接？

参 考 文 献

[1] 廖常初．跟我动手学 S7－300/400 PLC[M]．2 版．北京：机械工业出版社，2016.
[2] 李莉，王玉娟．西门子 S7－300 PLC 项目化教程［M］．北京：机械工业出版社，2016.
[3] 王舒华，黎智，罗华富．西门子 S7－300 PLC 及工业网络基础应用［M］．北京：电子工业出版社，2015.